JN080923

新課程　2024

# 化学入試問題集　化学基礎・化学

数研出版編集部 編

## 1. 本書の編集方針

(1) 今春，全国の国・公・私立大学および大学入学共通テストで出題された化学の入試問題を全面的に検討し，これらの中から，来春の入試対策に最良と考えられる良問を精選し，体系的に分類・配列した。

(2) なるべく多くの大学の問題を採用するように努めたが，そのために問題の内容がかたよらないように注意した。来春より，新課程に対応した入試が行われるのにあわせ，本書では配列や記述を新課程にあわせて編集した。内容が多岐にわたる問題では，配列項目に合うように，その一部を採用したものもある。

(3) 一部の用語の表記については，現在発行されている教科書に則した表記に改めたり，その表記を並記したりした箇所もある。また，熱化学分野においては，「反応熱」や「熱化学方程式」に関する問題として出題されたものを，新制度から用いられることになった「エンタルピー」の表記を用いた問題に改題して掲載した。

(4) 本書は，大学入学共通テスト対策から二次試験対策まで使われることを考えて，問題を「A」，「B」の 2 段階に分けてある (下のわく組参照)。

## 2. 本年度入試の全般的傾向と来年度入試の対策

共通テストでは，単に知識を問うだけでなく，問題文で示されていない解答に必要な情報をグラフから読み取って考える問題 (本書 8) や，見慣れない実験に関する説明を読んで新しい概念を理解し，グラフとして表現する問題 (同 102) のような，化学的な思考力を問う問題が出題された。また，二次試験においても，実験手順の意図を記述する問題 (同 64) や見慣れない題材についての文章を読み，複数の分野の学習内容を応用していく問題 (同 89) などが出題された。こういった問題では，身につけた知識と問題文から読み取った情報を組み合わせて考える必要がある。まずは焦らず落ちついて，問題文を読み解くようにしたい。なお，本書では，化学的な思考力を要する問題に 思考 をつけて区別しているので，学習時の目安としてほしい。一部の用語は，大学によって異なる表記が用いられることもある。戸惑わないよう，いずれの表記にも慣れておきたい。

**採録問題のねらいと程度など**

**問題A**：それぞれの項目における標準的で重要な問題を扱い，しかも内容的にももれがないようにしてある。共通テスト対策レベルの問題。

**問題B**：ここまでやっておけば万全と思われる少し程度の高い問題を選んである。二次試験対策レベルの問題。

思考：化学的な思考力などが求められる問題。　記述：記述問題。

# 目　　次



## 学校別問題索引

■数字は問題番号を示す。



## ≪国 立 大 学≫

## 《公 立 大 学》



## 《私 立 大 学》



## 《そ の 他》



**問題表記に関する注意事項**

本問題集では，問題を解くために原子量や定数などが必要な場合，問題文中の（ ）の中にそれらの値を示している。

・原子量・分子量・式量などは次のように表す。

$H=1.0$，$CO_2=44$，$NaCl=58.5$

・以下の定数は，断りなく記号で表す。

$F$：ファラデー定数，$K_w$：水のイオン積，$N_A$：アボガドロ定数，$R$：気体定数

また，本問題集では，0°C，$1.013\times10^5$ Pa の状態を標準状態とよぶ。

# 1 物質の構成粒子とその結合

## A　1．混合物の分離

問1　次の分離操作ア～ウの名称として適切な組合せを，①～⑧のうちから一つ選べ。

ア　溶媒に対する物質の溶けやすさの違いを利用して，混合物から目的の物質のみを溶媒に溶かし出す。

イ　液体の混合物を加熱して，発生した蒸気を冷却することにより，目的とする液体を取り出す。

ウ　固体が液体にならずに直接気体になる変化を利用して，混合物から目的の物質を取り出す。

| | ア | イ | ウ |
|---|---|---|---|
| ① | 再結晶 | 蒸留 | 分留 |
| ② | 再結晶 | 蒸留 | 昇華法 |
| ③ | 再結晶 | ろ過 | 分留 |
| ④ | 再結晶 | ろ過 | 昇華法 |
| ⑤ | 抽出 | 蒸留 | 分留 |
| ⑥ | 抽出 | 蒸留 | 昇華法 |
| ⑦ | 抽出 | ろ過 | 分留 |
| ⑧ | 抽出 | ろ過 | 昇華法 |

問2　次の①～⑤のうちから混合物を一つ選べ。

①　石油　　②　純水　　③　$^{12}C$ と $^{13}C$ とを含むダイヤモンド　　④　白金

⑤　塩化ナトリウム

〔防衛大〕

## 2．粒子の結合と結晶の性質

空欄［　　］にあてはまるものの組合せとして最適なものを①～⑧のうちから1つ選べ。

・［ア］分子の分子間には水素結合が形成される。

・アンモニア分子中の窒素原子はわずかに［イ］の電荷を帯びている。

・二酸化炭素の固体は［ウ］のある分子結晶である。

| | ア | イ | ウ | | ア | イ | ウ |
|---|---|---|---|---|---|---|---|
| ① | 水素 | 正 | 昇華性 | ⑤ | 水 | 正 | 昇華性 |
| ② | 水素 | 正 | 潮解性 | ⑥ | 水 | 正 | 潮解性 |
| ③ | 水素 | 負 | 昇華性 | ⑦ | 水 | 負 | 昇華性 |
| ④ | 水素 | 負 | 潮解性 | ⑧ | 水 | 負 | 潮解性 |

〔東京都市大〕

## 3．分子間にはたらく力と水の性質

分子からなる物質には，常温常圧で，酸素や二酸化炭素のように気体のもの，水やエタノールのように液体のもの，ヨウ素のように固体のものがある。これらの分子には分子間力がはたらいている。a)水は，さまざまな物質と反応したり，溶媒として物質を溶かして水溶液をつくることができる。ヨウ素 $I_2$ の結晶のように，分子が分子間力によって規則正しく配列してできている固体を分子結晶という。

問1　分子間力に分類されるものとして正しいものを次の中からすべて選べ。

(a)　イオン結合　　(b)　水素結合　　(c)　金属結合　　(d)　ファンデルワールス力

(e)　共有結合

問2　水に関する次の記述の中から正しいものをすべて選べ。

(a)　水分子は極性分子である。

(b)　1気圧では，液体の水の密度は4°Cで最小になる。

(c) 水(氷)の凝固点(融点)は，圧力が高くなると上がる。

(d) 1気圧より低い圧力では，水は100°Cより低い温度で沸騰する。

(e) 水は二酸化硫黄と反応して，硫酸を生成する。

問3　下線部 a) に関連して，次の(1)から(3)の物質と水との反応を，それぞれイオン式を含まない化学反応式で書け。ただし，(3)については，塩素が水に少し溶け，水に溶けた塩素の一部が示す反応とする。また，それら3つの反応において，水が酸化剤としてのみはたらくものをすべて選べ。

(1) カルシウム　(2) 二酸化窒素　(3) 塩素　〔東北大〕

## 4. 分子間力

つぎの文中，( A )，( B )にもっとも適合するものを，それぞれA群，B群から選べ。

分子からなる物質では，構成分子の分子間力が強いほど沸点が高くなる。無極性分子からなる物質の沸点は( A )。同程度の分子量をもつ物質の沸点を比較すると，無極性分子からなる物質の沸点は( B )。

A (ア) 分子量が大きいほど高く，塩素の沸点はフッ素の沸点よりも高い

(イ) 分子量が大きいほど高く，フッ素の沸点は塩素の沸点よりも高い

(ウ) 分子量が大きいほど低く，塩素の沸点はフッ素の沸点よりも低い

(エ) 分子量が大きいほど低く，フッ素の沸点は塩素の沸点よりも低い

(オ) 分子量によって変わらず，フッ素の沸点と塩素の沸点はほぼ等しい

B (ア) 極性分子からなる物質の沸点より高く，メタンの沸点はアンモニアの沸点よりも高い

(イ) 極性分子からなる物質の沸点より高く，アンモニアの沸点はメタンの沸点よりも高い

(ウ) 極性分子からなる物質の沸点より低く，メタンの沸点はアンモニアの沸点よりも低い

(エ) 極性分子からなる物質の沸点より低く，アンモニアの沸点はメタンの沸点よりも低い

(オ) 極性分子からなる物質の沸点と変わらず，メタンの沸点とアンモニアの沸点はほぼ等しい　〔早稲田大〕

## 5. 同位体の存在比と原子量

ケイ素には天然に3種類の同位体が存在し，その天然存在比は

$^{28}Si : ^{29}Si : ^{30}Si = 92.23\% : 4.67\% : 3.10\%$ である。それぞれの相対質量を 28.0，29.0，30.0 として，ケイ素の原子量を小数第1位まで求めよ。　〔徳島大〕

## 6. 同素体

同素体に関する次のa～eの記述のうち，正しいものを2つ選べ。

a．同じ元素からなる単体で，式量または分子量が等しいものを同素体という。

b．炭素単体の電気伝導性は，同素体ごとに大きく異なる。

c．硫黄の同素体には，無定形の形状を示すものがある。

d．リンの同素体は，いずれも自然発火する。

e．水晶は，ケイ素の同素体である。　〔星薬大 改〕

## 7. 酸化銅(Ⅰ)の結晶構造

面心立方格子の結晶では，結晶中の各原子は( ア )個の最隣接原子と結合している。結晶中で各原子が結合している最隣接原子の個数は，配位数と呼ばれる。配位数は，六方最密充填構造の結晶の場合は( イ )であり，体心立方格子の結晶では( ウ )である。

銅は，空気中で酸化すると，1000℃以上では赤色の酸化銅(Ⅰ)を生成する。銅の結晶は面心立方格子であり，酸化銅(Ⅰ)の結晶は，図に示した立方体の単位格子をもつ。図の単位格子において，$O^{2-}$ は立方体の各頂点および立方体の中心に存在している。図に示した単位格子中に，$Cu^+$ は( エ )個，$O^{2-}$ は( オ )個含まれる。

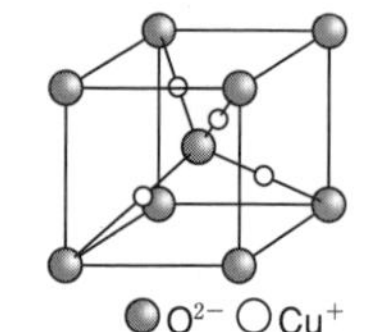


1．文中の空所(　)それぞれにあてはまるもっとも適当な語句や数値をしるせ。

2．銅の結晶の密度〔g/cm³〕を $C_1$，酸化銅(Ⅰ)の結晶の密度を $C_2$ とする。銅の結晶中の Cu-Cu の結合距離(原子の中心間の距離)を $r_1$，酸化銅(Ⅰ)の結晶中の $Cu^+$-$O^{2-}$ 間の結合距離(イオンの中心間の距離)を $r_2$ とし，この設問に限り銅と酸素の原子量をそれぞれ $M_1$，$M_2$ として，$C_1$ の $C_2$ に対する比$\left(\dfrac{C_1}{C_2}\right)$を $r_1$，$r_2$，$M_1$，$M_2$ で表せ。平方根($\sqrt{2}$ など)は，そのまま用いてよい。　〔立教大 改〕

## 8. 混合気体に含まれる物質の割合 思考

純物質の気体アとイからなる混合気体について，混合気体中のアの物質量の割合と混合気体のモル質量の関係を図に示した。0℃，$1.0\times10^5$ Pa の条件で密閉容器にアを封入したとき，アの質量は 0.64 g であった。次に，アとイをある割合で混合し，同じ温度・圧力条件で同じ体積の密閉容器に封入したとき，混合気体の質量は 1.36 g であった。この混合気体に含まれるアの物質量の割合は何％か。最も適当な数値を，後の①～⑥のうちから一つ選べ。ただし，アとイは反応しないものとする。

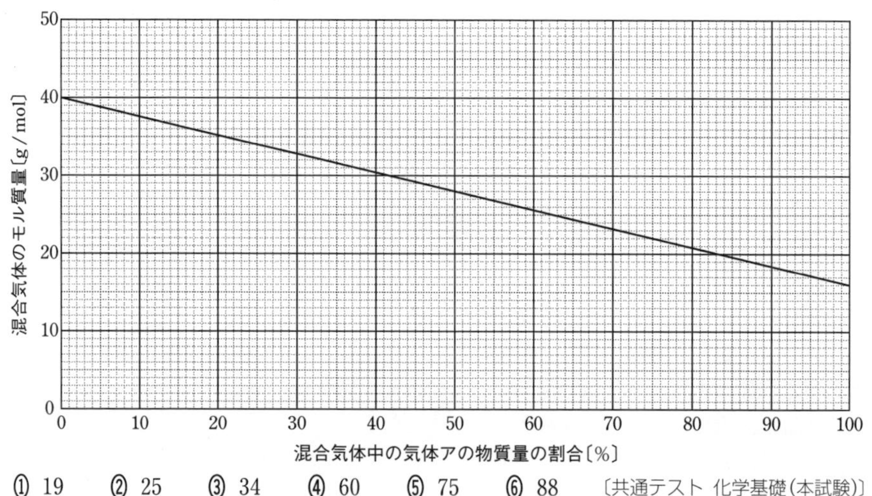


① 19　② 25　③ 34　④ 60　⑤ 75　⑥ 88　〔共通テスト 化学基礎(本試験)〕

## B 9. イオン化エネルギー 思考

気体の原子Aから1個の電子を取り出し$A^+$にするのに必要な最小エネルギーを第一イオン化エネルギー$I_1$(A)，$A^+$から電子を1個取り出し$A^{2+}$にする最小エネルギーを第二イオン化エネルギー$I_2$(A)，$A^{(n-1)+}$から$A^{n+}$にする最小エネルギーを第$n$イオン化エネルギー$I_n$(A)という。図は，原子番号に対する原子1個あたりの$I_1$を負にしたプロットである。$-I_1$は$A^+$が電子1個を受け取りAになるときに放出するエネルギー(安定化エネルギー)と考えることができる。単位はaJ(aは接頭語アトで$10^{-18}$を表す)で示している。図中の$a$，$e$，$i$，$m$の元素は周期的に$-I_1$が最小となり，$b$，$f$，$j$，$n$は周期的に最大となる元素である。表には典型的な元素の$I_1$から$I_3$および電子親和力$EA$を示す。Naは$I_1$から$I_2$で，Mgは$I_2$から$I_3$でイオン化エネルギーが一気に大きくなることがわかる。

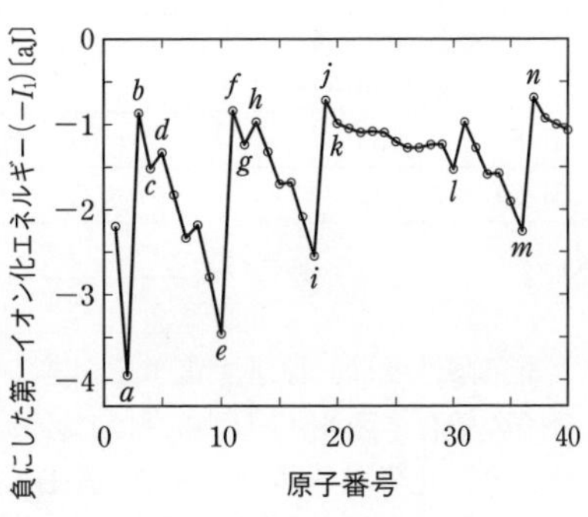


図 $-I_1$の原子番号に対するプロット

表 元素のイオン化エネルギーと電子親和力

| 元素 | $I_1$〔aJ〕 | $I_2$〔aJ〕 | $I_3$〔aJ〕 | $EA$〔aJ〕 |
|---|---|---|---|---|
| Na | 0.83 | 7.57 | 11.5 | |
| Mg | 1.23 | 2.41 | 12.8 | |
| Cl | 2.07 | | | 0.58 |
| I | 1.67 | | | 0.49 |

問1．図中の$a$～$n$の元素のうち，アルカリ金属(ア)，アルカリ土類金属(イ)，貴ガス(ウ)に属するものをすべて選べ。

記述 問2．問1の(ア)，(イ)，(ウ)の$I_1$は，おのおの原子番号が大きくなるにつれ徐々に小さくなっているが，その理由を説明せよ。

問3．有効数字を2桁として，表からNaの$I_1$をkJ/molの単位で求めよ。
($N_A=6.02\times10^{23}$/mol)

記述 問4．Naでは$I_2$で，Mgでは$I_3$でイオン化エネルギーが一気に大きくなる理由を説明せよ。

記述 問5．全電子数が［ エ ］と同じ$Na^+$と$Mg^{2+}$のイオン化エネルギー$I_2$(Na)，$I_3$(Mg)は，［ エ ］の$I_1$よりはるかに大きく，また$I_2$(Na)より$I_3$(Mg)の方が大きい。
［　］に適切な元素記号を入れ，イオン化エネルギーの大小関係がそのようになる理由を説明せよ。

〔関西学院大 改〕

## 10. 化学結合と分子の極性 思考

次の文章を読み，問1～問8に答えよ。ただし，電子1個がもつ電荷の絶対値は$1.6\times10^{-19}$Cとし，結合エネルギーは表1の値を，イオン化エネルギー($I$)と電子親和力($F$)は表2の値を用いよ。

表1 結合エネルギー

| 結合 | 結合エネルギー〔kJ/mol〕 |
|---|---|
| F–F | 153 |
| Cl–Cl | 242 |

表2 各元素の原子1個あたりのイオン化エネルギー($I$)と電子親和力($F$)

| 元素 | イオン化エネルギー($I$)〔$\times 10^{-19}$ J〕 | 電子親和力($F$)〔$\times 10^{-19}$ J〕 |
|---|---|---|
| H | 21.8 | 1.2 |
| C | 23.4 | 2.1 |
| O | 29.7 | 5.4 |
| F | 33.4 | 5.6 |

電気陰性度は，原子が電子を引き寄せる強さを表す数値である。ポーリングは二原子分子の結合エネルギーから，はじめて電気陰性度を定義した。2種類の元素Aと元素Bがあり，化学結合A–A，B–B，A–Bの結合エネルギーをそれぞれ$E$(A–A)，$E$(B–B)，$E$(A–B)としたとき，次の(1)式で示される$\Delta E$を考える。

$$\Delta E = E(\mathrm{A{-}B}) - \frac{E(\mathrm{A{-}A}) + E(\mathrm{B{-}B})}{2} \quad \cdots(1)$$

化学結合A–Bを完全な共有結合とみなせば，A–Bの結合エネルギーは，A–Aの結合エネルギーとB–Bの結合エネルギーの平均値と等しくなり，［ a ］となるはずである。逆に［ b ］であれば，化学結合A–Bの電荷がかたよるため，イオン結合性が生じ，これが共有結合に加えて，結合エネルギーの増加をもたらしている。よって，$\Delta E$の大きさが電荷のかたより，すなわち電気陰性度を反映している。

(i)<u>ポーリングは$\Delta E$の平方根が，原子Aと原子Bの電気陰性度$x_\mathrm{A}$および電気陰性度$x_\mathrm{B}$の差に比例すると考え，次の(2)式で示されるように，電気陰性度の数値を与えた</u>。ただし，ここではエネルギーの単位はkJ/molである。

$$|x_\mathrm{A} - x_\mathrm{B}| = \sqrt{\frac{\Delta E}{96.5}} \quad \cdots(2)$$

その後，マリケンはイオン化エネルギーと電子親和力から電気陰性度を定義した。マリケンは分子の極性を考える際に，まず極端な構造として二原子分子ABの各原子がイオン化した構造を考えた。つまり$\mathrm{A^+B^-}$または$\mathrm{A^-B^+}$である。$\mathrm{A^+B^-}$の場合，二原子分子ABが，全体では中性を保ちながら，イオンの対をなす構造になるためには，A原子から電子を奪い，B原子に電子を与え，安定化すればよい。その結果，二原子分子ABが$\mathrm{A^+B^-}$というイオン構造になったとき，放出されるエネルギー$D_{\mathrm{A^+B^-}}$は次の(3)式で与えられる。ここで$F_\mathrm{B}$はB原子の電子親和力，$I_\mathrm{A}$はA原子のイオン化エネルギー，$C$はクーロン力による安定化エネルギーである。

$$D_{\mathrm{A^+B^-}} = F_\mathrm{B} - I_\mathrm{A} + C \quad \cdots(3)$$

一方，二原子分子ABが$\mathrm{A^-B^+}$というイオン構造になったとき，放出されるエネルギー$D_{\mathrm{A^-B^+}}$は次の(4)式で与えられる。ここで$F_\mathrm{A}$はA原子の電子親和力，$I_\mathrm{B}$はB原子のイオン化エネルギー，$C$はクーロン力による安定化エネルギーである。

$$D_{\mathrm{A^-B^+}} = F_\mathrm{A} - I_\mathrm{B} + C \quad \cdots(4)$$

$\mathrm{A^+B^-}$と$\mathrm{A^-B^+}$のどちらの構造がより安定であるかは，(ii)<u>これらの差，$x_\mathrm{AB} = D_{\mathrm{A^+B^-}} - D_{\mathrm{A^-B^+}}$を考えればよい</u>。$x_\mathrm{AB}$が正の場合は，$\mathrm{A^+B^-}$がより安定に，$x_\mathrm{AB}$が負の場合は，$\mathrm{A^-B^+}$がより安定になる。この式を変形してわかるように，［ c ］の値がより大きい原子が分子中

で負の電荷を帯びると考えられ，マリケンは c の $\frac{1}{2}$ を電気陰性度と定義した。ポーリングの電気陰性度とマリケンの電気陰性度との間にはおおよそ比例関係がある。

マリケンの電気陰性度の定義からもわかるように，電荷のかたよりから分子の極性が生じる。分子の結合の極性の大きさを示す尺度として，図に示すように電気双極子モーメントがあり，分子構造や結合のイオン結合性を調べるのに役立つ。

δ+ A —— r —— B δ−

例えば二原子分子であれば，正電荷を $+q$〔C〕と負電荷 $-q$〔C〕が距離 $r$〔m〕だけ離れているとき，電気双極子モーメント $\mu$ は次の(5)式で与えられる。単位は C・m である。

$$\mu = q \times r \quad \cdots(5)$$

電気双極子モーメント $\mu$ が 0 の分子を無極性分子という。

多原子分子の場合は，各結合に関わる電気双極子モーメント $\mu$ の大きさと，正電荷から負電荷への方向を持つベクトルと同じように考え，それらのベクトルの和により，分子全体の極性を考える。よって，ジブロモベンゼンの各異性体の中で無極性の異性体は，d ジブロモベンゼンであり，トリブロモベンゼンの各異性体の中で無極性の異性体は，e トリブロモベンゼンである。

問 1．a と b に当てはまる適切な式を次の中から選べ。

① $\Delta E<0$　② $\Delta E=0$　③ $\Delta E>0$

問 2．下線部(i)について，フッ素の電気陰性度を 4.00，塩素の電気陰性度を 3.20 とおいたときの F–Cl の結合エネルギー〔kJ/mol〕を有効数字 3 桁で求めよ。

問 3．下線部(ii)について，$x_{AB}$ を，$F_A$，$F_B$，$I_A$，$I_B$，$C$ の中から必要なものを用いて記せ。

問 4．c を，$F$ と $I$ を用いて記せ。

記述 問 5．次の各結合について，極性の大きな順番に左から数字を並べよ。また，そう考えた理由を，各元素のマリケンの電気陰性度の値を使って述べよ。ただし，原子間距離は同じと仮定する。

① H–C　② H–O　③ H–F

問 6．水素原子から塩素原子に電子が 1 個引き寄せられた場合，$H^+Cl^-$ というイオン構造になるのに対し，HCl 分子では水素原子から塩素原子に電子が 0.18 個分，引き寄せられているとみなすことができる。水素原子と塩素原子の原子間距離を $1.3\times10^{-10}$ m として，HCl 分子の電気双極子モーメントの大きさ〔C・m〕を有効数字 2 桁で求めよ。

問 7．d と e に当てはまる最も適切なものを次の選択肢から選べ。

① 1, 1-　② 1, 2-　③ 1, 3-　④ 1, 4-
⑤ 1, 2, 3-　⑥ 1, 2, 4-　⑦ 1, 2, 5-　⑧ 1, 3, 5-

問 8．ジブロモベンゼンの C–C 間を結ぶ図形が正六角形であり，すべての原子が同一平面上にあると仮定する。各 C–Br 結合の電気双極子モーメントの大きさを $\mu_1$ としたとき，$o$-ジブロモベンゼンおよび，$m$-ジブロモベンゼンの分子全体の電気双極子モーメントの大きさを，それぞれ $\mu_1$ を用いて表せ。ただし，分子内の臭素原子どうしの反発や C–H 結合の極性は無視する。〔名古屋市大〕

## 11. 水素吸蔵合金の結晶構造 思考

次の文章を読み，問 1 ～ 3 に答えよ。($\sqrt{2}=1.41$, $\sqrt{3}=1.73$)

チタン Ti は水素 H を吸収する金属である。原子を球とみなし，Ti の結晶構造を最近接 Ti 原子どうしが接する完全な六方最密構造とする。H 原子の吸収量が少ないとき，Ti は六方最密構造を保ち，吸収された H 原子は図 1 に示す 6 個の Ti 原子で囲まれた隙間(八面体隙間)，もしくは 4 個の Ti 原子で囲まれた隙間(四面体隙間)に入る。Ti の原子半径を $r$ とし，隙間には周囲の Ti 原子と接する大きさまでの原子が入ることができるとすると，八面体隙間には半径 [ I ] $\times r$，四面体隙間には半径 [ II ] $\times r$ までの原子が入ることができる。また，六方最密構造では Ti 原子 1 個あたり [ あ ] 個の八面体隙間，[ い ] 個の四面体隙間が存在する。

H 原子の吸収量が増加すると，結晶中の Ti 原子の配列は六方最密構造から体心立方格子へと変化する。<u>結晶構造が体心立方格子の場合も H原子が入る位置として八面体隙間と四面体隙間が考えられる</u>。体心立方格子中の最近接 Ti 原子どうしは接しているとする。

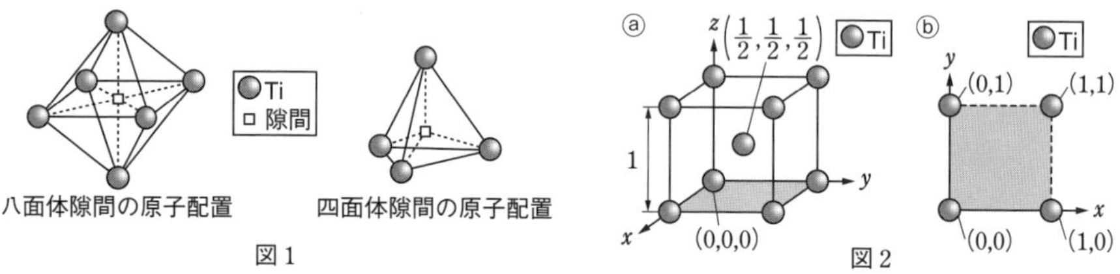


図 1　　図 2

問 1　[ I ] と [ II ] にあてはまる数値を有効数字 2 けたで答えよ。

問 2　[ あ ] と [ い ] にあてはまる整数または既約分数を答えよ。

問 3　図 2 ⓐのように体心立方格子の単位格子の一辺の長さを 1 とし，ある Ti 原子の中心を原点にとって $xyz$ 座標を設定する。下線部に関して次の(i)～(iii)の問いに答えよ。

(i)　八面体隙間の中心位置に H 原子が入るとき，H 原子と周囲の 4 つの Ti 原子は同一平面上に存在し，H 原子の中心と周囲の各 Ti 原子の中心との間の距離 $d_{\text{Ti-H}}$ には異なる 2 つの値が存在する。2 つの $d_{\text{Ti-H}}$ の値を有効数字 2 けたで答えよ。

(ii)　(i)で定めた八面体隙間の中心位置に H 原子が存在するとき，図 2 ⓑに示す $xy$ 平面 ($z=0$) における $0 \leqq x \leqq 1$, $0 \leqq y \leqq 1$ の領域で，八面体隙間に入った H 原子中心の位置として考えられるものすべてを $(x, y)$ 座標の形式で答えよ。$x$ および $y$ の値はそれぞれ小数第 2 位まで答えよ。

(iii)　四面体隙間の中心位置に H 原子が入るとき，$d_{\text{Ti-H}}$ には 1 つの値のみが存在する。(ii)と同じ $xy$ 平面における $0 \leqq x \leqq 1$, $0 \leqq y \leqq 1$ の領域で，四面体隙間の中心位置に H 原子が存在するとき，H 原子中心の位置として考えられるものすべてを $(x, y)$ 座標の形式で答えよ。$x$ および $y$ の値はそれぞれ小数第 2 位まで答えよ。

〔京都大〕

# 2 物質の状態

## A 12. 水の状態図

圧力と温度の変化によって物質の状態は変化する。右図は，水が固体，液体，気体のうちどのような状態にあるかを示した模式的な状態図である。グラフの目盛りは均一ではない。点Tは三重点であり圧力と温度は，それぞれ $6.1\times10^2$ Pa と 0.01 ℃である。

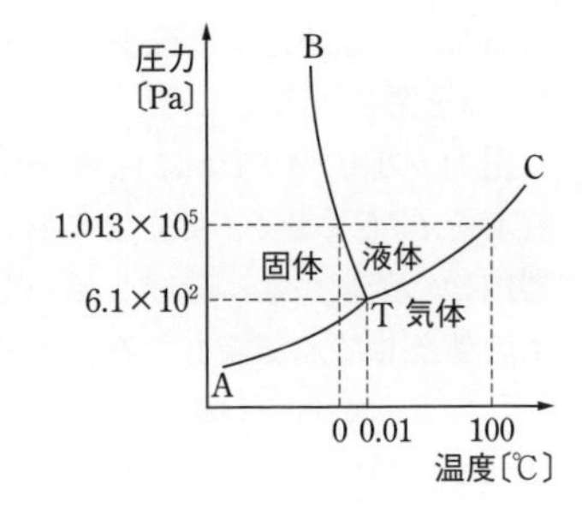


問1　密閉した真空容器に水(液体)を入れ，95℃に保ったところ，容器内は気液平衡になった。このときの容器内の気体の圧力を求めるために必要な曲線として，最も適切なものを選べ。

1．AT　　2．BT　　3．CT

問2　富士山の山頂でご飯を炊くと，平地で炊くときに比べて芯のあるご飯になりやすい。このことを説明するのに必要な曲線として，最も適切なものを選べ。

1．AT　　2．BT　　3．CT

問3　水(固体)の融点は圧力の増減でどのように変化するか。最も適切なものを選べ。

1．圧力の増大と共に上昇する。　　2．圧力の増大と共に低下する。

3．圧力の増減に対して一定である。

問4　密閉した真空容器に −10℃で水(固体)を入れ，その容器の温度を 25℃に上げた。この間，容器内の圧力を $5.0\times10^2$ Pa に保ち続けた。このとき容器内の水にはどのような状態変化が起こるか。最も適切なものを選べ。

1．固体 → 液体　　2．固体 → 気体　　3．固体 → 液体 → 気体

4．固体 → 液体 → 固体　　5．固体 → 気体 → 液体

問5　次の記述のうち，最も適切なものを選べ。

1．液体が蒸発する温度は，圧力によらず一定である。

2．分子全体の極性に注目すると，二酸化炭素は極性分子に分類される。

3．液体は凝固点以下の温度で，凝固しないことがある。

4．−273.15℃は，絶対温度とよばれる。

5．酸化カルシウムの融点は，黄リンの融点よりも低い。

〔星薬大〕

## 13. 蒸気圧曲線と凝縮

右のグラフは，水の蒸気圧曲線である。右の図のような容器に，100 °C，$1.0\times10^5$ Pa において，水蒸気と酸素からなる混合気体(物質量比，水蒸気：酸素＝1：4)を閉じ込めた。

圧力を $1.0\times10^5$ Pa に保ちながら温度を $t$〔°C〕まで下げたところ，容器内の水蒸気が水に凝縮し始めた。$t$ の値として適切なものを，下のA～Fのうちから1つ選べ。

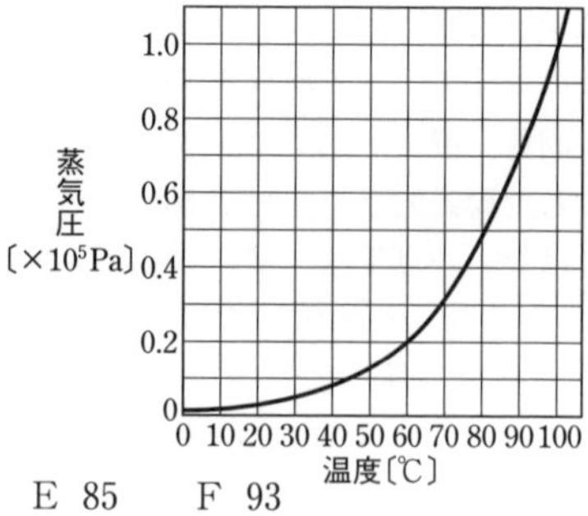

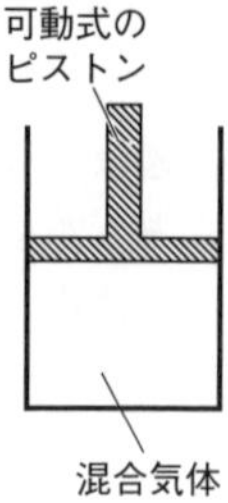

A　60　　B　69　　C　75　　D　81　　E　85　　F　93

〔神戸学院大〕

## 14. 気体の法則とグラフ

1 mol の理想気体の性質に関して，正しい関係を表しているグラフはどれか。ただし，$V$ は体積，$P$ は圧力，$T$ は絶対温度とし，$T_2 > T_1$，$P_2 > P_1$ とする。

(1)
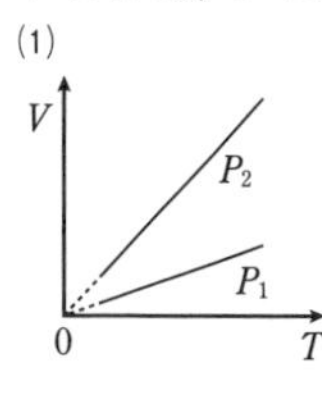


(2)
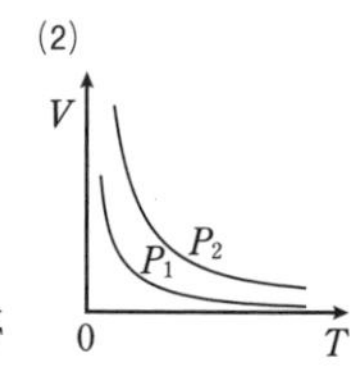


(3)
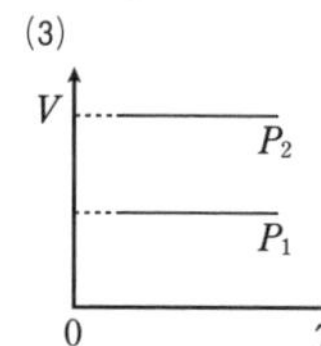


(4)
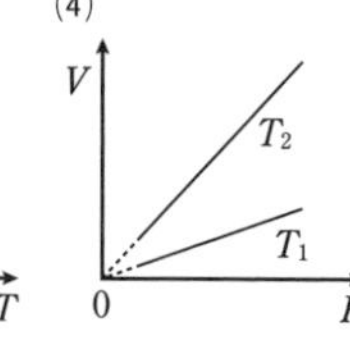


(5)
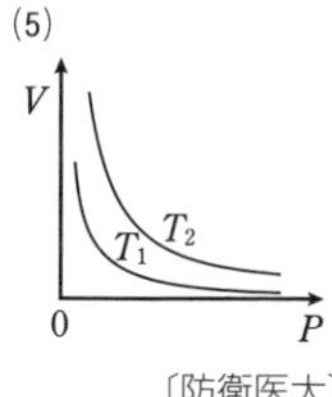


〔防衛医大〕

## 15. 混合気体の圧力

(i)　下の選択肢に示す有機化合物 1 mol をそれぞれ完全燃焼させたとき，生じる二酸化炭素の物質量が最も大きな化合物を選べ。

① $CH_4$　　② $C_2H_5OH$　　③ $CH_3COCH_3$　　④ $CH_3CHO$　　⑤ $CH_3COOH$

(ii)　メタンの燃焼反応を用いて二酸化炭素を発生させる。以下の文章を読み，問いに答えよ。ただし，温度や圧力にかかわらず，容器の体積は一定とする。

右図のように，55.4 L の容器Aと 27.7 L の容器Bがコックで接続されている。容器Aには 127 °C で $3.0\times10^5$ Pa の酸素が，容器Bには 127 °C で $1.5\times10^5$ Pa のメタンが入っている。コックを開き，127 °C において両気体を混合した(混合気体C)。ただし，接続部の内容積は無視できるものとする。($R=8.31\times10^3$ Pa・L/(mol・K))

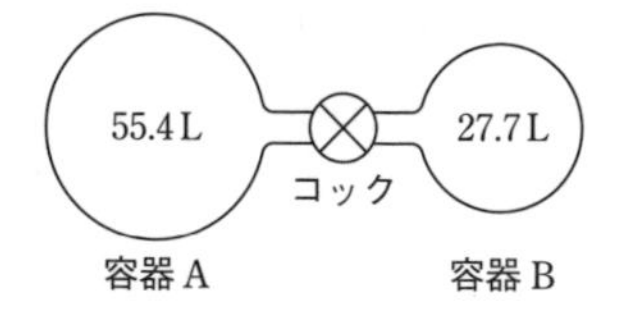


(ア)　混合気体C中の酸素の分圧〔Pa〕として最も適当な値を選べ。

① $1.0\times10^4$　② $2.0\times10^4$　③ $5.0\times10^4$　④ $1.0\times10^5$　⑤ $1.5\times10^5$
⑥ $2.0\times10^5$　⑦ $2.5\times10^5$　⑧ $3.0\times10^5$　⑨ $4.5\times10^5$

(イ)　混合気体C中のメタンの分圧〔Pa〕として最も適当な値を選べ。

① $1.0\times10^4$　② $1.5\times10^4$　③ $2.0\times10^4$　④ $3.0\times10^4$　⑤ $5.0\times10^4$
⑥ $1.0\times10^5$　⑦ $1.5\times10^5$　⑧ $2.0\times10^5$　⑨ $4.5\times10^5$

(ウ) 混合気体Cに点火してメタンを完全燃焼させた後，127°Cに戻したときの容器内の混合気体の全圧〔Pa〕を，有効数字2桁で記せ。ただし，燃焼によって生じた水はすべて気体になっているものとする。

(エ) (ウ)の容器内の二酸化炭素の分圧を $a\times10^6$〔Pa〕とするとき，二酸化炭素の物質量は［ X ］$a$〔mol〕と表すことができる。Xにあてはまる数値を整数で記せ。

〔立命館大〕

## 16. 溶解

液体に他の物質が混合し，拡散により均一になることを溶解という。他の物質を溶解する液体を( ① )，( ① )に溶けた物質を( ② )，溶解によってできた均一な混合物を溶液という。水に塩化ナトリウムの結晶を加えると，結晶表面の( ③ )に水分子中の酸素原子が，( ④ )に水分子中の水素原子がそれぞれ，( ⑤ )により引きつけられる。このような( ② )粒子が水分子を引きつける現象を( ⑥ )という。( ① )は，水など極性分子からなるものと，ベンゼンのような無極性分子からなるものに分けられる。エタノール分子には，極性が大きい( ⑦ )基があり，水分子との間に( ⑧ )結合が生じて( ⑥ )されるため，エタノールは水によく溶ける。( ⑦ )基のように極性が大きく( ⑥ )しやすい基を( ⑨ )基といい，エチル基のように極性が小さく( ⑥ )しにくい基を( ⑩ )基という。構造内に( ⑨ )基と( ⑩ )基の両方が存在し，水の表面張力を著しく低下させる物質を( ⑪ )といい，石油などを原料として化学的につくられた( ⑪ )を( ⑫ )という。

(ア) 文中の(　)にあてはまる適切な語句を記せ。ただし，(③)と(④)には化学式を入れよ。

(イ) 次の(a)～(d)の物質を，常温で水に溶解しやすい物質と溶解しにくい物質に分類し，記号で答えよ。

(a) ヨウ素　(b) スクロース　(c) ナフタレン　(d) アラニン

(ウ) 塩化アンモニウムは20°Cの水への溶解度が37.5である。20°Cにおける塩化アンモニウム飽和水溶液の質量パーセント濃度はいくらか。有効数字2桁で答えよ。

〔日本女子大〕

## 17. 気体の溶解度

次の文の［　］および(　)に入れるのに最も適当なものを，それぞれ［a群］および(b群)から選べ。ただし，同じ記号を繰り返し用いてもよい。また，{　}には必要なら四捨五入して有効数字2桁(けた)の数値を記せ。ただし，気体はすべて理想気体とし，水の蒸気圧は無視できるものとする。(N=14，O=16)

窒素 $N_2$ と酸素 $O_2$ など溶媒と反応せず，溶媒に溶けにくい気体では，温度一定のもとで一定量の溶媒に溶解した気体の物質量は，その気体の圧力(混合気体の場合は分圧)に比例する。これを [(1)] の法則という。たとえば，気体の圧力 $P$ において溶解した気体の物質量を $n$，溶解した気体の体積を $V$ とすると，圧力 $2P$ のもとで溶解した気体の物質量は( (2) )となり，溶解した気体の体積は圧力 $2P$ のもとでは( (3) )と表すことができる。

気体が接する液体の表面に熱運動している気体分子が衝突するとき，気体分子は一定の力で液体の表面を押す。気体の圧力は，単位面積あたりに働くこの力を表している。気体の圧力が高いとき，一定時間に液体の表面に衝突する分子の数は，気体の圧力が低いときと比較して，[(4)]。したがって，圧力が高い方が，液体に飛び込む気体分子の数は [(5)]。その結果，気体の圧力が高いほど，気体は溶媒によく溶ける。

また，温度が低いほど，気体は溶媒によく溶ける。これは，温度が低い方が，溶液中の分子の熱運動が( (6) )ので，溶液中から飛び出す気体分子が少なくなるからである。

表1を20°Cと40°Cにおける $N_2$ と $O_2$ の水に対する溶解度とする。これらの溶解度は，水に接している気体の分圧が $1.0\times10^5$ Pa のとき，水1.0Lに溶解した気体の物質量〔mol〕を示す。空気が20°C，$1.0\times10^5$ Pa で水1.0Lに接しているとき，空気の組成(体積割合)を $N_2$ 80%，$O_2$ 20%とした場合，[(1)] の法則より，水に溶解した $N_2$ の物質量は{ (7) }mol，$O_2$ の物質量は{ (8) }mol と求められる。そののち，空気の圧力を $1.0\times10^5$ Pa に保ちながら，この水を40°Cに加熱したとき，溶けきれずに水から出てくる $N_2$ と $O_2$ の質量は合わせて{ (9) }g と計算される。

表1

| 温度 | 水に対する気体の溶解度 | |
|---|---|---|
| | $N_2$ | $O_2$ |
| 20°C | $7.0\times10^{-4}$ mol | $1.5\times10^{-3}$ mol |
| 40°C | $5.5\times10^{-4}$ mol | $1.0\times10^{-3}$ mol |

[a群] (ア) ラウール　(イ) ヘンリー　(ウ) 化学平衡　(エ) シャルル
(オ) ファントホッフ　(カ) 多い　(キ) 少ない　(ク) 変わらない

(b群) (ア) 激しい　(イ) 抑えられている　(ウ) 変わらない
(エ) $\frac{n}{2}$　(オ) $n$　(カ) $2n$　(キ) $\frac{V}{2}$　(ク) $V$　(ケ) $2V$

〔関西大〕

## 18. 電解質の析出

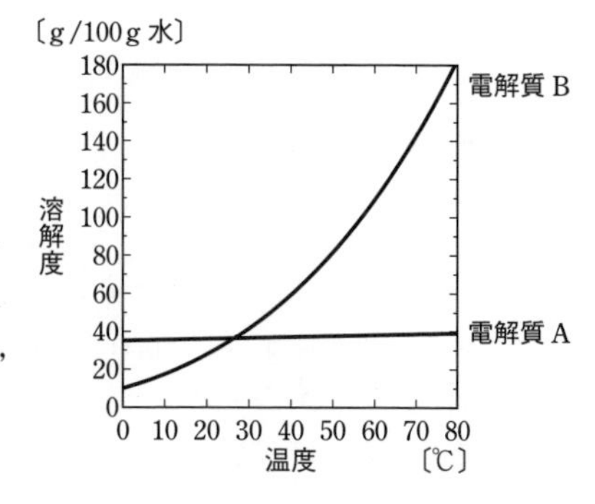


不揮発性の電解質A(モル質量60g/mol)と電解質B(モル質量100g/mol)の混合水溶液について，水への溶解度を示す右のグラフを用いて，次の設問1および2に答えよ。ただし，溶解した両電解質は，1種類の1価の陽イオンと1種類の1価の陰イオンに完全に電離しており，互いの溶解度に影響を与えないものとする。

50gの電解質Aと240gの電解質Bの固体を

200 g の熱水(80 °C)に加えて完全に溶かした後，溶液の温度をゆっくりと 60 °C まで下げた。

(1) 60 °C で析出している物質は何か。最も適切なものを，下から一つ選べ。
　① 電解質A　② 電解質B
　③ 電解質Aと電解質B　④ 析出している物質はない

(2) 60 °C で析出している物質の質量は何 g か。最も近い値を，下から一つ選べ。
　① 0　② 10　③ 20　④ 40　⑤ 80　⑥ 130　⑦ 140　〔防衛大〕

## 19. 浸透圧

次の文章の(　)に最も適するものを，A 群の①～⑤から一つ，B 群の⑥～⑩から一つ，C 群の⑪～⑬から一つ，D 群の⑭～⑯から一つ，それぞれ選べ。
($R=8.31\times10^3$ Pa・L/(K・mol))

生理食塩水は，100 mL 中に 0.90 g の塩化ナトリウムを含む水溶液であり，37 °C ではヒトの血液とほぼ同じ浸透圧となる。この生理食塩水の 37 °C における浸透圧はおよそ( A ).( B )$\times10^{( C )}$ Pa である。

また，9.0 %(重量比)，37 °C の塩化ナトリウム水溶液中にヒトの赤血球を入れた場合，赤血球中の水分量は( D )。

ただし，赤血球は，一定量の水($H_2O$)を含んでおり，その表面は半透膜で覆われているものとする。塩化ナトリウムの式量は 58.5，電離度は 1.0 とする。

A群：① 1　② 3　③ 5　④ 7　⑤ 9
B群：⑥ 1　⑦ 3　⑧ 5　⑨ 7　⑩ 9
C群：⑪ 4　⑫ 5　⑬ 6
D群：⑭ 減少する　⑮ 変化しない　⑯ 増加する　〔早稲田大〕

## 20. コロイド溶液

次の文章を読み，問いに答えよ。数値での解答は，有効数字 2 桁で示せ。
($R=8.3\times10^3$ Pa・L/(K・mol))

直径 $10^{-9}$ m から $10^{-7}$ m 程度のコロイド粒子が，沈殿しないで溶媒中に分散している溶液をコロイド溶液という。i)沸騰した水に $5.00\times10^{-1}$ mol/L の塩化鉄(Ⅲ)水溶液 10.0 mL を加えたところ，塩化鉄(Ⅲ)はすべて反応し，赤褐色のコロイド溶液 100 mL が得られた。コロイド溶液をすべてセロハン袋に入れて糸でしばり，ii)900 mL の純水を入れたビーカーに浸し，セロハン袋の内外のイオン濃度が一定になるまで十分に静置した。その後，ビーカーの水をすべて新しい純水 900 mL に取り替え，同様の操作を繰り返すことで，コロイド粒子を精製した。

(1) 下線部 i )の反応後，コロイド溶液中の塩化物イオン濃度は何 mol/L か。ただし，生成したコロイド粒子には塩化物イオンが含まれないものとする。

(2) コロイド溶液に横から強い光を当てると，コロイド粒子が光を散乱し，光の進路が明るく輝いて見えた。この現象を何というか。

(3) コロイド溶液を限外顕微鏡で観察すると，輝く点(コロイド粒子)が不規則に移動しているのが観察された。この運動を何というか。

(4) コロイド溶液をU字管にとり，2本の電極を入れて直流電圧をかけると，コロイド粒子は陰極に向かって移動した。

(a) この現象を何というか。

(b) このコロイド溶液に少量の電解質水溶液を加えてコロイドを凝析させる場合に，最も凝析させやすいのはどれか。次から選べ。ただし，加える電解質水溶液のモル濃度は全て等しいものとする。

① $NaCl$　② $BaCl_2$　③ $K_2SO_4$　④ $K_2Cr_2O_7$　⑤ $Na_3PO_4$

(5) 下線部ⅱ)の操作を何というか。

(6) 下線部ⅱ)の操作において，コロイド溶液中の塩化物イオンの濃度を $2.00\times10^{-5}$ mol/L 以下にするには，コロイド溶液の入ったセロハン袋を何回以上，純水に浸す必要があるか。ただし，セロハン袋内のコロイド溶液の体積は常に 100 mL とする。

(7) 十分に精製したコロイド溶液 100 mL の浸透圧を 27°C で測定したところ，$1.24\times10^{2}$ Pa であった。コロイド粒子の大きさは揃っているものとし，浸透圧 $\Pi$〔Pa〕，溶液の体積 $V$〔L〕，鉄(Ⅲ)イオンを含むコロイド粒子の物質量 $n$〔mol〕，および温度 $T$〔K〕との間には，次式の関係が成立するものとする。　$\Pi V=nRT$

(c) コロイド粒子の物質量は何 mol か。

(d) コロイド粒子1個あたりに含まれる鉄(Ⅲ)イオンの数は何個か。〔大阪工大 改〕

## B 21. 希薄溶液の凝固点降下

水溶性で非電解質の化合物Aと塩化マグネシウム $MgCl_2$ の混合物 0.481 g を 100 mL の純水に完全に溶解させた。この溶液を水溶液Sとする。水溶液中の $Mg^{2+}$，$Cl^-$ と水は透過させるが，化合物Aは透過させない半透膜Xで仕切られた断面積 10.0 cm² のU字管の左管に水溶液S，右管に純水をそれぞれ 100 mL 入れた。大気圧下，温度 $T$ で長時間放置したところ，下図のように液面差($h$)が 5.00 cm 生じて平衡状態となった。この平衡状態の右管の溶液を抜き出し，その凝固点を測定したところ，純水の凝固点より 0.111 K 低かった。つぎの問に答えよ。

ただし，溶液は希薄溶液としてふるまうものとし，水溶液Sおよび純水の密度は 1.00 g/cm³ であり，溶液の濃度変化による密度の変化は無視できるものとする。また，$MgCl_2$ の式量は 95.2，その電離度は1であり，水のモル凝固点降下は 1.85 K·kg/mol，大気圧は $1.00\times10^{5}$ Pa とし 10.0 m の水柱の圧力に等しい。気体定数 $R$ と温度 $T$ の積 $RT$ は $2.50\times10^{6}$ Pa·L/mol とする。浸透圧はファントホッフの法則で与えられ，化合物Aは会合せず，化合物Aと $MgCl_2$ は互いに反応しないものとする。

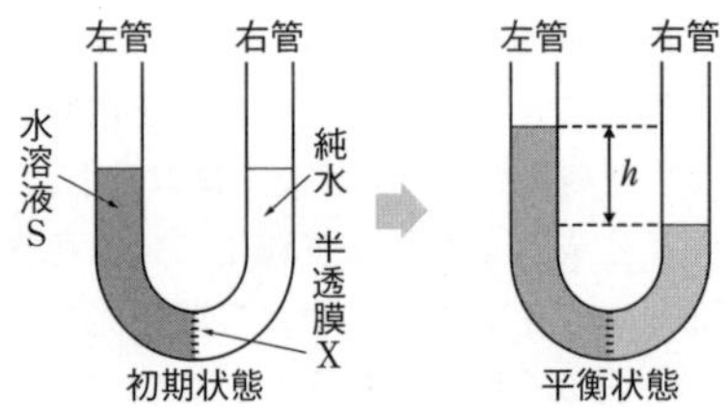

問 i　水溶液Sに溶解している $MgCl_2$ の質量はいくらか。解答は有効数字 2 桁で下の形式により示せ。　□.□×$10^{-1}$ g

問 ii　化合物Aの分子量はいくらか。解答は有効数字 2 桁で下の形式により示せ。
□.□×$10^3$
〔東京工大〕

## 22. ラウールの法則

不揮発性の物質 A，物質Bをそれぞれ水に溶解させた 2 種類の水溶液がある。これを水溶液 A，水溶液Bとする。これら 2 種類の水溶液を，それぞれ体積一定の密閉容器に入れ，温度を変化させながら蒸気圧を測定した。ただし，水溶液Aと水溶液Bは希薄溶液である。また，物質Aと物質Bはともに電解質であり，水中で完全に電離しているものとする。物質Aは電離して 1 価の陽イオンと 1 価の陰イオンを生じ，物質Bは 2 価の陽イオンと 1 価の陰イオンを生じる。

図に示したグラフは，水および水溶液Aの 100 °C 付近の蒸気圧を表したものである。図に示すように，100 °C における水溶液Aの蒸気圧は，水の蒸気圧 1.013×$10^5$ Pa より低くなった。この現象を〔 ア 〕という。

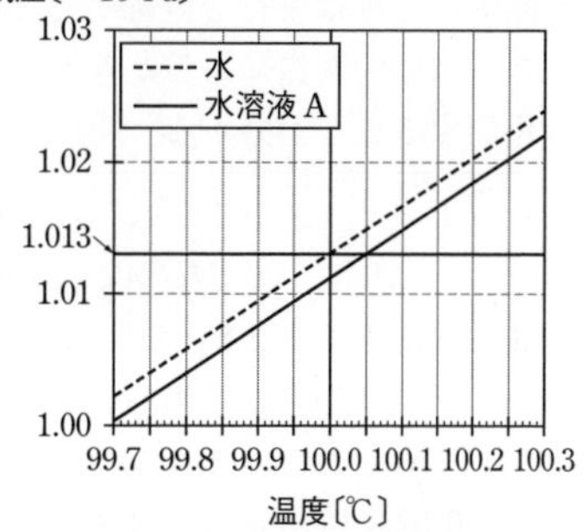

水および水溶液 A の 100℃付近の蒸気圧曲線

〔 ア 〕のため，1 気圧の下では水溶液Aや水溶液Bは 100 °C では沸騰しない。これらの溶液を沸騰させるには，より高い温度が必要であり，この現象を〔 イ 〕と呼ぶ。一般に，〔 イ 〕の大きさは溶質の種類には無関係で，溶液の〔 ウ 〕濃度に比例する。その時の比例定数を〔 エ 〕と呼ぶ。

問 1．〔　〕に入る語句を答えよ。

問 2．〔ア〕や〔イ〕は，ラウールの法則によって説明できる。次の枠内の説明文の空欄A～I に入る記号あるいは式を，下の①～⑩から選んで数字で答えよ。なお，同じ数字を複数回選択しても良い。

> ラウールの法則は，希薄溶液の蒸気圧 $p$，溶媒のモル分率 $x$，純溶媒の蒸気圧 $p_0$ の関係を表したものであり，式 1 で表される。前述の文章では電解質を扱っているが，ここでは溶質が不揮発性かつ非電解質である場合を考える。
>
> $p = xp_0$　　…(式 1)
>
> 溶質の物質量を $n_A$，溶媒の物質量を $n_S$ とすると，$x$ は次のように表される。
>
> $x = \dfrac{\boxed{A}}{\boxed{B}}$
>
> 溶液では，溶媒のモル分率 $x$ が 1 から $\dfrac{\boxed{A}}{\boxed{B}}$ に減少する。このため蒸発する溶媒分子の割合が減り，〔 ア 〕が起こると言える。また，溶液の蒸気圧 $p$ と純溶媒の蒸

気圧 $p_0$ の差 $\Delta p$ は，式 1 を使って次のように表すことができる。

$$\Delta p = \frac{\boxed{\text{C}}}{\boxed{\text{D}}} p_0 \qquad \cdots(式 2)$$

希薄溶液では，$n_A \ll n_S$ となることから，式 2 は次のように近似することができる。

$$\Delta p = \frac{\boxed{\text{E}}}{\boxed{\text{F}}} p_0 \qquad \cdots(式 3)$$

ここで溶媒の質量を $W_S$〔kg〕，溶媒のモル質量を $M_S$〔g/mol〕とおくと，式 3 は次のように変形することができる。

$$\Delta p = \frac{\boxed{\text{G}}\, p_0}{1000} \times \frac{\boxed{\text{H}}}{\boxed{\text{I}}} \qquad \cdots(式 4)$$

$\dfrac{\boxed{\text{G}}\, p_0}{1000}$ は溶質には無関係の値となり，式 4 から $\Delta p$ は溶液の〔 ウ 〕濃度に比例することが分かる。また，図 1 に示されるように，狭い温度範囲では，溶媒と溶液の蒸気圧曲線は平行な直線としてみなすことができる。すなわち，$\Delta p$ と〔 イ 〕の大きさは比例関係にあると考えることができ，〔 イ 〕の大きさも溶液の〔 ウ 〕濃度に比例することが分かる。

① $x$　② $1-n_S$　③ $n_A+n_S$　④ $n_A$　⑤ $p$
⑥ $M_S$　⑦ $M_S/W_S$　⑧ $W_S$　⑨ $n_S-n_A$　⑩ $n_S$

問 3．水溶液Aは 2.8 g の物質Aを 1000 g の水に溶解させて作ったものである。図 1 のグラフから，水溶液Aの沸点 $t_A$〔°C〕を小数第 2 位まで読み取り，物質Aの式量を有効数字 2 桁で答えよ。ただし，$1.013\times10^5$ Pa における水の〔エ〕の大きさは 0.52 K·kg/mol とする。

問 4．水溶液Aと水溶液Bは，それぞれ同じ物質量の物質A，物質Bを同じ容量の水に溶解させて作られた。水の沸点との差である $\Delta t_A$〔K〕と $\Delta t_B$〔K〕について，$\Delta t_B/\Delta t_A$ の値を有効数字 2 桁で答えよ。〔九州大〕

## 23. 混合気体と状態の変化 思考

問 1　次の文章を読み，以下の(i)〜(iv)の問いに答えよ。

ヘリウム 3.60 g とメタノール 11.2 g が，温度および容積が可変であるピストン付き密閉容器内(図 1)に封入されている。ピストンは水平方向に抵抗なくなめらかに動き，容器内には常に $1.00\times10^5$ Pa の圧力がかかっている。ヘリウムおよびメタノール蒸気は理想気体としてふるまい，メタノールの蒸気圧曲線は図 2 で表されるものとする。また，液体のメタノールへのヘリウムの溶解，および液体のメタノールの体積は無視できるものとする。
(H=1.00，He=4.00，C=12.0，O=16.0，$R=8.31\times10^3$ Pa·L/mol·K)

ヘリウム
メタノール
ピストン
⇦$1.00\times10^5$Pa

図 1　ピストン付き密閉容器に封入されたヘリウムとメタノール

(i)　容器内の温度を 50°C に保ったまま平衡になるまで放置したところ，メタノールはすべて蒸気となった。このときのメタノールのモル分率，およびメタノールの分圧〔Pa〕を求め，有効数字 2 桁で記せ。

(ii) 容器内の温度を 50°C から徐々に下げたところ，ある温度で液体のメタノールが生じた。このときの温度〔°C〕を求め，整数で記せ。

(iii) (ii)の状態から容器内の温度を徐々に下げて 17°C にした。このときのヘリウムの分圧〔Pa〕，およびヘリウムとメタノールからなる混合気体の体積〔L〕を求め，有効数字 2 桁で記せ。

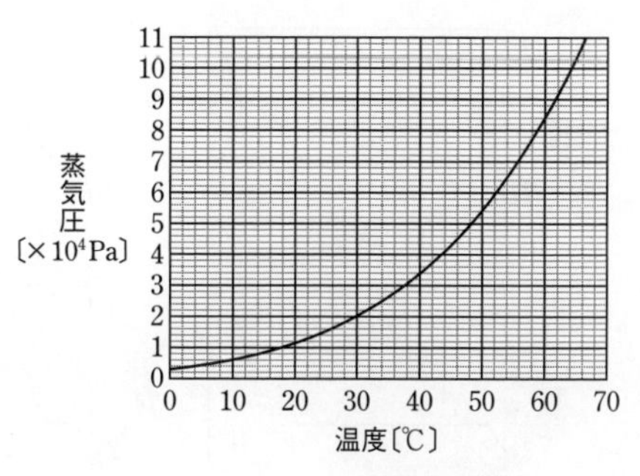

図 2　メタノールの蒸気圧曲線

(iv) (iii)の状態において，容器内で液体として存在しているメタノールの質量〔g〕を求め，有効数字 2 桁で記せ。

問 2　次の文章を読み，以下の(i)〜(iii)の問いに答えよ。

一般に物質の化学変化には熱の出入りがともなう。また，(a)物質の状態が変化するときや(b)物質が溶解するときにも熱の出入りがともなう。状態変化にともなう熱である融解熱や蒸発熱の大きさは分子間にはたらく引力が大きいほど大きくなる。極性の有無によらず，すべての分子間にはたらく弱い引力である［ア］力，極性分子間にはたらく静電気的な引力，水素結合などを総称して分子間力という。

水素結合は［イ］の大きな原子の間に水素をなかだちとしてできる結合で，一般に水素結合によって生じる引力の方が［ア］力より大きい。［イ］は貴ガスを除く元素の周期表の右上に位置する元素ほど大きい。(H＝1.00，C＝12.0，O＝16.0)

(i) ［　］にあてはまる最も適切な語句をそれぞれ記せ。

(ii) 下線部(a)に関して，水の状態変化についての以下の(1)と(2)の問いに答えよ。ただし，氷と水の比熱は温度，圧力によらずそれぞれ 2.1 J/(g·K)，4.2 J/(g·K) とし，0°C における氷の融解熱，100°C における水の蒸発熱は圧力によらずそれぞれ 6.0 kJ/mol，40.7 kJ/mol とする。

(1) 大気圧下において，0°C の氷 1.0 kg を加熱し，100°C の水蒸気にするために必要な熱量〔kJ〕を求め，有効数字 2 桁で記せ。

(2) 水の状態図を図 3 に示す。一定の圧力 $p_A$ または $p_B$ の条件で水を加熱し，温度を $T_1$ から $T_2$ まで上昇させた。加えた熱量に対する温度変化の特徴をもっとも適切に表している図を(あ)〜(か)の中から一つずつ選べ。

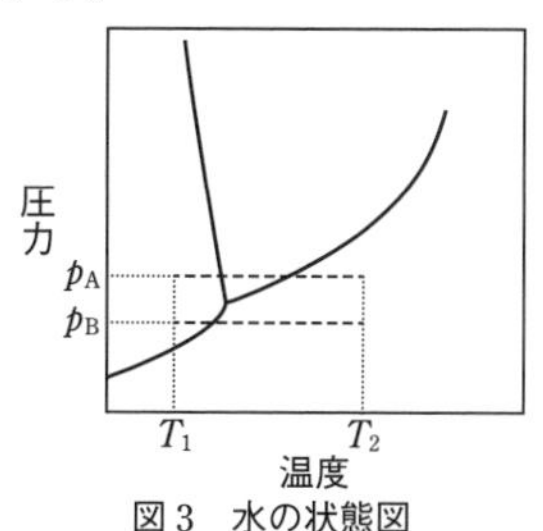

図 3　水の状態図

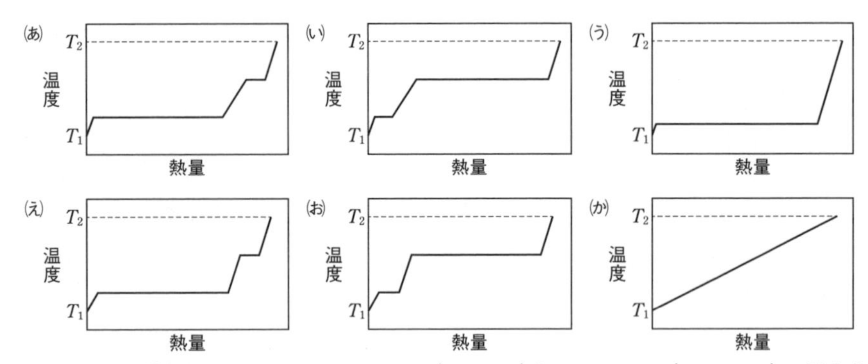


(iii)　下線部(b)に関して，グルコース($C_6H_{12}O_6$)とスクロース($C_{12}H_{22}O_{11}$)の混合物 20.0 g を 400 g の水に完全に溶かした。この水溶液を加熱すると大気圧下で沸点が 0.13℃ 上昇した。混合物中のグルコースの質量〔g〕を求め，有効数字 2 桁で記せ。ただし，この水溶液は希薄溶液とみなせるものとし，水のモル沸点上昇は 0.52 K･kg/mol とする。〔広島大〕

## 24. 実在気体の理想気体からのずれ　思考

病院をはじめとする医療機関では，産業用ガスの他に，医薬品として医療用ガスが用いられる。ガスボンベ中の気体は，高圧下にあるため，産業用，医療用に関係なく理想気体の状態方程式 $PV=nRT$ の式には従わない。ここで，$P$ は圧力〔Pa〕，$V$ は体積〔L〕，$n$ は物質量〔mol〕，$R$ は気体定数，$T$ は温度〔K〕である。実在気体を取り扱う際に，理想気体からのずれを示す指標として

$$Z=\frac{PV}{nRT} \quad ①$$

が用いられる。この $Z$ を圧縮率因子という。300 K における窒素，メタン，ヘリウムの圧縮率因子と圧力との関係は，図 1 に示すように，それぞれの気体でそのふるまいが異なることがわかる。図 2 にはいくつかの温度条件でのメタンの圧縮率因子が圧力によって変化する様子を示す。

実在気体を取り扱う方法の 1 つとして，次のファンデルワールスの状態式が知られている。実在気体では，［ A ］があること，分子自身の［ B ］があることを考慮して，

$$\left\{P+a\left(\frac{n}{V}\right)^2\right\}(V-nb)=nRT \quad ②$$

で表される。ここで，$a$，$b$ をファンデルワールス定数といい，その値は気体ごとに異なる。式②を変形すると，

$$P=\frac{nRT}{V-nb}-a\left(\frac{n}{V}\right)^2 \quad ③$$

となるので，式③の $P$ を式①に代入すると，

$$Z=\frac{V}{V-nb}-\frac{an}{VRT} \quad ④$$

が得られる。

医療用ガスのファンデルワールス定数を表1に示す。酸素と窒素は混合し，人工空気(合成空気)として使用される。二酸化炭素は手術室にて内視鏡手術に使われる。一酸化窒素は血管拡張物質として，亜酸化窒素は麻酔剤として用いられる。また，キセノンはエックス線CTスキャナーの造影剤として使用される。

表1 医療用ガスのファンデルワールス定数

| 医療用ガス | $a\left[\frac{L^2\cdot Pa}{mol^2}\right]$ | $b$〔L/mol〕 |
|---|---|---|
| 酸素 | $1.4\times10^5$ | 0.032 |
| 窒素 | $1.4\times10^5$ | 0.039 |
| 二酸化炭素 | $3.7\times10^5$ | 0.043 |
| 一酸化窒素 | $1.5\times10^5$ | 0.029 |
| 亜酸化窒素 | $3.8\times10^5$ | 0.044 |
| キセノン | $4.2\times10^5$ | 0.052 |

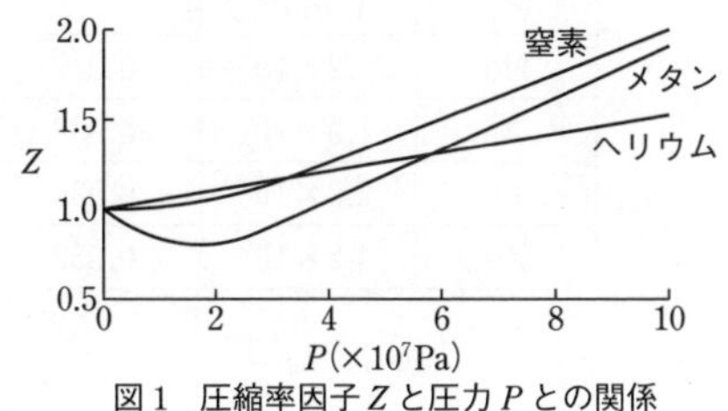

図1 圧縮率因子$Z$と圧力$P$との関係

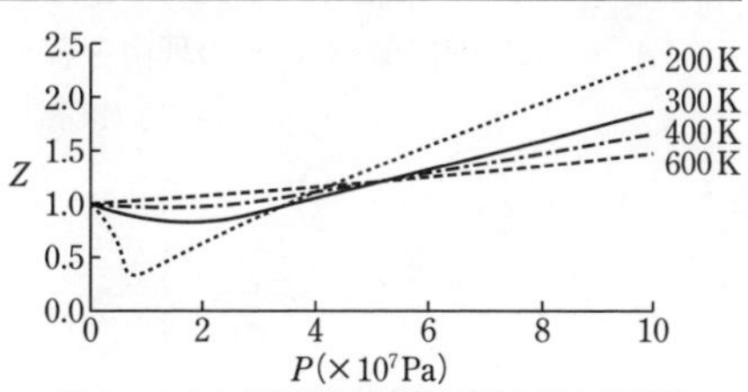

図2 メタンの圧縮率因子の圧力による変化

問1 以下の問に答えよ。

(1) 空欄A，Bに適切な語句を埋めよ。ただし，Bは漢字2字で答えよ。

(2) 気体を理想気体として扱えるとき，$Z$，$a$，$b$の値をそれぞれ答えよ。

問2 1mol の気体の体積を$V_m$とする。式④の$Z$を体積$V$の代わりに$V_m$で表せ。

問3 メタンのファンデルワールス定数は，$a=2.30\times10^5\frac{L^2\cdot Pa}{mol^2}$，$b=0.0431$ L/mol である。1.00Lのボンベにメタンが4.00mol封入されているとき，ファンデルワールスの状態式に従うものとして，300Kにおける圧力と圧縮率因子をそれぞれ有効数字3桁で求めよ。

問4 窒素酸化物について以下の問に答えよ。(N=14.0，O=16.0)

(1) 一酸化窒素，亜酸化窒素，二酸化窒素の3つの気体について，それぞれ14gの窒素と結合している酸素の質量比は，2.0：1.0：4.0である。亜酸化窒素の窒素含有量を％(質量百分率)で有効数字2桁にて求めよ。

記述 (2) 二酸化窒素のファンデルワールス定数$b$値は，表1の酸素，一酸化窒素，亜酸化窒素の$b$値の中のどれに近いと考えられるか。その理由を答えよ。

記述 問5 図1において，0Paから$2.0\times10^7$Paの間では，ヘリウムは圧力を上げると，$Z$が増えるのに対して，メタンは圧力を上げると$Z$が減少する理由を空欄A，Bの用語を用いて述べよ。

記述 問6 図2において，$4.0\times10^7$Pa付近を境に低圧側では，メタンを低温にすると，$Z$が減るのに対して，高圧側では，メタンを低温にすると$Z$が増えている理由を述べよ。

問 7　キセノンについて以下の問に答えよ。キセノンの三重点は 161K，$8.2\times10^5$ Pa，臨界点は 290K，$5.8\times10^6$ Pa である。

(1)　キセノンの基底状態における電子配置を例にならって記せ。

(例)　アルゴン　K：2，L：8，M：8

記述 (2)　161K，$8.2\times10^5$ Pa におけるキセノンの状態について説明せよ。

記述 (3)　300K において圧力を $5.8\times10^6$ Pa 以上に上げると，キセノンはどのような状態になるかを説明せよ。

記述 (4)　表 2 にネオンからキセノンの貴ガス(希ガス)の $a$，$b$ を記す。原子番号が大きくなるにつれて $a$，$b$ は大きくなる傾向がある。その理由を答えよ。

〔東京医歯大 改〕

表 2　貴ガス(希ガス)のファンデルワールス定数

| 貴ガス | $a\left[\dfrac{L^2\cdot Pa}{mol^2}\right]$ | $b$〔L/mol〕 |
|---|---|---|
| Ne | $2.2\times10^4$ | 0.017 |
| Ar | $1.3\times10^5$ | 0.032 |
| Kr | $2.3\times10^5$ | 0.039 |
| Xe | $4.2\times10^5$ | 0.052 |

# 3 化学反応とエネルギー

## A 25. 反応エンタルピーに関する正誤問題

次の記述のうち，誤っているものはどれか。

(1) 燃焼エンタルピーは，1mol の物質が完全に燃焼するときの反応エンタルピーで，エンタルピー変化($\Delta H$)は負の値になる。

(2) 生成エンタルピーは，1mol の物質がその成分元素の単体から生成するときの反応エンタルピーで，$\Delta H$ は正の値になる。

(3) 中和エンタルピーは，それぞれ 1mol の酸と塩基が反応したときの反応エンタルピーで，$\Delta H$ は正または負の値になる。

(4) 溶解エンタルピーは，1mol の物質が多量の溶媒に溶けるときの反応エンタルピーで，$\Delta H$ は正または負の値になる。

(5) 反応エンタルピーには，溶解のような，物理的な現象にともない出入りする熱も含まれる。

## 26. エンタルピー変化を付した反応式を用いた計算

次の問い(1)～(4)に答えよ。(H＝1.00，O＝16.0)

(1) C(黒鉛)の燃焼エンタルピーが －394kJ/mol であるとき，CO の生成エンタルピー〔kJ/mol〕を，次の反応式を利用して求めよ。

$$\text{C(黒鉛)} + CO_2 \longrightarrow 2CO \quad \Delta H = 172\,\text{kJ}$$

(2) NaOH(固体)の溶解エンタルピーは －45kJ/mol，希塩酸に水を加えた後，固体の NaOH 1mol を加えて反応させたときの反応エンタルピーは －101kJ/mol である。次の反応式の中和エンタルピーはいくらか。なお，aq は水溶液を意味する。

$$\text{NaOHaq} + \text{HClaq} \longrightarrow \text{NaClaq} + H_2O\text{(液)}$$

(3) 10.0g の 0℃ の氷をすべて 100℃ で水蒸気にした。この過程で吸収した熱量〔kJ〕を求めよ。ただし，0℃ の氷の融解熱は $1.01\times10^5$ Pa(1atm)で 0.334kJ/g，100℃ の水の蒸発エンタルピーは 1atm で 40.7kJ/mol である。また，水の比熱を 4.18J/(g･℃)とする。

(4) 0℃，1atm における水の蒸発エンタルピーは 45.0kJ/mol である。(3)を参考にして 0℃ の氷の昇華をエンタルピー変化を付した反応式で表せ。　〔01 県立広島大 改〕

## 27. プロパンのエンタルピー変化を付した反応式

プロパンは無色で可燃性の化合物で，常温では気体である。プロパンの燃焼をエンタルピー変化を付した反応式で表すと次のようになる。

$$C_3H_8\text{(気)} + \frac{\boxed{ア}}{\boxed{イ}} O_2\text{(気)} \longrightarrow \frac{\boxed{ウ}}{\boxed{エ}} CO_2\text{(気)} + \frac{\boxed{オ}}{\boxed{カ}} H_2O\text{(液)} \quad \Delta H = -2220\,\text{kJ}$$

8.80g のプロパンを完全燃焼させ，得られた熱を 20.0℃ の水 2.00kg に与えた。(H＝1.00，C＝12.0，O＝16.0，0℃，101kPa における気体のモル体積＝22.4L/mol)

(1) □ に当てはまる数値を答えよ。

(2) プロパンの生成エンタルピー〔kJ/mol〕を求めよ。ただし，二酸化炭素(気)および水(液)の生成エンタルピーをそれぞれ −394 kJ/mol，−286 kJ/mol とする。解答は小数第一位を四捨五入し，3桁の数値として答えよ。

(3) 8.80 g のプロパンを完全燃焼させるのに最低限必要な空気の体積〔L〕を，30 °C (303 K)，101 kPa の条件で求めよ。ただし，空気を窒素と酸素が物質量で 4：1 の割合で含まれる理想気体とする。解答は，有効数字が 2 桁となるように 3 桁目を四捨五入して答えよ。

(4) 8.80 g のプロパンの完全燃焼によって得られる熱量の 70.0 % が 20 °C，2.00 kg の水の温度上昇に使われたとする。水の温度は何 °C になるか，求めよ。ただし，1 kg の水を 1 °C 上昇させるのに必要な熱量を 4.20 kJ とする。解答は小数第一位を四捨五入し，2 桁の数値として答えよ。

〔17 東京理大 改〕

## 28. 中和エンタルピーの測定

次の〔実験 1〕～〔実験 5〕に関する文章を読み，(1)～(4)に答えよ。なお，全ての水溶液の比熱を 4.2 J/(g･°C) とする。(H＝1.0，O＝16.0，Na＝23.0)

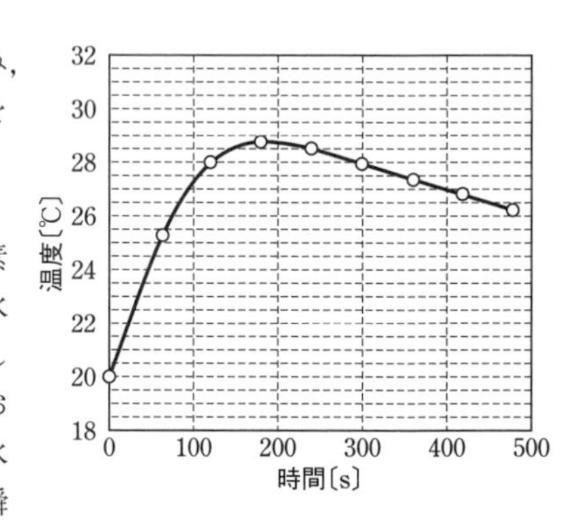


〔実験 1〕 水酸化ナトリウムの固体 2.0 g を素早く量り取り，ビーカーに入れた水 50 mL に溶解し，温度変化を測定した。その時の温度変化はグラフおよび表の通りであった。ここで，水酸化ナトリウムを水中に入れた瞬間を時間 0〔s〕とする。

| 時間〔s〕 | 0 | 60 | 120 | 180 | 240 | 300 | 360 | 420 | 480 |
|---|---|---|---|---|---|---|---|---|---|
| 温度〔°C〕 | 20.0 | 25.3 | 28.0 | 28.8 | 28.6 | 28.0 | 27.4 | 26.8 | 26.2 |

〔実験 2〕 次に，この水溶液の温度が一定になった時点で，容器ごと断熱容器に入れ，同じ温度の 1.0 mol/L の塩酸を 75 mL 混合すると，混合水溶液の温度は 5.4 °C 上昇した。

〔実験 3〕 さらに，この溶液に水を加え 2.0 L とし，ある量のアンモニアを吸収させたところ，水溶液の pH は 3.0 となった。

〔実験 4〕 一方，18 mol/L の濃硫酸 10 mL を断熱容器内の水 100 mL に静かに加えると，混合水溶液の温度は 25 °C 上昇した。

〔実験 5〕 また，18 mol/L の濃硫酸 10 mL を断熱容器内の 1.0 mol/L 水酸化ナトリウム水溶液 100 mL に静かに加えた。

(1) 〔実験 1〕について，水への水酸化ナトリウムの溶解によって放出される熱量

$Q$〔kJ〕を有効数字 2 桁で求めよ。ただし，水の密度を 1.0 g/cm$^3$ とする。

(2) 〔実験 2〕について，この温度上昇値をもとに塩酸と水酸化ナトリウムの中和エンタルピーを表す反応式を示せ。ただし，1.0 mol/L の塩酸の密度を 1.0 g/cm$^3$ とし，外部からの熱の出入りおよび水酸化ナトリウムの溶解による体積の変化はないものとする。また，中和エンタルピーは有効数字 2 桁で示せ。

(3) 〔実験 3〕について，吸収させたアンモニアの体積は標準状態で何 L であったか。有効数字 2 桁で求めよ。ただし，気体のアンモニア 1.0 mol の標準状態での体積を 22.4 L とする。

(4) 〔実験 2〕および〔実験 4〕の結果を利用して，〔実験 5〕において放出される熱量 $Q$〔kJ〕を有効数字 2 桁で求めよ。ただし，18 mol/L の濃硫酸の密度を 1.8 g/cm$^3$，水および水酸化ナトリウム水溶液の密度を 1.0 g/cm$^3$ とし，外部からの熱の出入りはないものとする。

〔07 九州大 改〕

## 29. ヘスの法則

アルカリ金属 M（M＝Li，Na，K，Rb）とハロゲン X（X＝Cl，Br，I）からなるイオン結晶 MX(s)の生成エンタルピーを求めるために，ヘスの法則に基づいて図のようなサイクルを考えた。ここで(s)と(g)はそれぞれ固体と気体を表し，$e^-$ は電子を表す。問い(1)～(4)に答えよ。

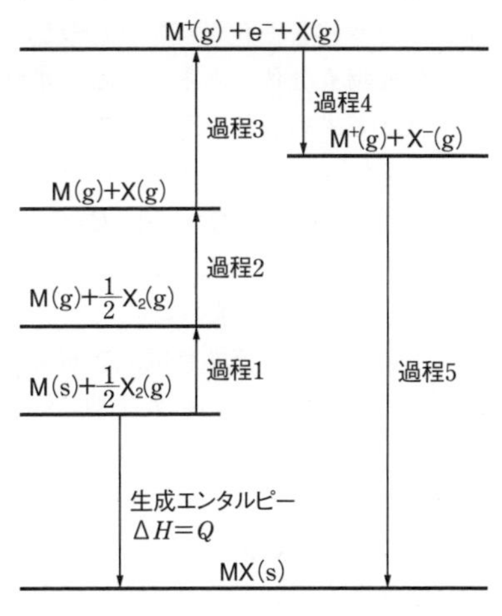


(1) 過程 2 ～ 4 に関係するエネルギーは何か。例にならって答えよ。

例　過程 1：アルカリ金属 M の昇華エンタルピー

(2) 上にあげたハロゲンの中で，過程 2 における反応エンタルピーの絶対値が一番小さいのはどれか。

(3) 上にあげたアルカリ金属の中で，過程 3 における反応エンタルピーの絶対値が一番大きいのはどれか。

(4) 塩化カリウムに関係するいろいろな反応の 25 ℃，1013 hPa におけるエンタルピー変化を付した反応式を次に与えてある。

$$K(s) \longrightarrow K(g) \quad \Delta H = 89\,\mathrm{kJ}$$

$$K(s) \longrightarrow K^+(g) + e^- \quad \Delta H = 514\,\mathrm{kJ}$$

$$\frac{1}{2}Cl_2(g) \longrightarrow Cl(g) \quad \Delta H = 122\,\mathrm{kJ}$$

$$\frac{1}{2}Cl_2(g) + e^- \longrightarrow Cl^-(g) \quad \Delta H = -233\,\mathrm{kJ}$$

$$K^+(g) + Cl^-(g) \longrightarrow KCl(s) \quad \Delta H = -717\,\mathrm{kJ}$$

このサイクルで M＝K，X＝Cl として次の量を計算せよ。

(a)　過程 3 に伴う熱量の変化

(b)　過程 4 に伴う熱量の変化

(c)　塩化カリウム固体の生成エンタルピー $Q$〔kJ/mol〕　〔04 信州大 改〕

## 30．結合エネルギー

次のエンタルピー変化を付した反応式について，下の問い(1)～(5)に答えよ。ただし，生成する気体は理想気体であるとする。

C(黒鉛) ⟶ C(気体)　$\Delta H = 715\,\text{kJ}$　…①

C(黒鉛) ＋ $2H_2$(気体) ⟶ $CH_4$(気体)　$\Delta H = -74.5\,\text{kJ}$　…②

$H_2$(気体) ⟶ 2H(気体)　$\Delta H = 432\,\text{kJ}$　…③

記述 (1)　結合エネルギーとは何か。説明せよ。

(2)　メタン分子中の C–H 結合の結合エネルギーは何 kJ/mol か。

(3)　気体反応でメタン 1mol が完全燃焼するときの化学反応式を書け。

(4)　(3)で解答した化学反応式の反応エンタルピー〔kJ/mol〕を求めよ。ただし反応物も生成物も気体であるとする。また解答に必要であれば，C–H 結合の結合エネルギーは(2)で求めた値を用いること。また反応式①～③および下記の結合エネルギー値も参考にせよ。結合エネルギー〔kJ/mol〕 O–H：463，O=O：498，C=O：804，C–C：331，C=C：590，C≡C：810

(5)　アセチレン 1mol に水素が付加してエタンが 1mol 生成する反応の反応エンタルピー〔kJ/mol〕を求めよ。

解答に必要であれば，C–H 結合の結合エネルギーは(2)で求めた値を用いること。また反応式①～③および(4)で示した結合エネルギー値も参考にせよ。

〔07 福島県医大 改〕

## 31．化学反応と光

化学反応と光に関して，(a)～(j)の中で正しい記述を全て選べ。

(a) ルミノールは，過酸化水素によって酸化されると赤色発光を示し，血痕の検出に使われる。

(b) ルミノールは，オゾンによって還元されると赤色発光を示し，血痕の検出に使われる。

(c) ルミノールは，過酸化水素によって酸化されると，青色発光を示す。

(d) ルミノールは，オゾンによって還元されると，青色発光を示す。

(e) 光合成では，水が還元剤としてはたらき，二酸化炭素が還元される。

(f) 光合成では，水が酸化剤としてはたらき，二酸化炭素が還元される。

(g) 光合成は吸熱反応である。

(h) 光合成は発熱反応である。

(i) 化学発光では，物質が化学反応のエネルギーを得てエネルギーの高い状態になり，エネルギーが低い状態に移るときに，そのエネルギー差を光として放出し，発光する。

(j) 化学発光では，物質が化学反応でエネルギーを失ってエネルギーの低い状態になり，エネルギーが高い状態に移るときに，そのエネルギー差を光として放出し，発光する。

〔16 東京理大〕

## B　32. 反応エンタルピー　思考

水溶液の温度変化を測って反応エンタルピーを求める実験を行った。実験では直径約 3cm の試験管に温度計と反応溶液を加えるガラス管を付けたコルク栓をはめて，発泡スチロールで包んだものを簡易型熱量計として用いた(右図)。温度計は 1/100℃ まで読めるデジタル温度計を使い，用いる溶液はあらかじめつくっておき，室温と同じ温度になるまで放置しておいた。

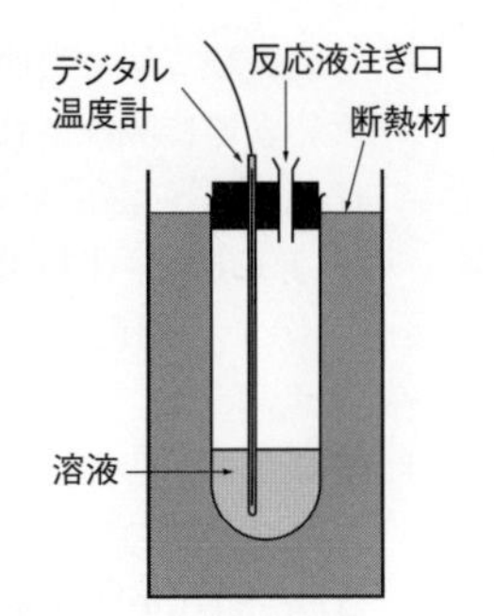


【実験 1】　試験管に 0.10mol/L の塩酸 55mL をメスシリンダーで測り取り，栓をした。温度が安定したところで液温を測り，反応前(0 分)の温度とした。次に 1.0mol/L の水酸化ナトリウム水溶液 5.0mL をホールピペットで測り取り，ガラス管から直接注いだ。直ちに装置全体をよく揺すって溶液を混ぜてから温度を測定した。水酸化ナトリウム水溶液を加えるとすぐに温度が上昇して，その後徐々に温度が下がってくる。各時間での測定値は表のようになった。

| 時間〔分〕 | 0.0 | 0.5 | 1.0 | 2.0 | 3.0 | 4.0 | 5.0 |
|---|---|---|---|---|---|---|---|
| 温度〔℃〕 | 28.00 | 28.70 | 28.85 | 28.90 | 28.85 | 28.80 | 28.75 |

【実験 2】　実験 1 と同じ装置を用いて，硫酸と水酸化ナトリウム水溶液の中和エンタルピーを求めた。

0.050mol/L の硫酸 55mL を試験管に入れて，実験 1 と同じようにして 1.0mol/L の水酸化ナトリウム水溶液 5.0mL を加えて溶液の温度変化を測定した。

【実験 3】　実験 1 と同じ装置を用いて，硫酸に固体の水酸化ナトリウムを加えたときに放出する熱量を求めた。

0.050mol/L の硫酸 55mL を試験管に入れて，さらに水 5.0mL を加えてよくかき混ぜ，室温とほぼ同じ温度になるまで放置しておいた。次に，水酸化ナトリウムの固体 0.20g を手早く秤量して試験管中に加え，直ちに混合して溶解，反応させて温度変化を測った。

水溶液の比熱(物質 1g の温度を 1K 変化させるのに必要な熱量)はすべて 4.2J/(g･K) とし，塩酸と水酸化ナトリウム水溶液の中和反応の反応エンタルピーを −57kJ/mol として以下の問いに答えよ。ただし，溶液の密度はすべて 1.0g/cm$^3$ とし，反応前後の体積変化は無視できるものとする。

(H=1.0，O=16，Na=23)

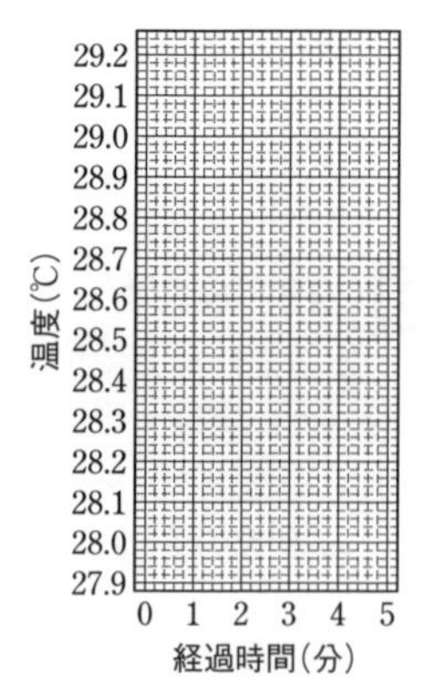


記述 (1)　実験1で，容器の外に熱が逃げなかった場合に到達すると考えられる温度〔℃〕は測定結果のグラフからどの様にして求められるか。解答は求めた温度ではなく，求め方を60字以内の文章で記述せよ。ただし，理由を説明する必要はない。

(2)　この実験で用いた簡易型熱量計では，放出した熱は溶液と反応容器に吸収されて温度が変化する。反応容器の熱容量(反応容器の温度を1K変化させるのに必要な熱量) $C$〔J/K〕を，実験1から求めよ。答えは，反応前の温度(0分での温度)と(1)で求められる温度の差を $\Delta T$ として表せ。

(3)　実験2で，容器の外に熱が逃げなかった場合の温度変化量を求めたところ1.1Kであった。この実験から，硫酸と水酸化ナトリウム水溶液との中和エンタルピー $\Delta H_1$〔kJ/mol〕を求めよ。答えは，反応容器の熱容量を $C$〔J/K〕として表せ。

(4)　実験3で，容器の外に熱が逃げなかった場合の温度変化量を求めたところ，2.0Kであった。固体の水酸化ナトリウムの溶解エンタルピー $\Delta H_2$〔kJ/mol〕を求めよ。答えは，反応容器の熱容量を $C$〔J/K〕とし，必要なら硫酸と水酸化ナトリウム水溶液との中和エンタルピーは $\Delta H_1$〔kJ/mol〕として表せ。　〔10 順天堂大 改〕

## 33. 反応エンタルピーと結合エネルギー　思考

反応エンタルピーは分子の構造や性質に関する重要な情報を含んでいる。種々の反応の反応エンタルピーは，直接実験により測定するか，あるいは他の反応エンタルピーのデータを組み合わせることにより求められる。

例えば，炭素原子2molと水素原子6molからエタン分子1molが生成する反応(反応式①)：$2C(気体) + 6H(気体) \longrightarrow C_2H_6(気体)$　…①　の反応エンタルピーは直接実験により求めることは困難であるが，エタンや炭素，水素の燃焼を含む以下のエンタルピー変化を付した反応式から求めることができる。

$$C_2H_6(気体) + \frac{7}{2}O_2(気体) \longrightarrow 2CO_2(気体) + 3H_2O(液体) \quad \Delta H = -1560\,kJ \quad \cdots②$$

$$C(黒鉛) + O_2(気体) \longrightarrow CO_2(気体) \quad \Delta H = -394\,kJ \quad \cdots③$$

$$C(黒鉛) \longrightarrow C(気体) \quad \Delta H = 720\,kJ \quad \cdots④$$

$$H_2(気体) + \frac{1}{2}O_2(気体) \longrightarrow H_2O(液体) \quad \Delta H = -286\,kJ \quad \cdots⑤$$

$$2H(気体) \longrightarrow H_2(気体) \quad \Delta H = -436\,kJ \quad \cdots⑥$$

反応エンタルピーは結合エネルギーの値から見積ることもできる。式①の反応エンタルピーはC–Cの結合エネルギー($E_{C\text{-}C}$)とC–Hの結合エネルギー($E_{C\text{-}H}$)を用いて表せば　a　となる。この式に，$E_{C\text{-}C}$ と $E_{C\text{-}H}$ の標準値として，それぞれ348kJ/molおよび

413kJ/mol を代入すると $\Delta H=$ [ b ] kJ となり，上の反応式②〜⑥を組み合わせて求めた反応エンタルピーの値とほぼ一致する。逆に反応エンタルピーから結合エネルギーを求めることもできる。最も簡単な例として，式⑥から H–H の結合エネルギー($E_{\text{H-H}}$)を求めると [ c ] kJ/mol となる。

次に，C=C 二重結合の結合エネルギー($E_{\text{C=C}}$)を評価してみよう。例えば，シクロヘキセンと水素からシクロヘキサン 1mol が生成する反応の反応エンタルピーの実測値は −120kJ である。この値をもとに $E_{\text{C=C}}$ の値を定めると，−120= [ d ] より $E_{\text{C=C}}=618$ kJ/mol となる。この $E_{\text{C=C}}$ の値を用いて，1,3-シクロヘキサジエン 1mol と水素 2mol とが反応するときの反応エンタルピーを見積ると −240kJ となり，実測値の −232kJ に近い値が得られる。

次にベンゼン 1mol が水素 3mol と反応するときの反応エンタルピーを考えてみよう。ベンゼンを 1,3,5-シクロヘキサトリエンとみなし，上の結合エネルギーからこの反応エンタルピーを計算すると [ e ] kJ となる。

ところが，この反応エンタルピーの実測値は −208kJ であり，計算値との差が大きい。このことから，ベンゼン環は 3 個の C=C と 3 個の C–C 結合が単純に交互につながった構造から予想されるよりも熱化学的に著しく安定であることがわかる。

(1) 反応式②〜⑥を用いて，式①の反応エンタルピー〔kJ/mol〕を求めよ。

(2) [ a ] に結合エネルギーを含む式を入れ，[ b ] と [ c ] に数値を入れよ。

(3) [ d ] に結合エネルギーを含む式を入れ，[ e ] に数値を入れよ。 〔94 大阪大 改〕

## 34. 格子エネルギー

フッ化カルシウム $CaF_2$ の結晶であるホタル石は，$Ca^{2+}$ イオンが面心立方格子を形成し，$Ca^{2+}$ イオンがつくる正四面体のすき間に $F^-$ イオンが入り込んだ単位格子からなる。

(1) [　] にあてはまる語句・数値を答えよ。

1mol のフッ化カルシウムの結晶をばらばらのカルシウムイオンとフッ化物イオンに分解するのに必要なエネルギーをフッ化カルシウム結晶の格子エネルギーという。つまり，この格子エネルギーはフッ化カルシウムの固体を気体状態のカルシウムイオンとフッ化物イオンへと変えるのに必要なエネルギーである。フッ化カルシウムの格子エネルギーをヘスの法則を用いて計算する手順を示した次の文章の空欄を埋めよ。

フッ化カルシウム結晶の格子エネルギーを計算するために，まず固体のフッ化カルシウムを気体のフッ素分子と固体のカルシウムに分解する過程を考える。この化学変化に伴い出入りした熱はフッ化カルシウム固体の [ ア ] (−1220kJ/mol)に等しい。[ ア ] は式(i)で表される。

$$Ca(固) + F_2(気) \longrightarrow CaF_2(固) \quad \Delta H = -1220\,\text{kJ} \qquad \cdots(\text{i})$$

次に，固体のカルシウムを気体状態のカルシウムイオンにするのに必要なエネルギーを求める。そこで，固体のカルシウムを気体のカルシウム原子に変化させ，その後にカルシウム原子から電子を 2 つ取り除いてカルシウムイオンにする過程を考える。固体のカルシウムを気体にするのに伴い出入りした熱はカルシウムの［イ］(178 kJ/mol)に等しい。また，カルシウム原子から電子を1つ取り除くのに必要なエネルギーは，カルシウムの第一［ウ］(590 kJ/mol)であり，さらにもう1つ電子を取り除くのに必要なエネルギーはカルシウムの第二［ウ］(1145 kJ/mol)である。［イ］，第一［ウ］，第二［ウ］の総和が固体のカルシウムを気体状態のカルシウムイオンにするのに必要なエネルギーであるから，以下の式(ii)で表される。

$$Ca(固) \longrightarrow Ca^{2+}(気) + 2e^- \quad \Delta H = 1913\,kJ \qquad \cdots(ii)$$

続いて，気体のフッ素分子をフッ化物イオンにする際に伴うエネルギー変化を求める。この化学変化は，フッ素分子をフッ素原子にした後にイオン化する過程である。フッ素分子をフッ素原子にするのに必要なエネルギーはフッ素分子の［エ］(155 kJ/mol)に等しい。また，フッ素原子が電子を1つ得てフッ化物イオンになる際に放出されるエネルギーがフッ素の［オ］(−322 kJ/mol)であることを考慮すれば，気体状態のフッ素分子をフッ化物イオンにする過程は式(iii)で表される。

$$F_2(気) + 2e^- \longrightarrow 2F^-(気) \quad \Delta H = \boxed{カ}\,kJ \qquad \cdots(iii)$$

最終的にフッ化カルシウム結晶をばらばらのカルシウムイオンとフッ化物イオンに分解するのに必要な格子エネルギーは，ヘスの法則と式(i)～(iii)から，

$$CaF_2(固) \longrightarrow Ca^{2+}(気) + 2F^-(気) \quad \Delta H = \boxed{キ}\,kJ \qquad \cdots(iv)$$

と求められる。

記述 (2) $CaF_2$ の格子エネルギーを，同じ結晶格子をもっている $SrF_2$ や $BaF_2$ の格子エネルギーと比べたときの大小関係は(a)～(c)のどれにあたるか。また，その理由を40字以内で説明せよ。

(a) $CaF_2 < BaF_2 < SrF_2$　(b) $SrF_2 < BaF_2 < CaF_2$　(c) $BaF_2 < SrF_2 < CaF_2$

〔19 佐賀大 改〕

# 4 反応の速さと化学平衡

## A 35. 反応条件と反応速度

気体の水素 $H_2$ と気体の臭素 $Br_2$ から気体の臭化水素 HBr が生成する反応は次の式(1)で表される。

$H_2 + Br_2 \longrightarrow 2HBr$ …(1)

この反応の反応速度 $v$ は，HBr の濃度が低いとき，反応速度定数を $k$，$H_2$ と $Br_2$ のモル濃度をそれぞれ $[H_2]$，$[Br_2]$ として，次の式(2)で表されることが実験によりわかっている。

$v = k[H_2][Br_2]^{\frac{1}{2}}$ …(2)

密閉容器内でのある反応条件における反応速度を $v_0$ とする。この反応条件の一部を変えて反応速度を $v_0$ より大きくしたい。反応速度が最も大きくなる反応条件を，次の①～④のうちから一つ選べ。ただし，式(1)以外の反応は起こらないものとし，いずれの条件においても反応速度は式(2)で表されるものとする。

① 同じ温度・体積で，$[H_2]$ を 2 倍にする。
② 同じ温度・体積で，$[Br_2]$ を 2 倍にする。
③ 同じ温度・物質量で，圧力を 2 倍にする。
④ 同じ体積・物質量で，$k$ が 2 倍になる温度にする。　〔共通テスト　化学(追試験)〕

## 36. 反応速度と化学平衡

ある温度に保った容積一定の密閉容器に，同じ物質量の $H_2$ と $I_2$ の混合気体を入れると気体のヨウ化水素 HI が生じる。

$H_2 + I_2 \longrightarrow 2HI$ …①

この反応は可逆反応であり，生成した HI の一部は，分解して $H_2$ と $I_2$ になる。

$2HI \longrightarrow H_2 + I_2$ …②

この状態で長時間放置すると，やがて容器内の $H_2$，$I_2$，HI の物質量の割合が一定に保たれた平衡状態になる。

$H_2 + I_2 \rightleftarrows 2HI$ …③

このとき，反応①を正反応，反応②を逆反応とする。

最初の $H_2$ の濃度，および反応開始後，時間 $t_1$，$t_2$ における $H_2$ の濃度を，次の表のように，$c_0$，$c_1$，$c_2$ とする。ただし $0<t_1<t_2$ で，$0 \sim t_2$ の間は，生成する HI が少なく，逆反応の影響は無視できるものとする。また，$H_2$，$I_2$，HI は常に気体状態で，理想気体としてふるまうものとする。

| 時間〔sec〕 | 0 | $t_1$ | $t_2$ |
|---|---|---|---|
| $H_2$ の濃度〔mol/L〕 | $c_0$ | $c_1$ | $c_2$ |

表中の時間〔sec〕の sec は，秒のことを表す。

問1 (1) (i) 反応開始後 $0 \sim t_1$ 間の $H_2$ の平均の濃度 $\overline{c}_{0-1}$ を $c_0$，$c_1$ で表せ。
(ii) 反応開始後 $0 \sim t_1$ 間の $H_2$ が減少する平均の反応速度 $\overline{v}_1$ を $c_0$，$c_1$，$t_1$ で表せ。

(2)　(i)　反応開始後 $t_1$～$t_2$ 間の $H_2$ の平均の濃度 $\overline{c}_{1-2}$ を $c_1$，$c_2$ で表せ。

(ii)　反応開始後 $t_1$～$t_2$ 間の $H_2$ が減少する平均の反応速度 $\overline{v}_2$ を $c_1$，$c_2$，$t_1$，$t_2$ で表せ。

(3)　$\overline{v}_2$ を $c_0$，$c_1$，$c_2$，$\overline{v}_1$ で表せ。

問 2　(1)　平衡状態にある $H_2$，$I_2$，HI の濃度を $[H_2]$，$[I_2]$，$[HI]$ とする。化学平衡③の平衡定数 $K$ を $[H_2]$，$[I_2]$，$[HI]$ で表せ。

(2)　最初の $H_2$ と $I_2$ の物質量はいずれも 1.00 mol で，平衡状態の HI の物質量が 1.60 mol であるとき，平衡定数 $K$ を，有効数字 2 桁で求めよ。　〔香川大 改〕

## 37. 平衡の移動

問 1　次の文を読み，文中の［　］に入る語句を語群から選べ。

ヒトの血液の pH はおよそ 7.4 に保たれている。その主な調節に式(1)に示すように二酸化炭素 $CO_2$ と炭酸水素イオン $HCO_3^-$ が関与し，［ア］作用が働いている。

$$CO_2 + H_2O \rightleftarrows H^+ + HCO_3^- \qquad (1)$$

$H^+$ が増加すると，平衡が［イ］に移動し，$[H^+]$ の増加，すなわち pH の［ウ］を抑制する。このとき，［エ］が生じる。一方で，$[OH^-]$ が増加すると，$H^+$ と反応し，平衡が［オ］に移動し，$[OH^-]$ の増加，すなわち pH の［カ］を抑える。そのため pH が一定に保たれる。

語群：不可逆反応，可逆反応，緩衝，活性，正反応方向，逆反応方向，上昇，低下，$CO_2$，$HCO_3^-$

問 2　容積 $V$〔L〕の容器にそれぞれ気体の水素 $H_2$ 1.00 mol とヨウ素 $I_2$ 1.00 mol を入れ，体積と温度を一定に保ったところ，ヨウ化水素 HI の生成反応(2)が進行し平衡に達した。

$$H_2(気) + I_2(気) \rightleftarrows 2HI(気) \qquad (2)$$

このときの水素 $H_2$ の物質量は 0.300 mol であった。以下の問いに答えよ。

(a)　この反応の平衡定数 $K$ を有効数字 3 桁で答えよ。

(b)　この容器にさらに水素 $H_2$ を 0.500 mol 追加すると，新たな平衡状態に移行した。この状態における水素 $H_2$ の物質量〔mol〕を選択肢から選べ。

選択肢：0.300，0.412，0.499，0.681，0.800，0.953

(c)　さらに，この反応容器内の圧力を増加させたときの平衡移動の方向として正しいものを以下の選択肢(あ)～(う)から選べ。

(あ) 右向きに反応が進む　　(い) 左向きに反応が進む　　(う) 変化しない

〔鳥取大〕

## 38. 窒素酸化物の平衡状態

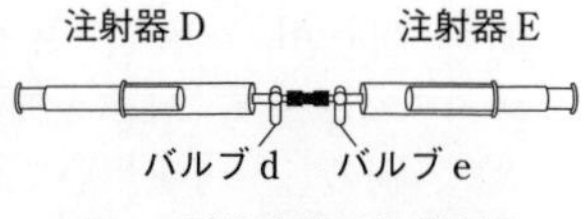

図 二酸化窒素の生成装置

化合物Xが入った注射器Dを，図のように，酸素が入った注射器Eに取り付けて，二つのバルブを開き，中の気体をすべて注射器Eに押し込んで，バルブを閉じて取り外した。注射器E内では，すべての化合物Xと酸素が化学反応して二酸化窒素が生成した。さらに，生成した二酸化窒素の一部は四酸化二窒素となり，次の式①で表される平衡状態になった。また，この反応は発熱反応であった。

$$2NO_2 \rightleftarrows N_2O_4 \quad \cdots(式①)$$

(1) 式①において，二酸化窒素が四酸化二窒素になる反応の圧平衡定数を $K_p$，濃度平衡定数を $K_c$ とする。27°C における $K_c$ を，$K_p$ を用いた式で答えよ。なお，式内の数値は有効数字2桁で表すものとする。($R=8.3\times10^3$ Pa·L/(mol·K))

(2) 下線部について，反応前の注射器D内の化合物Xと，注射器E内の酸素の体積は 27°C，$1.0\times10^5$ Pa で，それぞれ 50 mL と 25 mL であった。反応後の注射器内の気体の体積は 30 mL，全圧は $1.0\times10^5$ Pa であった。このときの二酸化窒素が四酸化二窒素になる反応の圧平衡定数 $K_p$〔$Pa^{-1}$〕を有効数字2桁で答えよ。なお，反応の前後において気体の温度は一定であり，バルブや連結部の体積は無視できるものとする。

記述 (3) 二酸化窒素と四酸化二窒素の混合気体を閉じ込めた注射器Eについて，次の(a)〜(c)の操作をそれぞれ行った。平衡状態に達した後，注射器内の四酸化二窒素の物質量は，操作前と比べてどう変わるか。理由とともに答えよ。

(a) 温度一定の状態で，ピストンを押して加圧する。
(b) 圧力一定の状態で，注射器全体を加温する。
(c) 温度一定，体積一定の状態で，注射器内にアルゴンを加える。 〔滋賀医大 改〕

## 39. 酢酸の電離定数と pH

次の問いに答えよ。ただし，25°C での酢酸の電離定数は $2.00\times10^{-5}$ mol/L とする。($K_w=1.00\times10^{-14}$ (mol/L)$^2$，$\log_{10}2=0.301$，$\log_{10}3=0.477$)

問 i 25°C における 0.150 mol/L の酢酸水溶液の pH はいくらか。ただし，この濃度における酢酸の電離度は1に比べて十分小さいものとする。解答は小数点以下第2位を四捨五入して，右の形式により示せ。 pH=□.□

問 ii 0.150 mol/L の酢酸水溶液 50.0 mL に，0.150 mol/L の水酸化ナトリウム水溶液 50.0 mL を加えた。混合後の水溶液の，25°C における pH はいくらか。解答は小数点以下第2位を四捨五入して，右の形式により示せ。 pH=□.□

〔東京工大〕

## 40. モール法

次の文章を読んで問いに答えよ。数値で答える問題には有効数字2桁で答えよ。

濃度のわからない塩化ナトリウム水溶液Aがあった。この溶液Aの濃度を調べるため，モール法による沈殿滴定を行うことにした。

まず，500mL のメスフラスコに(　ア　)を用いて正確に 25mL の溶液Aを入れ，メスフラスコの標線まで純水を加えて溶液Bを準備した。

次に，別の(　ア　)を用いて正確に 10mL の溶液Bをコニカルビーカーに移し，純水を適量加えた。そして，コニカルビーカー内に 0.5mol/L のクロム酸カリウム水溶液を指示薬として数 mL 加えた。そこに(　イ　)を用いて $1.0\times10^{-1}$mol/L の硝酸銀水溶液を滴下したところ，滴下直後に白色沈殿Cと赤褐色沈殿Dが生じた。溶液をよくかき混ぜると，赤褐色沈殿Dは溶解した。さらに硝酸銀水溶液の滴下を続けると，総量で 12.5mL 滴下したところで，新たに生じた赤褐色沈殿Dが溶解せずに残るようになった。

(a)　(　)に入る適切な実験器具名を書け。

(b)　沈殿Cの生成反応をイオン反応式で表せ。

(c)　沈殿Dの生成反応をイオン反応式で表せ。

記述 (d)　下線部において，沈殿Dが溶解せずに残るようになった理由を「溶解度積」という言葉を含めて説明せよ。

(e)　溶液Aの塩化ナトリウムのモル濃度を求めよ。

記述 (f)　$2.0\times10^{-9}$mol/L の塩化ナトリウム水溶液と，この沈殿滴定で用いた $1.0\times10^{-1}$mol/L の硝酸銀水溶液を体積比 1：1 で混合したとき，沈殿Cが生じるかどうかをその理由とあわせて答えよ。ただし，沈殿Cの溶解度積は $1.8\times10^{-10}(\text{mol/L})^2$ とする。

〔学習院大〕

## 41．過酸化水素の分解速度

過酸化水素 $H_2O_2$ の水溶液に適切な触媒を加えると，下の化学反応式に従って酸素 $O_2$ が発生する。

$$2H_2O_2 \longrightarrow 2H_2O + O_2$$

0.80mol/L の過酸化水素水 100mL に，ある触媒の水溶液を加えて，27°C に保ちながら，各時間における過酸化水素の濃度を調べた。右の表はその結果を記録したものである。ただし，過酸化水素と触媒の混合水溶液の温度と体積は一定に保たれているものとする。また，気体は理想気体として扱い，気体の溶液への溶解は無視できるものとする。(標準状態(0°C，$1.013\times10^5$Pa)における気体 1mol の体積＝22.4L)

| 反応時間〔min〕 | 過酸化水素濃度〔mol/L〕 | 過酸化水素濃度の平均値〔mol/L〕 | 過酸化水素濃度の変化量〔mol/L〕 |
|---|---|---|---|
| 0 | 0.80 | | |
| | | 0.68 | −0.24 |
| 10 | 0.56 | | |
| | | 0.48 | −0.16 |
| 20 | 0.40 | | |
| | | 0.34 | −0.12 |
| 30 | 0.28 | | |
| | | 0.24 | −0.08 |
| 40 | 0.20 | | |
| | | 0.15 | −0.10 |
| 60 | 0.10 | | |

問 1　反応開始から 30 分間で発生した酸素の体積は，27°C，$1.013\times10^5$Pa において何

Lか。最も近い値を，下の①～⑥のうちから一つ選べ。

① 0.34　② 0.58　③ 0.64　④ 1.2　⑤ 1.3　⑥ 6.4

問2　反応時間10分から40分の間における過酸化水素の平均分解速度は何 mol/(L·min) か。最も近い値を，下の①～⑤のうちから一つ選べ。

① $8.7\times10^{-4}$　② $6.0\times10^{-3}$　③ $9.0\times10^{-3}$　④ $1.2\times10^{-2}$
⑤ $3.6\times10^{-1}$

問3　表の結果をもとに，過酸化水素の平均分解速度と濃度の平均値との関係を調べた。両者の関係を表すグラフとして最も適切なものを，右の①～⑥のうちから一つ選べ。

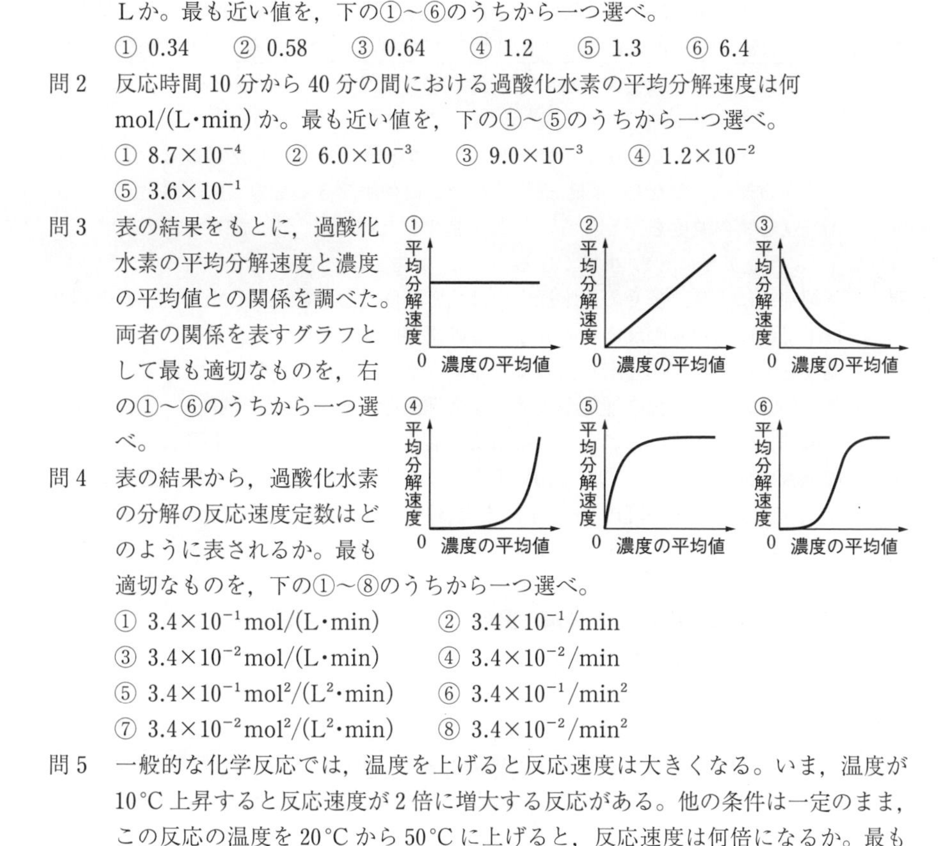


問4　表の結果から，過酸化水素の分解の反応速度定数はどのように表されるか。最も適切なものを，下の①～⑧のうちから一つ選べ。

① $3.4\times10^{-1}$ mol/(L·min)　② $3.4\times10^{-1}$/min
③ $3.4\times10^{-2}$ mol/(L·min)　④ $3.4\times10^{-2}$/min
⑤ $3.4\times10^{-1}$ mol$^2$/(L$^2$·min)　⑥ $3.4\times10^{-1}$/min$^2$
⑦ $3.4\times10^{-2}$ mol$^2$/(L$^2$·min)　⑧ $3.4\times10^{-2}$/min$^2$

問5　一般的な化学反応では，温度を上げると反応速度は大きくなる。いま，温度が10℃上昇すると反応速度が2倍に増大する反応がある。他の条件は一定のまま，この反応の温度を20℃から50℃に上げると，反応速度は何倍になるか。最も近い値を，下の①～⑥のうちから一つ選べ。

① 2倍　② 3倍　③ 4倍　④ 6倍　⑤ 8倍　⑥ 16倍　〔防衛大〕

## B　42. 反応速度定数

次の文章を読み，問いに答えよ。ただし，気体は理想気体として扱えるものとし，反応に伴う水溶液の体積変化および気体の水への溶解は無視できるものとする。

反応速度は，単位時間当たりに減少する反応物の濃度，あるいは単位時間当たりに増加する生成物の濃度で表すことができる。一般に化学反応が起こるためには，反応物の分子同士が衝突する必要がある。多くの反応において，①反応物の濃度を高くするほど単位時間当たりに衝突する分子の数が多くなるため，反応速度は大きくなる。そのほかに反応速度を大きくする方法として，②温度を上げる，③触媒を用いる，などが挙げられる。

触媒は，はたらくときの状態によって［ア］触媒と［イ］触媒の2種類に分類できる。例えば，過酸化水素水に塩化鉄(Ⅲ)飽和水溶液を数滴加えると，反応液は［ウ］色となり，［エ］が発生する。この化学反応において，塩化鉄(Ⅲ)は［ア］触媒としてはたらく。また，④過酸化水素水に粉末状の酸化マンガン(Ⅳ)を加えても，［エ］が発生する。この化学反応において，酸化マンガン(Ⅳ)は［イ］触媒としてはたらく。

問1　［　］に入る語を書け。

問2　下線部①～③により，反応速度定数はどうなるか。それぞれ適切なものを下の1～3から選べ。ただし，同じ選択肢を複数回使用できるものとする。

①　反応物の濃度を高くする　　②　温度を上げる　　③　触媒を用いる

1　大きくなる　　2　小さくなる　　3　変化しない

記述 問3　下線部②により，多くの化学反応では反応速度は急激に大きくなるが，その程度は単位時間当たりの反応物の分子同士の衝突回数の増加だけでは説明できない。温度を上げると反応速度が大きくなるもう1つの理由を，40字以内で書け。

記述 問4　下線部③により，反応速度が大きくなる理由を，30字以内で書け。

記述 問5　下線部④の化学反応において，粉末状の酸化マンガン(Ⅳ)の代わりに，同じ重量の塊状の酸化マンガン(Ⅳ)を用いると，反応速度定数はどうなるか。適切なものを選べ。また，その理由を50字以内で書け。

1　大きくなる　　2　小さくなる　　3　変化しない　　〔慶應大〕

## 43. 酢酸エチルの生成と加水分解　思考

化学反応の速さは，単位時間あたりの反応物の減少量，または生成物の増加量で表され，これを反応速度という。反応速度は，濃度，温度，圧力，触媒などによって大きく変わる。

①酢酸 $CH_3COOH$ とエタノール $C_2H_5OH$ の混合物を容器に入れ，室温で放置すると，反応が起こって,酢酸エチル $CH_3COOC_2H_5$ と水 $H_2O$ が生成する。この反応は可逆反応で，

$$CH_3COOH + C_2H_5OH \underset{v_2}{\overset{v_1}{\rightleftarrows}} CH_3COOC_2H_5 + H_2O \quad \cdots(1)$$

と表される。左辺から右辺への反応(→)を正反応，右辺から左辺への反応(←)を逆反応という。容器に $CH_3COOH$ と $C_2H_5OH$ を入れて温度を一定に保つと，それらの濃度あるいは物質量はしだいに減少していく。反応物の濃度が大きいと反応速度は大きいので，正反応の反応速度 $v_1$ は初めが最大で，反応時間の経過とともに減少していく。一方，正反応が進み，生成物の濃度が増加するにしたがって，逆反応の反応速度 $v_2$ が大きくなってくる。このとき，見かけ上の反応速度 $u\,(=v_1-v_2)$ は時間とともに小さくなる。ある時間 $t_e$ 以降は正反応と逆反応の反応速度が等しくなり，反応が止まったように見える平衡状態になる。反応が平衡状態にあるとき，濃度，温度，圧力などの条件を変化させると，ルシャトリエの原理にしたがって，新しい条件に対応した平衡状態になる。

②触媒として $HCl$ を含む多量の $H_2O$ に $CH_3COOC_2H_5$ を加えると，式(1)の逆反応である加水分解反応が起こる。その反応の反応速度 $v$ は，実験によって，$CH_3COOC_2H_5$ のモル濃度 $[CH_3COOC_2H_5]$ に比例することがわかっており，式(2)のように表すことができる。

$v = k[CH_3COOC_2H_5]$ …(2)

ここで，比例定数 $k$ は速度定数とよばれ，同じ反応で，温度が一定ならば一定の値となる。HCl と各反応時間で生じた $CH_3COOH$ を NaOH 水溶液で中和滴定すると，$k$ を求めることができる。一般に，温度 $T$〔K〕を上昇させると $k$ は大きくなり，その関係は，以下の式で表される。

$k = Ae^{-\frac{E_a}{RT}}$ …(3)

ここで，$E_a$ は活性化エネルギー，$A$ は頻度因子とよばれる定数，$e$ は自然対数の底，$R$ は気体定数である。

問1　式(1)の平衡定数 $K$ を各成分のモル濃度を用いて書け。ただし，成分Xのモル濃度は [X] と表せ。

記述 問2　本文中の語句を用いて，ルシャトリエの原理を60字程度で書け。

問3　下線部①に関する実験として，$CH_3COOH$ 1.2 mol と $C_2H_5OH$ 1.2 mol を 25°C に保って反応させたところ，時間 $t_e$ で平衡状態に達した。式(1)の平衡定数 $K = 4.0$，正反応の反応エンタルピーを $Q$，正反応の活性化エネルギーを $E_{a1}$ として，以下の問い(a)～(e)に答えよ。ただし，反応の前後で反応溶液の体積は変化しないものとする。

グラフ1
物質量〔mol〕 1.0 0 時間

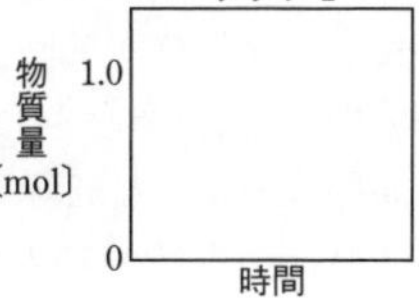

グラフ2
反応速度 $v_1$ 時間

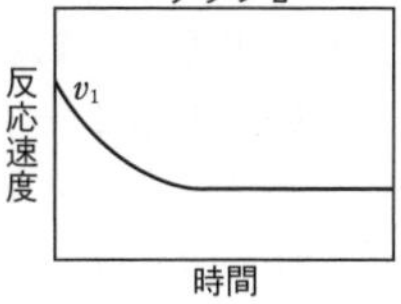

(a)　平衡状態に達したときの混合物中の $CH_3COOC_2H_5$ の物質量〔mol〕を求めよ。

(b)　$CH_3COOH$ と $CH_3COOC_2H_5$ の物質量の時間変化をグラフ1に，$CH_3COOH$ は実線(――)で，$CH_3COOC_2H_5$ は破線(-------)で示せ。

(c)　反応速度 $v_1$ の時間変化をグラフ2に示す。$v_2$ と $u$ の時間変化をグラフ2に，$v_2$ は実線(――)で，$u$ は破線(-------)で示せ。

(d)　20～30°C の温度範囲で，$K$ は変化しない。このことから，25°C における反応エンタルピー $Q$ について成り立つ式を書け。

(e)　式(1)で触媒を用いた場合，$K$，$t_e$，$Q$，$E_{a1}$，$v_1$，および $v_2$ の値は，それぞれどのように変化するか，「増加」，「減少」，「変化なし」のいずれかを書け。

問4　下線部②に関する実験として，25°C において 1.00 mol/L の HCl 水溶液中における初濃度 0.50 mol/L の $CH_3COOC_2H_5$ の加水分解反応を観測した。各反応時間において反応溶液から 5.0 mL を取り出し，0.50 mol/L の NaOH 水溶液で中和滴定したときの滴下量を表に示す。式(2)が成り立つと仮定し，37～97分の間における $CH_3COOC_2H_5$ の平均の濃度 $\bar{c}$〔mol/L〕と平均の分解速度 $\bar{v}$〔mol/(L・min)〕を求めよ。有効数字2桁で答えよ。また，$\bar{c}$ および $\bar{v}$ から，$k$〔/min〕を求めて，有効数字1桁で答えよ。

表　加水分解の反応時間と中和に要する NaOH 水溶液の滴下量

| 反応時間〔min〕 | 0 | 37 | 97 |
|---|---|---|---|
| 滴下量〔mL〕 | 10.0 | 11.0 | 12.2 |

問 5　式(3)で $E_a$ が一定のとき，$k$ と $T$ の関係を示すグラフを，次の(あ)～(か)から選べ。

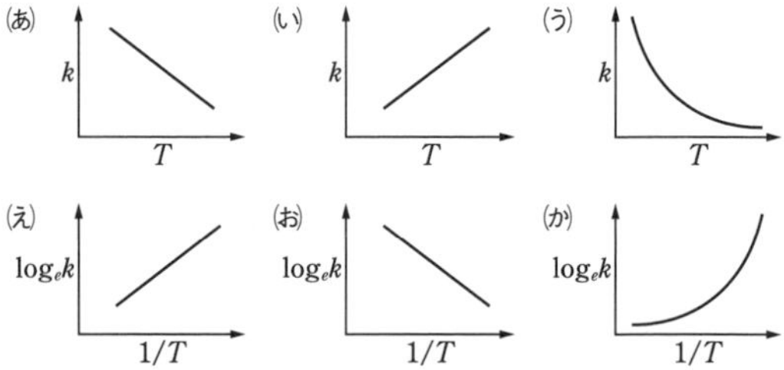

(あ) $k$–$T$　(い) $k$–$T$　(う) $k$–$T$

(え) $\log_e k$–$1/T$　(お) $\log_e k$–$1/T$　(か) $\log_e k$–$1/T$

〔京都工織大〕

## 44. メタンの大気寿命

次の文章の(　)に入るものを，A群，B群，C群から，それぞれ一つずつ選べ。

自動車排出ガスなどの発生源から大気中に放出される大気汚染物質については，大気中での拡散と遠隔地への輸送といった物理的な過程と，反応に伴う消失や変質といった化学的な過程が同時並行的に進行した結果，その空間分布と時間変動が決まる。大気環境の質(大気質)への大気汚染物質の影響を考える際は，放出後に大気中に存在できる時間的な長さ(大気寿命)が重要となる。日中の対流圏大気中には OH ラジカル(以下，OH)という活性種がごく微量ではあるが有意に存在することが知られている。さまざまな成分の大気寿命は OH との反応により決まる。

大気中でのメタンの消失は OH との反応により支配される。その反応

$$CH_4 + OH \longrightarrow \text{products}$$

の反応速度定数を $k$ と書くと，メタンの大気寿命(数密度が 1/e となる時間的な長さ) $\tau$ は OH の数密度* [OH] に対して $\tau=(k[OH])^{-1}$ と書ける。日中の典型値を $[OH]=1.0\times10^{6}\,cm^{-3}$，$k=6.4\times10^{-15}\,cm^{3}s^{-1}$ として大気寿命を「時間 hour」の単位で求めると，$\tau=$( A )$\times10^{(\text{B})}$ hour となる。ここで，OH は日中のみ存在することを考慮する必要がある。1 日(24 時間)のうち日中(12 時間)だけ反応が進むと考えると，メタンの大気寿命は $\tau=$( C ) 年となる。大気中にて成分が存在する時間的スケールの指標である大気寿命は，その成分が影響しうる空間的なスケール(発生源のごく近傍から地球規模まで)を把握するために重要である。

*数密度…単位体積あたりの分子数として定義される量。

A群：① 2　② 4　③ 6　④ 8

B群：⑤ 0　⑥ 2　⑦ 4　⑧ 6　⑨ 8

C群：⑩ 0.5　⑪ 1　⑫ 2　⑬ 5　⑭ 10　⑮ 20　⑯ 50　〔早稲田大〕

## 45. 沈殿滴定 思考

塩化バリウム $BaCl_2$，硫酸ナトリウム $Na_2SO_4$，硝酸バリウム $Ba(NO_3)_2$ の 3 つの化合物からなる粉末状の混合物Xを用いて，次の実験Ⅰ～Ⅲを行った。

実験Ⅰ　混合物Xを 1.78 g はかりとり，希塩酸 200 mL を加え溶かしたところ，混合物Xに含まれるいずれとも異なる化合物が白色沈殿として生じた。そこへ，塩化バリウム水溶液を白色沈殿がそれ以上生成しなくなるまで加え，ろ過によりす

べての沈殿を回収して完全に乾燥させた。得られた沈殿物の質量は 0.699 g であった。

実験Ⅱ　混合物Xを 1.78 g はかりとり，希硝酸 200 mL を加え溶かしたところ，混合物Xに含まれるいずれとも異なる化合物が白色沈殿として生じた。そこへ，硫酸カリウム $K_2SO_4$ 水溶液を白色沈殿がそれ以上生成しなくなるまで加え，ろ過によりすべての沈殿を回収して完全に乾燥させた。また，ろ液もすべて回収し，水を加えて全量を正確に 250 mL にし，これを溶液Aとした。なお，溶液Aは酸性であった。

実験Ⅲ　溶液Aの 50.0 mL に，指示薬として硫酸アンモニウム鉄(Ⅲ) $FeNH_4(SO_4)_2$ 水溶液を加えた。この溶液に［ア］を用いて，0.120 mol/L 硝酸銀 $AgNO_3$ 水溶液 50.0 mL を加えると，水溶液中の塩化物イオンはすべて塩化銀 AgCl として沈殿した。沈殿をろ過により取り除き，ろ液をすべて回収した。次に，ろ液の全量に対し，［イ］を用いて 0.100 mol/L チオシアン酸アンモニウム $NH_4SCN$ 水溶液を加える滴定を行ったところ，チオシアン酸銀 AgSCN が沈殿した。溶液が赤色に変化したところを滴定の終点とすると，終点までに加えたチオシアン酸アンモニウム水溶液の体積は 44.0 mL であった。

なお，25℃における塩化銀およびチオシアン酸銀の溶解度積 $K_{sp}$ は，それぞれ，$1.6\times10^{-10}$ (mol/L)$^2$ および $1.0\times10^{-12}$ (mol/L)$^2$ である。(N＝14，O＝16，Na＝23，S＝32，Cl＝35.5，Ba＝137)

問1　［　］に入る実験器具の名称を，それぞれ記せ。ただし，［ア］と［イ］は異なるものとする。

問2　混合物X中の硫酸ナトリウムの割合は，質量パーセントで何％か。有効数字3桁で答えよ。

問3　溶液Aの塩化物イオン濃度 $[Cl^-]$ は何 mol/L か。有効数字3桁で答えよ。

問4　混合物X中の塩化バリウムの割合は，質量パーセントで何％か。有効数字3桁で答えよ。

問5　下線部で得られた沈殿物の質量は何 g か。有効数字3桁で答えよ。　〔上智大〕

# 5 酸と塩基

## A 46. 酸の定義

次の化学反応式A～Fのうちから，下線を引いた化合物がブレンステッド・ローリーの定義による酸としてはたらいているものを1つ選べ。

A　$H^+ + \underline{H_2O} \rightleftarrows H_3O^+$

B　$HCl + \underline{NH_3} \longrightarrow NH_4Cl$

C　$\underline{NH_3} + H_2O \rightleftarrows NH_4^+ + OH^-$

D　$HCO_3^- + \underline{H_2O} \rightleftarrows H_2CO_3 + OH^-$

E　$\underline{CaO} + 2HCl \longrightarrow CaCl_2 + H_2O$

F　$\underline{HCO_3^-} + HCl \longrightarrow CO_2 + Cl^- + H_2O$

〔神戸学院大〕

## 47. 混合液の中和

ともに濃度不明の希硫酸 20.0 mL と希塩酸 20.0 mL を混合した水溶液がある。これを 0.10 mol/L の水酸化ナトリウム水溶液で中和したところ 40.0 mL を要した。混合する前の希硫酸と希塩酸の濃度に関する記述として正しいものを，下の①～④から一つ選べ。

① 希硫酸の濃度が 0.050 mol/L のとき，希塩酸の濃度は 0.025 mol/L である。
② 希塩酸の濃度が 0.20 mol/L のとき，希硫酸の濃度は 0.20 mol/L である。
③ 希硫酸の濃度は 0.10 mol/L より大きい。
④ 希塩酸の濃度は 0.20 mol/L より小さい。

〔防衛大〕

## 48. 中和滴定

実験 I と II に関する(1)～(4)に答えよ。ただし，硫酸の分子量は 98.0 とする。

実験 I：水 400 mL に$_{ア}$質量パーセント濃度 96.0%，密度 1.84 g/cm$^3$ の濃硫酸 [ イ ] mL を少しずつ加えたのち，さらに水でうすめて 0.100 mol/L の希硫酸 450 mL をつくった(A 液)。

実験 II：$_{ウ}$濃度のわからない水酸化ナトリウム水溶液 25.0 mL にメチルオレンジを指示薬として加え，A 液で中和滴定を行った。A 液を 40.0 mL 滴下したところで中和点に達し，溶液が [ エ ] 色から [ オ ] 色に変化した。

(1) 下線部アの濃硫酸のモル濃度〔mol/L〕はいくらか。最も近い数値を a ～ f から選べ。

a 8.15　　b 10.2　　c 13.8　　d 16.3　　e 18.0　　f 19.7

(2) [ イ ] はいくらか。最も近い数値を a ～ f から選べ。

a 1.50　　b 2.30　　c 2.50　　d 3.00　　e 4.60　　f 5.00

(3) 下線部ウの水酸化ナトリウム水溶液のモル濃度〔mol/L〕はいくらか。最も近い数値を a ～ f から選べ。

a 0.125　　b 0.160　　c 0.200　　d 0.250　　e 0.320　　f 0.500

(4) [ エ ] と [ オ ] にあてはまる色の組合せとして，正しいものを a ～ f から選べ。

| | エ | オ |
|---|---|---|
| a | 赤 | 無 |
| b | 赤 | 黄 |
| c | 無 | 赤 |
| d | 無 | 黄 |
| e | 黄 | 赤 |
| f | 黄 | 無 |

〔東京薬大〕

## 49. 二酸化炭素の定量

次の文の [ 　 ] には化学式を，(　)には化学反応式を，{　}には有効数字 2 桁の数値を，それぞれ解答欄に記入せよ。なお，呼気を吹き込んでも水溶液の体積は変化しないものとし，二酸化炭素の35°Cにおけるモル体積は25L/molとする。

35°Cにおいて，モル濃度0.10mol/Lの水酸化バリウム水溶液100mLに水を加えて500mLとし，その中にヒトの呼気3.0Lをゆっくりと吹き込んだところ，呼気中の二酸化炭素はすべて反応し (1) の白色沈殿が生じた。ろ過によりこの液中の沈殿を除き，得られた溶液から50mLを取り出し0.10mol/L塩酸で中和滴定すると，①式の反応により塩の水溶液が生じた。

( (2) ) …①

中和に要した0.10mol/L塩酸の量が8.0mLであったとき，吹き込んだ呼気中の二酸化炭素の物質量は{ (3) }molである。また，②式を用いてこの呼気中の二酸化炭素濃度を計算すると，体積パーセント濃度で{ (4) }%である。

$$\text{二酸化炭素の体積パーセント濃度〔\%〕} = \frac{\text{二酸化炭素の体積}}{\text{呼気の体積}} \times 100 \qquad \cdots②$$

〔関西大〕

## 50. 逆滴定

〔1〕と〔2〕の文章を読み，(1)〜(7)の問いに答えよ。数値での解答は，有効数字2桁で示せ。

〔1〕 弱塩基であるアンモニアを水に溶かして希薄水溶液を調製した。この水溶液中では式(i)に示すような電離平衡が成りたつ。電離平衡における平衡定数を電離定数という。アンモニアの電離定数$K$は式(ii)のように表される。

$$NH_3 + H_2O \rightleftarrows NH_4^+ + OH^- \qquad (\text{i})$$

$$K = \frac{[NH_4^+][OH^-]}{[NH_3][H_2O]} \qquad (\text{ii})$$

この電離平衡において，水のモル濃度$[H_2O]$は他の物質の濃度よりも十分大きく一定とみなすと，アンモニア水の電離平衡における電離定数$K_b$は，式(iii)のように表される。

$$K_b = K[H_2O] = \frac{[NH_4^+][OH^-]}{[NH_3]} \qquad (\text{iii})$$

(1) 式(i)の逆反応において，酸として働くイオンの名称を記せ。

(2) 式(i)に示すアンモニア水の電離平衡が成立しているとき，次の操作を行うと平衡はどのように変化するか。解答群から選べ。

(a) アンモニアを吹き込む

(b) 水を加える

解答群 ① 右辺から左辺の向きへ移動する

② 左辺から右辺の向きへ移動する

③ 移動しない

(3) アンモニアの初濃度を$c$〔mol/L〕，電離度を$\alpha$として，(c)および(d)の問いに答えよ。ただし，弱塩基の電離度$\alpha$は1より著しく小さく，$1-\alpha \fallingdotseq 1$で近似できるものとする。

(c) $\alpha$を，$c$および$K_b$を含む文字式で記せ。

(d) 水酸化物イオンの濃度$[OH^-]$を，$c$および$K_b$を含む文字式で記せ。

(4) 0.10 mol/L のアンモニア水について，(e)および(f)の問いに答えよ。ただし，アンモニアの電離度は$1.0\times10^{-3}$，水のイオン積は$1.0\times10^{-14}$(mol/L)$^2$とする。

(e) 水酸化物イオンの濃度$[OH^-]$を求めよ。

(f) pH を求めよ。

〔2〕 アンモニアなどの気体を直接中和滴定し，定量することは難しい。そこで，アンモニアを過剰の酸に反応させ，未反応の酸を滴定して，間接的にアンモニアの量を決定する方法が用いられる。このような方法を逆滴定という。

塩化アンモニウムを水酸化カルシウムと混合し，加熱することでアンモニアを発生させた。発生したアンモニアすべてを 1.00 mol/L の硫酸 50.0 mL に吸収させたのち，1.00 mol/L の水酸化ナトリウム水溶液で硫酸を完全に中和したところ，80.0 mL の水酸化ナトリウム水溶液を要した。

(5) 水酸化ナトリウムと反応した硫酸は何 mol か。

(6) 発生したアンモニアは何 mol か。

(7) 塩化アンモニウムと反応した水酸化カルシウムは何 mol か。 〔大阪工大〕

## 51. 弱酸水溶液の電離平衡

弱酸 HA を水に溶かして$c$〔mol/L〕の水溶液とした。以下の問 1 ～問 8 に答えよ。ただし，電離平衡にあるときの HA 水溶液中の HA，$H^+$および$A^-$のモル濃度は，それぞれ，[HA]，$[H^+]$および$[A^-]$，水溶液中の HA の電離定数および電離度は，それぞれ，$K_a$および$\alpha$とする。ただし，$\alpha$は 1 に比べて著しく小さいとは限らないとする。また，温度は一定であり，水の電離は無視できる。

問 1 [HA]，$[H^+]$および$[A^-]$を用いて$K_a$の式を単位とともに書け。また，[HA]および$[A^-]$を用いて$\alpha$の式を書け。

問 2 $c$および$\alpha$を用いて[HA]，$[H^+]$および$[A^-]$の式を，それぞれ書け。

問 3 $c$および$\alpha$を用いて$K_a$の式を書け。

問 4 $c$および$K_a$を用いて$\alpha$の式を書け。

問 5 問 4 で得られた$c$および$K_a$を用いて書いた$\alpha$の式は，$\alpha$が 1 に比べて著しく小さいとする条件のもとで簡略化できる。この簡略化した式を$c$および$K_a$を用いて書け。また，この条件のもとで，$c$および$K_a$を用いて$[H^+]$の式を書け。なお，この条件は他の設問には適用されない。

問 6 pH および$\alpha$を用いて$pK_a$の式を書け。ただし，$pK_a=-\log_{10}K_a$とする。

問 7 $[H^+]$および$K_a$を用いて$\alpha$の式を書け。

問 8 $pH=pK_a$のとき，$\alpha$の値を求めよ。また，このとき，$K_a$を用いて$c$の式を書け。

〔新潟大〕

## 52. 電離平衡と pH

硫化水素 $H_2S$ は常温・常圧で気体である。$H_2S$ を水に通じると，$H_2S$ は水に溶けて電離し，(1)式の電離平衡が成立する。

$$H_2S \rightleftarrows 2H^+ + S^{2-} \quad (1)$$

硫化亜鉛 ZnS は難溶性の塩であり，ZnS の沈殿が存在する水溶液中では，(2)式の溶解平衡が成立する。

$$ZnS \rightleftarrows Zn^{2+} + S^{2-} \quad (2)$$

亜鉛イオン $Zn^{2+}$ を含むある水溶液に $H_2S$ を通じて $H_2S$ の飽和溶液としたのち，pH を 1.00 に調整したとき，ZnS の沈殿は生じなかった。次に，$H_2S$ を通じたまま，ゆっくりと水溶液の pH を高くしていくと，pH が 3.00 を超えたところで ZnS の沈殿が生じた。

問1　(1)式の電離定数 $K$ および(2)式の ZnS の溶解度積 $K_{sp}$ を，平衡状態における $H_2S$，$H^+$，$S^{2-}$，$Zn^{2+}$ のモル濃度 $[H_2S]$，$[H^+]$，$[S^{2-}]$，$[Zn^{2+}]$ を用いた式でそれぞれ記せ。

問2　$H_2S$ の飽和溶液の pH を高くしていくと平衡状態における $[S^{2-}]$ はどうなるか，正しいものを次の①～③から１つ選べ。

① 変化しない　　② 減少していく　　③ 増加していく

問3　pH が 1.00 のときと pH が 4.00 のときにおける，$K_{sp}$ と平衡状態における $[Zn^{2+}]$，$[S^{2-}]$ の関係として正しいものを次の①～③からそれぞれ１つ選べ。ただし，$[Zn^{2+}]$，$[S^{2-}]$ は pH を調整してから十分時間が経過したときの濃度とする。

① $K_{sp}=[Zn^{2+}][S^{2-}]$　　② $K_{sp}<[Zn^{2+}][S^{2-}]$　　③ $K_{sp}>[Zn^{2+}][S^{2-}]$

問4　pH が 4.00 のとき，平衡状態における $[H_2S]=0.10\,\mathrm{mol/L}$ であったとする。このときの平衡状態における $[Zn^{2+}]$ を有効数字２桁で答えよ。ただし，$K=1.2\times10^{-21}\,(\mathrm{mol/L})^2$，$K_{sp}=2.2\times10^{-18}\,(\mathrm{mol/L})^2$ とする。　〔群馬大〕

## B　53. クエン酸水溶液の中和滴定

次の問いに答えよ。(H＝1.00，C＝12.0，O＝16.0，$\log_{10}2=0.301$，$\log_{10}3=0.477$)

図１にクエン酸の構造式を示す。

(1)　クエン酸一水和物の結晶を蒸留水に完全に溶かして 100 mL の溶液とし，0.10 mol/L NaOH 水溶液で滴定すると，図２に示す滴定曲線が得られた。蒸留水に溶かした結晶の質量〔g〕を有効数字２桁で答えよ。

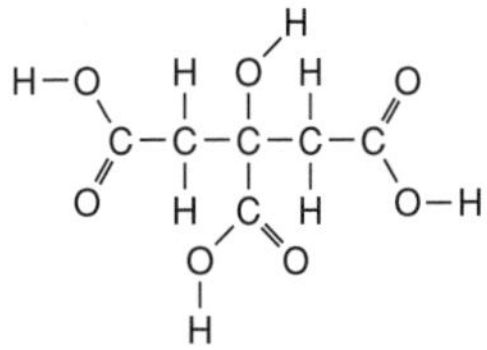

図１　クエン酸の構造式

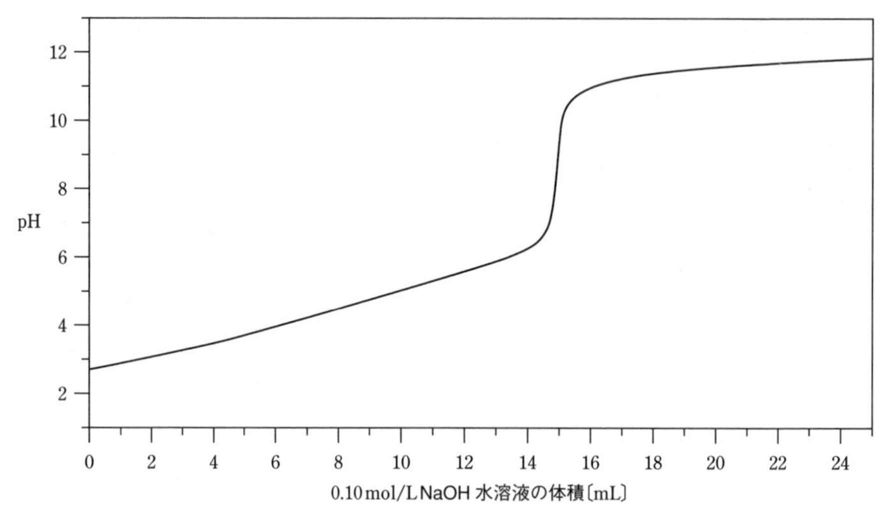


図 2　クエン酸水溶液の滴定曲線

(2)　0.015 mol/L HCl 水溶液 100 mL に 0.10 mol/L NaOH 水溶液を滴下したときの NaOH 水溶液の体積と pH の関係を表に示す。(　)に当てはまる数値を 2 桁で答えよ。水溶液を混合したときの体積は，それぞれの溶液の体積の和であるとせよ。

| NaOH 水溶液の滴下量〔mL〕 | 0.0 | ( い ) | ( う ) | 25 |
|---|---|---|---|---|
| pH | ( あ ) | 3.0 | 11 | ( え ) |

(3)　クエン酸の緩衝作用について，次の(ア)～(ウ)の記述について，正しいものをすべて選べ。正しいものがないときには，「なし」と答えよ。

(ア) クエン酸を用いて pH 4 付近の緩衝液を調製することができる。

(イ) クエン酸を用いて pH 8 付近の緩衝液を調製することができる。

(ウ) クエン酸を用いて pH 11 付近の緩衝液を調製することができる。

(4)　図 2 に示すクエン酸の滴定に関する次の(ア)～(ウ)の記述について，正しいものには「○」，誤っているものには「×」を記入せよ。

(ア) 中和点を求めるための pH 指示薬としてメチルオレンジが適切である。

(イ) 図 2 の滴定曲線で 25 mL の 0.1 mol/L NaOH 水溶液を加えたときのクエン酸のイオンは，4 つの官能基がすべて電離している。

(ウ) クエン酸は強酸である。　〔同志社大 改〕

## 54. 緩衝作用 思考

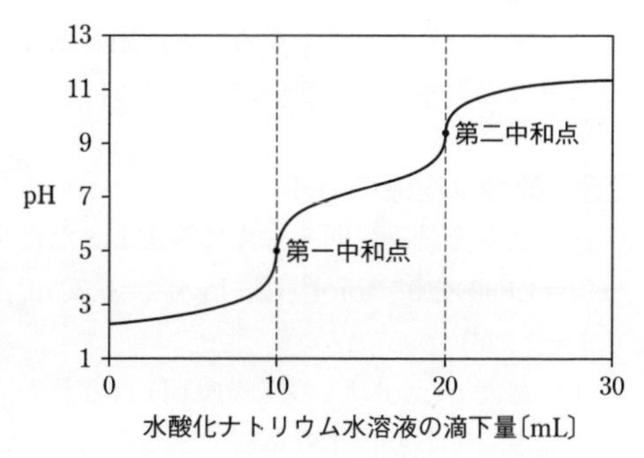


図 25℃におけるリン酸水溶液の滴定曲線

酸塩基滴定における pH 変化に基づいて，リン酸緩衝液の緩衝作用を考える。25℃において，$0.0100\,\mathrm{mol \cdot L^{-1}}$ のリン酸 $H_3PO_4$ 水溶液 10.0mL を，$0.0100\,\mathrm{mol \cdot L^{-1}}$ の水酸化ナトリウム NaOH 水溶液で滴定したところ，図に示す滴定曲線が得られた。①中性付近では，pH の変化が緩やかであることから緩衝作用が働いていることがわかる。一方，第一中和点と②第二中和点付近では，③pH の変化が大きいことから緩衝作用が働かないこともわかる。

25℃において，$0.0100\,\mathrm{mol \cdot L^{-1}}$ の $H_3PO_4$ 水溶液 10.0mL と $0.0100\,\mathrm{mol \cdot L^{-1}}$ の NaOH 水溶液 [ a ] mL を混合すると，pH 7.0 のリン酸緩衝液が得られた。ここで，リン酸緩衝液への温度の影響を考える。④リン酸二水素イオン $H_2PO_4^-$ の電離は吸熱反応であるため，温度変化に伴いリン酸緩衝液の pH は変化する。このため，使用する温度を考慮した緩衝液の調製が必要である。

ここでは，中和により生成したナトリウム塩は完全に電離していると考えてよい。また，25℃におけるリン酸の電離定数とその値の常用対数を表に示す。

表 25℃におけるリン酸の電離定数とその値の常用対数

| リン酸水溶液中の電離平衡 | 電離定数 | 電離定数の値の常用対数 |
|---|---|---|
| $H_3PO_4 \rightleftarrows H_2PO_4^- + H^+$ | $K_{a1}=7.10\times10^{-3}\,\mathrm{mol \cdot L^{-1}}$ | $\log_{10}(7.10\times10^{-3})=-2.15$ |
| $H_2PO_4^- \rightleftarrows HPO_4^{2-} + H^+$ | $K_{a2}=6.30\times10^{-8}\,\mathrm{mol \cdot L^{-1}}$ | $\log_{10}(6.30\times10^{-8})=-7.20$ |
| $HPO_4^{2-} \rightleftarrows PO_4^{3-} + H^+$ | $K_{a3}=4.50\times10^{-13}\,\mathrm{mol \cdot L^{-1}}$ | $\log_{10}(4.50\times10^{-13})=-12.35$ |

〔問〕

記述 ア 下線部①に関して，中性付近で緩衝作用が働いている理由を，$H_2PO_4^-$ とリン酸水素イオン $HPO_4^{2-}$ のイオン反応式を用いて説明せよ。

イ 下線部②に関して，第二中和点での pH を小数第 1 位まで計算せよ。ただし，$HPO_4^{2-}$ のリン酸イオン $PO_4^{3-}$ への電離は考えないものとする。なお，必要があれば，25℃における水のイオン積 $K_w=1.00\times10^{-14}\,\mathrm{mol^2 \cdot L^{-2}}$，および $\log_{10}2=0.301$，$\log_{10}3=0.477$，$\log_{10}7=0.845$ を用いてよい。

記述 ウ 下線部③に関して，$H_3PO_4$ の第一中和点 pH 5.0 付近で緩衝作用を示す緩衝液を調製するには，$H_3PO_4$ の代わりにどのような電離定数の値をもつ酸を用いればよいか，理由とともに答えよ。

エ [ a ] にあてはまる数値を有効数字 2 桁で計算せよ。

記述 オ 下線部④に関して，25°C で pH が 6.7 であるリン酸緩衝液を冷やすと，pH の値は大きくなるか小さくなるかを理由とともに答えよ。ただし，水のイオン積に対する温度の影響は考えないものとする。 〔東京大〕

## 55. 酸性水溶液の pH

次の文章を読み，問 1 ～ 4 に答えよ。ただし，各溶液は室温下にある。

($K_w = 1.000 \times 10^{-14}\,\mathrm{mol^2/L^2}$, $\log_{10}2 = 0.3010$, $\log_{10}3 = 0.4771$, $\sqrt{2} = 1.414$, $\sqrt{3} = 1.732$, $\sqrt{5} = 2.236$)

問 1 濃度 $c$〔mol/L〕の塩酸の pH はどれか。ただし，水に溶けた塩化水素は完全に電離しており，水の電離で生じる $H^+$ や $OH^-$ は無視できるものとする。

1．$-\log_{10}c$ 2．$-\log_{10}2c$ 3．$-2\log_{10}c$ 4．$\log_{10}c$
5．$\log_{10}2c$ 6．$2\log_{10}c$

問 2 濃度 $c$〔mol/L〕の非常にうすい塩酸がある。水の電離を考慮したとき，この塩酸の pH を表す式はどれか。ただし，水に溶けた塩化水素は完全に電離しているものとする。

1．$-\log_{10}\dfrac{c+\sqrt{c^2+4K_w}}{2}$ 2．$-\log_{10}\dfrac{c-\sqrt{c^2+4K_w}}{2}$

3．$\log_{10}\dfrac{c+\sqrt{c^2+4K_w}}{2}$ 4．$\log_{10}\dfrac{c-\sqrt{c^2+4K_w}}{2}$

5．$-\log_{10}(c+\sqrt{c^2+4K_w})$ 6．$-\log_{10}(c-\sqrt{c^2+4K_w})$

7．$\log_{10}(c+\sqrt{c^2+4K_w})$ 8．$\log_{10}(c-\sqrt{c^2+4K_w})$

問 3 濃度が $1.000 \times 10^{-7}\,\mathrm{mol/L}$ の塩酸の pH として，最も近い値はどれか。ただし，この濃度の塩酸は水の電離を考慮する必要があり，水に溶けた塩化水素は完全に電離しているものとする。

1．5.99 2．6.42 3．6.52 4．6.64 5．6.79
6．6.85 7．6.92 8．6.95 9．7.00

問 4 ある酢酸水溶液の濃度を $c$〔mol/L〕，電離度を $\alpha$，電離定数を $K_a$〔mol/L〕とする。$c$ と $K_a$ を用いて，この酢酸水溶液の pH を表した式はどれか。ただし，pH を求めるにあたり，$\alpha$ の値は無視できないほど大きいものとし，水の電離で生じる $H^+$ や $OH^-$ は無視できるものとする。

1．$-\log_{10}\sqrt{cK_a}$ 2．$-\log_{10}\sqrt{\dfrac{K_a}{c}}$ 3．$-\log_{10}\sqrt{\dfrac{c}{K_a}}$

4．$-\log_{10}\sqrt{cK_a^{\,2}}$ 5．$-\log_{10}\sqrt{c^2K_a}$ 6．$-\log_{10}\dfrac{-K_a+\sqrt{K_a^{\,2}+4cK_a}}{2}$

7．$-\log_{10}\dfrac{-K_a-\sqrt{K_a^{\,2}+4cK_a}}{2}$ 8．$2\log_{10}\dfrac{-K_a-\sqrt{K_a^{\,2}+4cK_a}}{2}$

9．$\log_{10}\dfrac{-K_a+\sqrt{K_a^{\,2}+4cK_a}}{2}$ 0．$-2\log_{10}\dfrac{-K_a+\sqrt{K_a^{\,2}+4cK_a}}{2}$ 〔星薬大〕

## 56. 酸性雨

次の文章を読み，問1～6に答えよ。(H=1.00，C=12.0，O=16.0，Cl=35.5，標準状態(0℃，$1.013\times10^5$ Pa)における気体1molの体積=22.4L)

花や果実などに広く存在する色素の中には，pHの変化で色が変わるものがある。このような色素はそれぞれ固有のpH領域で変色するので，種々の色素を組み合わせると，広範囲にわたりpHを知ることができる。このような目的に用いる色素をpH［ア］といい，万能pH［イ］は，種々のpH［ア］を混合してろ紙に染み込ませたものである。万能pH［イ］よりも精密なpHの測定には，pH［ウ］が用いられる。

雨には空気中の［エ］が溶け込んでいて，pHが5.6～5.7程度の弱い酸性を示す。pHが5.6よりも小さい雨を酸性雨という。酸性雨の主な原因は，空気中の硫黄酸化物($SO_x$)や窒素酸化物($NO_x$)が水や酸素と反応して，それぞれ，［オ］や［カ］などの強酸性の物質に変化するためと考えられている。これにより，pHが2～4程度の酸性の雨が降ることがあり，生態系や建築物に様々な影響を及ぼす。そのため，自動車や工場から排出されるガスの中に含まれる原因物質を取り除くなどの対策が，世界的に行われている。

問1 ［　］に適する語句を答えよ。

問2 (i) 下線部について，［エ］が水と反応して$H^+$を生じる反応の化学反応式を記せ。

記述 (ii) 呼吸の目的は，肺胞内の空気を入れ替えて血液中のガス交換を行うことであり，ヒトの血液のpHは7.35～7.45程度で一定に保たれている。もし，［エ］を十分に排出できない場合，十分に排出できるときと比べて血液のpHはどうなるか，理由を含めて説明せよ。

問3 (i) 市販の濃硫酸6mLと蒸留水を用いて36mLの希硫酸を調製した。この溶液のモル濃度〔mol/L〕を答えよ。ただし，市販の濃硫酸のモル濃度を18mol/Lとする。

記述 (ii) (i)で濃硫酸から希硫酸を調製するときにどのような注意が必要か，理由と共に述べよ。

問4 フェノールフタレイン(分子式$C_{20}H_{14}O_4$) 636mgをエタノール80mLに溶かした後，水を加えて100mLとした。

(i) このフェノールフタレイン溶液のモル濃度〔mol/L〕を答えよ。

(ii) この操作によって正確な濃度の溶液を調製する際に使用する器具のうち，最も重要なものを以下から一つ選べ。

(a) メスシリンダー　(b) コニカルビーカー　(c) ホールピペット
(d) メスフラスコ　(e) ビュレット　(f) 安全ピペッター

(iii) 以下の酸および塩基の水溶液を使って滴定を行うときに，pH［ア］としてフェノールフタレインの使用が適しているものを以下から全て選べ。

(a) 0.100mol/L 塩酸と0.100mol/L 水酸化ナトリウム水溶液
(b) 0.100mol/L 塩酸と0.100mol/L アンモニア水
(c) 0.100mol/L 酢酸水溶液と0.100mol/L 水酸化ナトリウム水溶液

(d) 0.100 mol/L 酢酸水溶液と 0.100 mol/L アンモニア水

問5 $5.00\times10^{-3}$ mol/L の水酸化カルシウム水溶液の pH を答えよ。ただし，水酸化カルシウムの電離度を 1.0 とし，必要な場合は，
$[H^+]\times[OH^-]=1.0\times10^{-14}(mol/L)^2$ の関係式を用いよ。

問6 (i) 塩化水素の標準状態における密度〔g/L〕を答えよ。

(ii) 実験室では，塩化水素は，塩化ナトリウムに濃硫酸を加えて加熱することにより発生させる。この反応の化学反応式を記せ。

(iii) (ii)で発生させた塩化水素を気体として捕集するのに適した方法を以下から全て選べ。ただし，空気の密度を 1.29 g/L とする。

(a) 上方置換　(b) 下方置換　(c) 水上置換

〔東京慈恵医大〕

# 6 酸化・還元と電池・電気分解

## A 57. 酸化還元反応

酸化還元反応である化学反応式はどれか。最も適当なものを，次の①～④から一つ選べ。

① $2H_2O_2 \longrightarrow 2H_2O + O_2$

② $AgNO_3 + NaCl \longrightarrow NaNO_3 + AgCl$

③ $HCl + NH_3 \longrightarrow NH_4Cl$

④ $Ca(OH)_2 \longrightarrow CaO + H_2O$

〔共通テスト 化学基礎(追試験)〕

## 58. 酸化剤

［　］にあてはまるものの組合せとして最適なものを右の①～⑧のうちから1つ選べ。

クロムは主に酸化数が +3, +6 の化合物をつくり，酸化数が［ア］の化合物は毒性が強い。クロム酸カリウムにおけるクロムの酸化数は［イ］であり，クロム酸カリウムの水溶液を硫酸で酸性にすると，水溶液は黄色から橙赤色に変化し，強い酸化剤となる。この酸化剤の酸化作用は［ウ］，［a］，［b］を整数として次のように表せる。

$Cr_2O_7^{2-} + [ウ]H^+ + [a]e^-$
$\longrightarrow 2Cr^{3+} + [b]H_2O$

〔東京都市大〕

| | ア | イ | ウ |
|---|---|---|---|
| ① | +3 | +3 | 7 |
| ② | +3 | +3 | 14 |
| ③ | +3 | +6 | 7 |
| ④ | +3 | +6 | 14 |
| ⑤ | +6 | +3 | 7 |
| ⑥ | +6 | +3 | 14 |
| ⑦ | +6 | +6 | 7 |
| ⑧ | +6 | +6 | 14 |

## 59. ビタミンCの定量

①ある濃度の硫酸銅(Ⅱ)水溶液20.0mLに十分量のヨウ化カリウム水溶液を加えると，ヨウ化銅(Ⅰ)の白色沈殿を生じるとともにヨウ素が生成した。この水溶液に少量のデンプン水溶液を加え，0.200mol/Lのチオ硫酸ナトリウム水溶液で滴定したところ，36.0mL加えた時点で溶液の色が変化し，当量点に達した。一方，ヨウ素は，ビタミンC(アスコルビン酸，$C_6H_8O_6$)と次の化学反応式に示すように反応する。

$$C_6H_8O_6 + I_2 \longrightarrow 2I^- + 2H^+ + C_6H_6O_6$$

②この反応は，酸化還元反応であり，ビタミンCの定量に用いることができる。

問1　下線部①について，化学反応式を記せ。

問2　下線部①について，硫酸銅(Ⅱ)水溶液のモル濃度〔mol/L〕を有効数字3桁で求めよ。ただし，生成したヨウ素をチオ硫酸ナトリウム水溶液で滴定するときの化学反応式は，次のとおりとする。

$$I_2 + 2Na_2S_2O_3 \longrightarrow 2NaI + Na_2S_4O_6$$

問3　下線部②について，ビタミンCの定量は，過マンガン酸カリウムを用いても行える。ある濃度のビタミンC水溶液30.0mLを硫酸酸性下で，0.020mol/Lの過マンガン酸カリウム水溶液で滴定したところ，当量点に達するまでに24.0mL要した。ビタミンCのモル濃度〔mol/L〕を有効数字3桁で求めよ。　〔名古屋市大〕

## 60. 鉄空気電池

金属空気電池の1つとして，鉄の酸化還元反応を利用する鉄空気電池が，新しい二次電池として近年注目されている。鉄空気電池に関する，以下の(1)～(3)に答えよ。
(O=16，$F=9.65\times10^4$ C/mol)

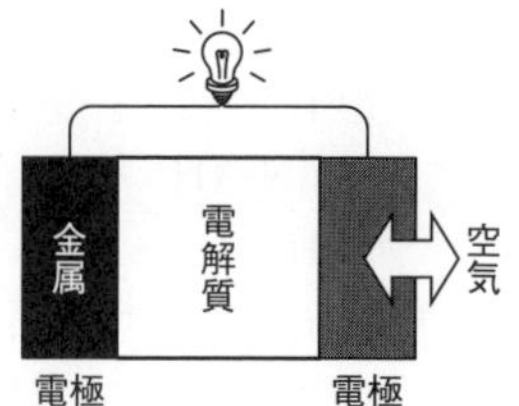

図　鉄空気電池の構造

(1)　充電時と放電時に各電極で生じる反応を，金属側と空気側の各電極について，それぞれ可逆反応の形で書くと

金属側の電極：$Fe \rightleftarrows Fe^{2+} + 2e^-$

空気側の電極：$4OH^- \rightleftarrows O_2 + 2H_2O + 4e^-$

となる。

この電池が放電するとき，正極になるのは金属側または空気側のいずれの電極であるか。また，放電時の電池全体の反応を，化学反応式で記せ。

(2)　鉄空気電池を$1.0\times10^{-2}$Aの電流で67時間放電させた。放電前と放電後で電池全体の重量は何g変化したか，有効数字2桁で記せ。なお，放電後に重量が増加した場合はプラス，減少した場合はマイナスの符号を付すこと。また，反応に関与する酸素はすべて空気中から取り込まれるか，あるいは空気中に放出されるものとし，それ以外の物質の出入りはないものとする。

(3)　金属空気電池には，金属側の電極に亜鉛を使う亜鉛空気電池や，マグネシウムを使うマグネシウム空気電池もある。鉄空気電池，亜鉛空気電池，マグネシウム空気電池を起電力の大きい順に記せ。　〔岡山大〕

## 61．燃料電池

水素吸蔵合金は，加圧や冷却によって水素を吸収し，加熱によって水素を放出することができるため，ニッケル・水素電池の電極材料や燃料電池における水素の供給媒体などに使われている。関連する(a)～(d)の各問に答えよ。(H＝1.0，O＝16，標準状態(0°C，$1.01\times10^5$Pa)における気体1molの体積＝22.4L)

(a)　標準状態において，ある水素吸蔵合金は自己の体積の1000倍の水素ガスを吸蔵できる。この水素吸蔵合金1Lあたりに吸蔵できる水素の物質量〔mol〕として最も適切なものはどれか。

(1) $2.24\times10^{-2}$　(2) $4.46\times10^{-2}$　(3) $6.72\times10^{-2}$　(4) 2.24　(5) 4.46
(6) 6.72　(7) $2.24\times10$　(8) $4.46\times10$　(9) $6.72\times10$

(b)　燃料電池は，燃料の完全燃焼により発生するエネルギーを電気エネルギーとして取り出す装置である。代表的な燃料電池では，触媒をつけた多孔質材料を電極に用い，水素 $H_2$ を負極活物質，酸素 $O_2$ を正極活物質，リン酸水溶液を電解液に用い，電池の構成は以下のように表される。

$$(-)H_2|H_3PO_4\,aq|O_2(+)$$

この燃料電池の負極と正極におけるそれぞれの反応を表す反応式として，㋐～㋕から正しく選んだ組合せはどれか。

㋐ $H_3PO_4 \longrightarrow H^+ + H_2PO_4^-$
㋑ $H^+ + H_2PO_4^- \longrightarrow H_3PO_4$
㋒ $H_2 \longrightarrow 2H^+ + 2e^-$
㋓ $2H^+ + 2e^- \longrightarrow H_2$
㋔ $O_2 + 4H^+ + 4e^- \longrightarrow 2H_2O$
㋕ $2H_2O \longrightarrow O_2 + 4H^+ + 4e^-$

| | 負極 | 正極 |
|---|---|---|
| (1) | ㋐ | ㋓ |
| (2) | ㋐ | ㋔ |
| (3) | ㋑ | ㋒ |
| (4) | ㋒ | ㋓ |
| (5) | ㋒ | ㋔ |
| (6) | ㋓ | ㋕ |
| (7) | ㋔ | ㋒ |
| (8) | ㋕ | ㋓ |

(c)　(b)の構成をもつ燃料電池を1時間動作させたところ，水が0.80g生成した。このときの電流値〔A〕として最も適切なものはどれか。ただし，動作中の電流値は一定とする。

(1) $4.4\times10^{-2}$　(2) $8.9\times10^{-2}$　(3) 1.2　(4) 2.4
(5) $1.6\times10^2$　(6) $3.2\times10^2$　(7) $4.2\times10^3$　(8) $8.5\times10^3$

(d)　(b)の構成をもつ電池の水素 $H_2$ をメタノール水溶液に変換した燃料電池も開発されている。この電池の全体の反応を表す次の化学反応式を完成させよ。［選択肢］と書かれた解答番号には【選択肢】から適切なものを選び，［数字］と書かれた解答番号には係数として適切な数字を記入せよ。

$2CH_3OH + 3$［①選択肢］ ⟶ ［②数字］［③選択肢］ ＋ ［④数字］$H_2O$

【選択肢】(1) $CO$　(2) $CO_2$　(3) $CH_3O^-$　(4) $HCHO$　(5) $HCOOH$
(6) $H_2$　(7) $H^+$　(8) $O_2$　(9) $O^{2-}$

〔防衛医大〕

## 62. 銅の製造

銅は，黄銅鉱などから製錬によって得られる。この銅は純度が約 99% で，粗銅と呼ばれる。さらに，(i)粗銅板と純銅板を電極として，図のように硫酸酸性の硫酸銅(Ⅱ)水溶液中で電気分解を行うと，純銅板には純度 99.99% 以上の純銅が析出する。このようにして，金属の単体を得る操作を( ア )という。

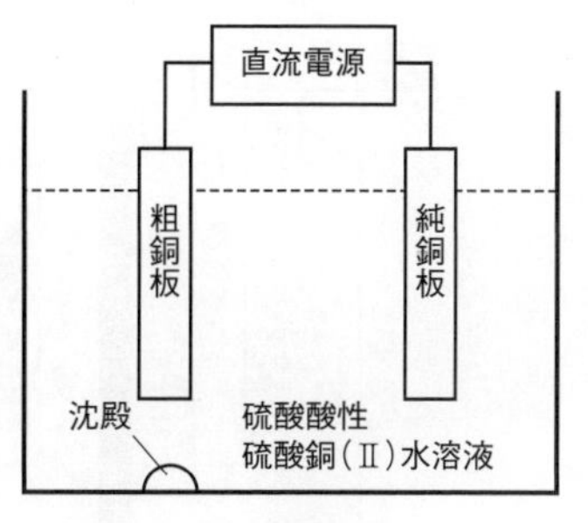

図　電気分解

(ii)粗銅中に不純物として含まれる金属の中には，低電圧(約 0.3〜0.4 V)の電気分解であれば，銅とともにイオンになって溶け出すが，純銅板には析出せず，溶液中にイオンとして残る金属がある。一方，低電圧であればイオンにはならず粗銅板からはがれ落ちる金属もある。このような単体のままの金属は粗銅板の下に沈殿する。この沈殿を( イ )という。

問 1　文中の(　)に入る適切な語句を記せ。

問 2　下線部(i)で，粗銅板と純銅板のうち，陰極として用いる金属板を記せ。

問 3　下線部(ii)で，粗銅板中の不純物の金属が，亜鉛，金，銀，鉄，ニッケルであるとき，次の(1)と(2)に答えよ。

(1)　不純物の金属のうち，電気分解後にイオンとして溶液中に残るものはどれか。あてはまる金属をすべて含むものを，次の①〜⑦から 1 つ選べ。

① 亜鉛　② 亜鉛，鉄　③ 亜鉛，ニッケル
④ 金，銀　⑤ 亜鉛，鉄，ニッケル
⑥ 亜鉛，銀，ニッケル　⑦ 金，銀，鉄

記述 (2)　(1)で選んだ金属が溶液中に残る理由を簡潔に記せ。　〔広島工大〕

## 63. 希硝酸水溶液の電気分解

アンモニアと同様に，燃焼しエネルギーを取り出しても二酸化炭素を放出しない物質として，水素が知られている。再生可能なエネルギーである風力や太陽光を用いた発電により得られる電気を利用して水を電気分解することにより，二酸化炭素を排出せずに水素を製造することができる。このような水素は，特にグリーン水素と呼ばれている。

図のような電極 X，電極 Y，隔膜と電源で構成される電解槽を用いて，希硝酸水溶液の電気分解を行い，水素の製造を行った。電極 X および Y はともに白金電極とし，隔膜を陽イオン交換膜とする。図の(A)のように，(a)電極 X で [(ア)] が生成し，電極 Y で [(イ)] が生成した。次に，図の電解槽において，電源を切って，電極 X 側の電解槽に十分な量の硝酸銀を入れて溶解させたのち，もう一度同様に通電すると，図の(B)のように，(b)電極 Y では [(イ)] が生成するが，電極 X では [(ア)] は生成せず，銀が析出した。

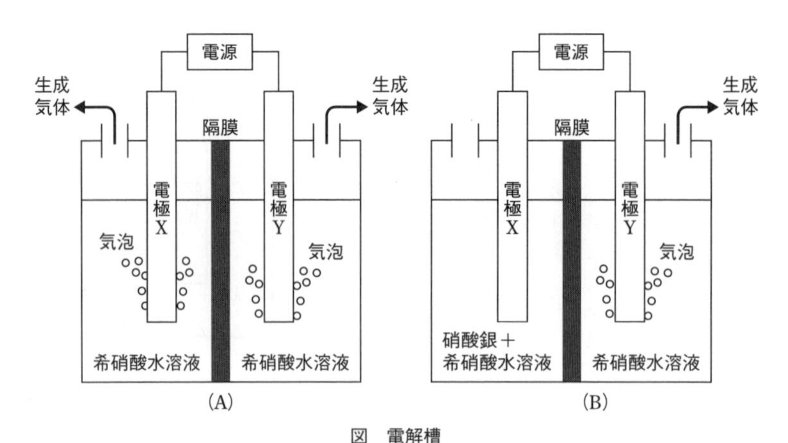


図 電解槽

(1) 下線部(a)の［　］に当てはまる適切な気体の名称を答えよ。

(2) 下線部(a)において，電極Xと電極Yで起こる反応を，それぞれ電子($e^-$)を含むイオン反応式で示せ。

(3) 下線部(b)において，電極Xと電極Yで起こる反応を，それぞれ電子($e^-$)を含むイオン反応式で示せ。

(4) 下線部(b)において，1.00A(アンペア)の一定電流が26.8時間流れた後，電極Xで析出した銀の質量〔g〕および電極Yで発生した［(イ)］の標準状態での体積〔L〕を有効数字3桁で求めよ。

(H＝1.0，N＝14，O＝16，Ag＝107.9，$F=9.65\times10^4$ C/mol，標準状態(0°C，$1.013\times10^5$ Pa)における気体1molの体積＝22.4L)　〔東京農工大〕

## B 64. COD

化学的酸素要求量(COD)は，湖沼などの水質汚濁の程度を表す指標の1つであり，水中の有機化合物を分解するのに必要な酸素の量を表したものである。実際の測定では，二クロム酸カリウムや過マンガン酸カリウムなどの酸化剤を用いて有機化合物を分解し，この分解に要した酸化剤の量(試料水1Lあたり)を酸素の量に換算してCOD値を求める。COD値は種々の実験条件の影響を受けるため，実験的に求まるCOD値は，理論上必要な酸素の量と大きく異なることも多い。この，後者に対する前者の割合を，本問では分解率と定義する。

有機化合物として(1)*p*-クレゾール($C_7H_8O$，濃度 $1.00\times10^{-4}$ mol/L)のみを含む試料水を用いて次の実験を行った。試料水10mLをホールピペットでコニカルビーカーにとり，純水と硫酸を加えて硫酸酸性とした。(2)そこに $5.00\times10^{-3}$ mol/L 過マンガン酸カリウム水溶液10mLをホールピペットで加えて振り混ぜ，沸騰水浴中で30分加熱した。これを水浴から取り出し，(3) $1.25\times10^{-2}$ mol/L シュウ酸ナトリウム水溶液10mLをホールピペットで加えてよく反応させた。液温を50°Cに保ち，$5.00\times10^{-3}$ mol/L 過マンガン酸カリウム水溶液で(4)滴定したところ，反応が完結するのに0.96mLを要した。

なお，過マンガン酸カリウムおよび酸素が酸化剤としてはたらく際のイオン反応式，およびシュウ酸イオンが還元剤としてはたらく際のイオン反応式は，次のように表される。

$MnO_4^- + 8H^+ + 5e^- \longrightarrow Mn^{2+} + 4H_2O$

$O_2 + 4H^+ + 4e^- \longrightarrow 2H_2O$

$C_2O_4^{2-} \longrightarrow 2CO_2 + 2e^-$

1．クロムおよびマンガンに関する次のa～eの記述のうち，正しいものを1つ選べ。
 a．二クロム酸イオンの水溶液は緑色を示す。
 b．酸化マンガン(Ⅳ)はアルカリマンガン乾電池の負極活物質に利用される。
 c．クロム酸イオンは水溶液中で鉛(Ⅱ)イオンと反応して暗赤色の沈殿を生じる。
 d．クロムとマンガンは共にM殻に13個の電子を有する。
 e．マンガン(Ⅱ)イオンを含む水溶液に硫化水素水を加えると，塩基性条件下では沈殿を生じない。

2．下線部(1)に関して，1molの *p*-クレゾールを酸素によって完全に酸化分解するのに理論上必要な酸素の物質量〔mol〕を求めよ。

記述 3．下線部(2)の操作ののち，コニカルビーカー内の溶液中には未反応の過マンガン酸イオンが存在する。これを直接滴定せず，下線部(3)のようにシュウ酸ナトリウム水溶液を加えて反応させてから滴定を行うのはなぜか，コニカルビーカー内の溶液の色変化を明示して150字程度で説明せよ。

記述 4．下線部(4)に関して，滴定に用いるビュレットの内部が水にぬれている場合，これを乾燥することなく正確に滴定を行うには，どのような操作をしてから滴定に用いればよいか，40字程度で説明せよ。

5．試料水のCOD値〔mg/L〕を整数値で求めよ。ただし，過マンガン酸カリウムは加熱によって分解しないものとする。(O=16)

6．この実験における *p*-クレゾールの分解率〔%〕を整数値で求めよ。〔立教大〕

## 65. リチウムイオン電池 思考

次の文章を読み，問1～6に答えよ。(Li=6.9，C=12，O=16，Co=59，$F=9.65\times10^4$ C/mol)

リチウムイオン電池は，繰り返し充電と放電が可能な二次電池の一種であり，携帯電話やノートパソコンなどに利用されている。この電池では，一般に $LiC_6$ の化学式で表されるリチウムを含む黒鉛系炭素の電極Aと，コバルト酸リチウム $LiCoO_2$ から一部のリチウムイオン $Li^+$ が抜けた化合物 $Li_{(1-x)}CoO_2$ の電極Bが，リチウム塩を溶かした電解質溶液に浸されている。

電池の放電時，図1の左に示すように導線で結ばれた電極AとBでは，それぞれ式(1)および(2)のような反応がおこる。

［電極A］ $LiC_6 \longrightarrow Li_{(1-x)}C_6 + xLi^+ + xe^-$ …(1)

［電極B］ $Li_{(1-x)}CoO_2 + xLi^+ + xe^- \longrightarrow LiCoO_2$ …(2)

電極Aでは，式(1)のように一部の $Li^+$ が抜けて電解質溶液へと放出されることで $LiC_6$ が $Li_{(1-x)}C_6$ へと変化し，同時に電子 $e^-$ が導線へと供給される。電極Bでは，式(2)のように $Li_{(1-x)}CoO_2$ が導線から電子 $e^-$ を，電解質溶液から $Li^+$ をそれぞれ受け取ることで $LiCoO_2$ が生じる。これらの反応により生じる電流は，電子機器などの作動に使用できる。

一方，充電時には図1の右に示すように電極を直流電源に接続することで，式(3)および(4)に示すような放電時とは逆向きの反応がおこる。

［電極A］　$Li_{(1-x)}C_6 + xLi^+ + xe^- \longrightarrow LiC_6$　…(3)

［電極B］　$LiCoO_2 \longrightarrow Li_{(1-x)}CoO_2 + xLi^+ + xe^-$　…(4)

式(4)の反応では，電子 $e^-$ が一つ放出されるたびに電極Bに含まれる1つのコバルトイオンの酸化数が［ $y$ ］から［ $z$ ］へと変化する。

なお，式(1)～(4)で示される $x$ は，それぞれの化合物から抜けた $Li^+$ の量を比率で表したものであり，0から1.00の範囲の値をとりうる。例えば，化学式 $LiCoO_2$ で表される電極から50％の $Li^+$ が抜けると $x$ の値は0.50となり，その化学式は $Li_{0.50}CoO_2$ と表される。また，$Li_{(1-x)}CoO_2$ には，酸化数が［ $y$ ］と［ $z$ ］のコバルトイオンが共存している。

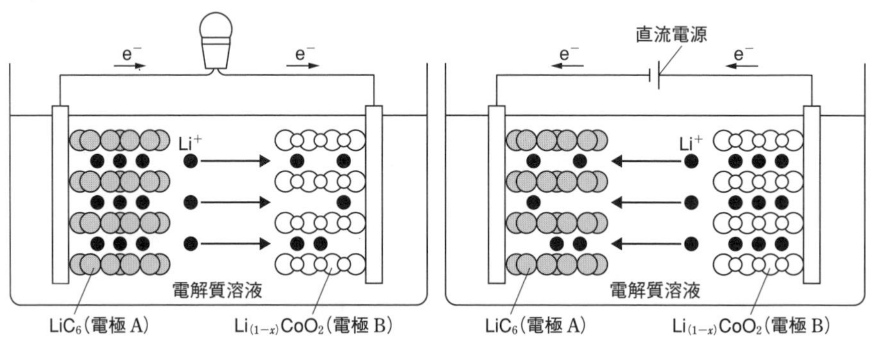


図1　リチウムイオン電池の放電(左)および充電(右)

問1　放電反応における負極活物質は何か。文章中で用いられている化学式で記せ。

問2　$LiC_6$ のみからなる電極A 26.3g を用いて500mA の一定電流で放電を行ったところ，電極Aに含まれる Li の50.0％が放出された。この操作のために必要な放電の時間は，何h(時間)か。有効数字2桁で答えよ。

問 3　ある一定の電流で放電し続けたところ，電極Aでは図 2 の重量変化が生じた。このときの電流は何A(アンペア)か。有効数字 2 桁で答えよ。ただし，放電中に活物質がなくなることはないものとする。

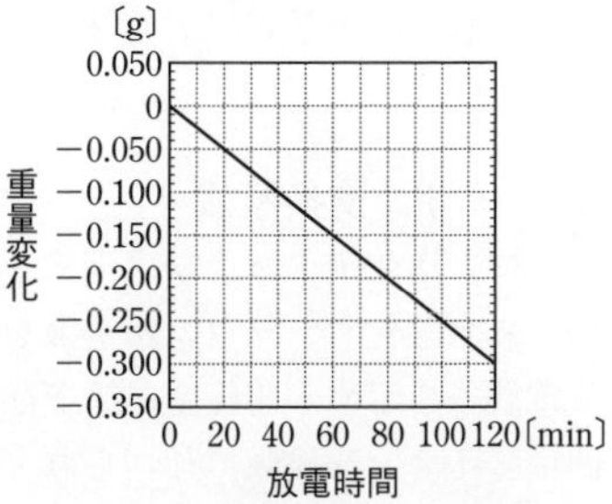

図 2　電極 A の重量変化(放電時)

問 4　$\boxed{y}$ と $\boxed{z}$ にあてはまる数値をそれぞれ正負の符号をつけて整数で答えよ。

問 5　$LiCoO_2$ のみからなる電極 B 9.79 g に対して，100 mA の一定電流で 3.86 h の充電を行った。充電後の電極Bに含まれる，酸化数 $\boxed{y}$ と $\boxed{z}$ のコバルトイオンの物質量をそれぞれ $m_y$，$m_z$ としたとき，$\dfrac{m_z}{m_y+m_z}$ はいくらか。有効数字 2 桁で答えよ。ただし，充電中に活物質がなくなることはないものとする。

問 6　リチウムイオン電池の電極材料として用いられる $LiCoO_2$ は，式(5)のように炭酸リチウム $Li_2CO_3$ と酸化コバルト(Ⅱ) CoO を酸素 $O_2$ 中，高温で反応させることにより得られる。

$$a\,Li_2CO_3 + b\,CoO + O_2 \longrightarrow c\,LiCoO_2 + d\,CO_2 \quad \cdots(5)$$

$a$ から $d$ にあてはまる係数を答えよ。〔上智大〕

## 66. 2 槽の電気分解　思考

水溶液 A，B は，0.100 mol/L の硫酸銅(Ⅱ)水溶液，または 0.100 mol/L の硝酸銀水溶液のいずれかである。実験ア～オでは，つぎの表に示す水溶液をそれぞれ別の電解槽に入れ，水溶液に含まれるすべての金属イオンを，電気分解によって陰極に金属として析出させた。実験アと実験エで流した電気量の和は，実験イと実験ウで流した電気量の和より多かった。下の問に答えよ。ただし，すべての電気分解において，電極には白金を用い，陰極では金属イオンの還元だけが起こるものとする。(Cu＝64，Ag＝108)

| 実験 | 電解槽に入れた水溶液 |
|---|---|
| ア | 100 mL の水溶液A |
| イ | 300 mL の水溶液A |
| ウ | 100 mL の水溶液B |
| エ | 300 mL の水溶液B |
| オ | 500 mL の水溶液A |

問 i　実験エと実験オにおいて陰極に析出した金属の質量の和はいくらか。解答は小数点以下第 2 位を四捨五入して，下の形式により示せ。

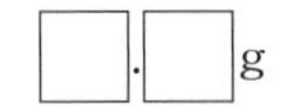

問 ii　実験カでは 500 mL の水溶液 A，実験キでは 300 mL の水溶液Bをそれぞれ別の電解槽に入れ，それぞれ別に電気分解を行った。実験カと実験キで流した電気量の和を，実験ウと実験エで流した電気量の和に等しくしたところ，実験カと実験キのいずれの電解槽においても水溶液に金属イオンが残り，陰極に析出した金属の質量の和は 4.84 g であった。実験カで陰極に析出した金属の質量はいくらか。

解答は小数点以下第2位を四捨五入して，下の形式により示せ。

□.□g　〔東京工大〕

## 67. イオン交換膜法

図に，塩化ナトリウム水溶液を電気分解して水酸化ナトリウム水溶液を生成する電解槽を示す。陽極室および陰極室の間は陽イオン交換膜で仕切られている。陰極室は0.0100 mol/Lの塩化ナトリウム水溶液1Lで満たされており，陰極で発生した気体は外部に放出される。陽極室は気体および液体流路のコック1～3が最初全て開かれており，陽極で発生した気体は外部に放出され，また飽和塩化ナトリウム水溶液が体積を1Lに保ったまま常に入れ替えられている。この電解槽を用いて塩化ナトリウム水溶液を10.0Aで電気分解したところ，発生した気体は塩素および水素のみであった。ここでは，陽イオン交換膜を通過するのは$Na^+$イオンのみとみなし，また電気分解による陰極室の水溶液の体積変化は無視してよい。($F=9.65\times10^4$ C/mol)

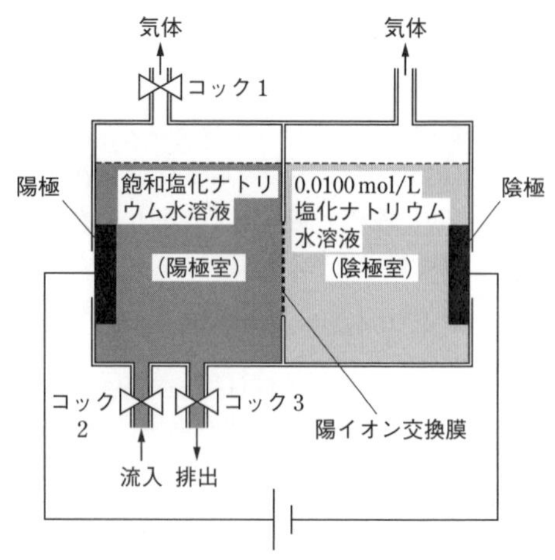


図　塩化ナトリウム水溶液の電気分解に用いた電解槽

(1) 電気分解を始めてから1時間毎に陰極室の水溶液を1.00 mL採取し，純水で10倍に希釈した後，pH指示薬を添加した。この試料溶液に対して，0.100 mol/Lの塩酸を滴下して中和滴定を行い，水酸化ナトリウム水溶液の濃度を調べた。この実験で観察されるpH指示薬の色変化として，最も正しいものを(あ)～(お)から選べ。また使用したpH指示薬を答えよ。

(あ) 無色から青色に変化　(い) 無色から桃色に変化
(う) 赤色から黒色に変化　(え) 赤色から橙色に変化
(お) 青色から黄色に変化

(2) (1)の中和滴定において水酸化ナトリウム水溶液の濃度を正確に決定するために，塩酸の滴下量を10 mL以上にしたい。その条件を満たすのは，電気分解を開始してから最短で何時間後に採取した試料か。(か)～(こ)から選べ。ただし，試料の採取による陰極室の水溶液の体積変化は無視してよい。

(か) 2時間　(き) 3時間　(く) 4時間　(け) 5時間　(こ) 6時間

(3) 180秒間の電気分解後，陰極室の水溶液と同じ浸透圧を示すグルコース水溶液の濃度〔mol/L〕を有効数字2桁で答えよ。

(4) 陽極室のコック1～3をすべて閉じて電気分解を行うと，陽極で発生した気体が水溶液に溶解し，pHが低下した。この化学反応式を記せ。　〔北海道大〕

# 7 元素の周期律，非金属元素とその化合物

## A　68．物質の構成粒子

原子は，その中心部にある［ア］と，それを取り巻く電子からなる。［ア］はさらに，正の電荷をもつ［イ］と，電荷をもたない中性子からできている。

［イ］の数は原子番号といい，元素ごとに異なる。また，［イ］の数と中性子の数の和を［ウ］という。同じ元素で［ウ］の異なる原子どうしを，互いに同位体という。例えば，水素には，［ウ］が1，2，3の同位体がある。［ウ］が1の水素原子は，［ウ］が2や3の同位体と区別するため，(i)元素記号と原子番号および［ウ］を用いて $^{1}_{1}H$ と書き表される。

元素を原子番号の順に並べると，単体の融点など，性質のよく似た元素が周期的に現れる。(ii)元素の性質のこのような周期性を［エ］という。元素を原子番号の順に並べ，性質の似た元素が同じ縦の列に並ぶように配列した表を，元素の周期表という。周期表では，横の行を周期といい，縦の列を［オ］という。

問1　［　］に適する語句をそれぞれ漢字3字以内で記せ。

問2　下線部(i)中の表記法にならい，中性子を7個もつ炭素の同位体を記せ。

問3　ある遺跡から，人類が食用にしたと思われる木の実が発掘された。この木の実に含まれる，中性子を6個もつ炭素の安定同位体Xと中性子を8個もつ炭素の放射性同位体Zについて調べた。その結果，XとZの原子数の関係は，$1.00：2.16 \times 10^{-13}$ とわかった。Zは5730年の半減期で壊変し，中性子を7個もつ窒素に変化する。遺跡で発掘された木の実は，現在から何年前のものか。有効数字2桁で答えよ。ただし，木の実が枝になっているときのXとZの原子数の関係は，$1.00：1.20 \times 10^{-12}$ であったものとする。また，木の実は枝から外れた後，外界との炭素の交換はなく，木の実の中に新たに放射性同位体Zが生じることはないものとする。($\log_{10}2 = 0.301$，$\log_{10}3 = 0.477$)

問4　天然に存在している銅Cuには2つの安定な同位体があり，その相対質量は，それぞれ62.93と64.93である。銅の原子量が63.55であるとき，相対質量62.93の銅原子の存在比は何％か。有効数字2桁で答えよ。

問5　下線部(ii)について，図1は，第5周期までの周期表の概略図である。次の(1)～(5)のそれぞれに該当する領域を，図中の領域a～iからすべて選べ。

(1) 貴ガス(希ガス)　　(2) アルカリ金属　　(3) ハロゲン

(4) 典型元素　　(5) 非金属元素

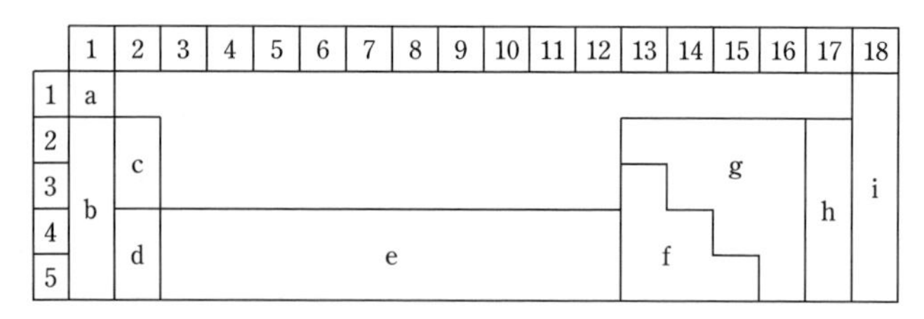


図１ 第５周期までの周期表の概略図

〔上智大 改〕

## 69. 水素とヘリウム

空欄［　］にあてはまるものの組合せとして最適なものを右の①～⑧のうちから１つ選べ。

・宇宙に最も多く存在している元素は［ア］である。

・ヘリウムはアルゴンよりも沸点が［イ］。

・水素は水に［ウ］。

| | ア | イ | ウ |
|---|---|---|---|
| ① | 水素 | 高い | 溶けやすい |
| ② | 水素 | 高い | 溶けにくい |
| ③ | 水素 | 低い | 溶けやすい |
| ④ | 水素 | 低い | 溶けにくい |
| ⑤ | ヘリウム | 高い | 溶けやすい |
| ⑥ | ヘリウム | 高い | 溶けにくい |
| ⑦ | ヘリウム | 低い | 溶けやすい |
| ⑧ | ヘリウム | 低い | 溶けにくい |

〔東京都市大〕

## 70. ハロゲン

次の文章を読み，周期表の第５周期までのハロゲンを対象として，設問に答えよ。

ハロゲン元素の単体は全て［(あ)］であり，他の物質から電子を奪う力が［(い)］ため，［(う)］力が強い。ハロゲン元素は，ほとんどの非金属元素とは［(A)］をつくり，ほとんどの金属元素とは［(B)］をつくる。

フッ化水素の沸点は，ほかのハロゲン化水素の沸点に比べて著しく高い。これは，フッ化水素が分子間に［(C)］をつくるためである。(i)フッ化水素は，ホタル石(主成分はフッ化カルシウム)に濃硫酸を加え，加熱してつくられる。フッ化水素の水溶液はフッ化水素酸とよばれ，［(D)］である。また，(ii)フッ化水素酸は，ガラスの主成分である二酸化ケイ素を溶かすため，保存には［(え)］製の容器が用いられる。

塩素は，実験室では酸化マンガン(Ⅳ)に濃塩酸を加えて加熱して発生させる。発生した気体は，塩化水素と水を除去したのち，［(お)］置換で捕集する。塩素を水酸化カルシウムに吸収させるとさらし粉が得られる。さらし粉の水溶液中で生じる次亜塩素酸 HClO は［(E)］で，電離して生じる次亜塩素酸イオンの酸化力が強く，漂白・殺菌剤に用いられる。

(1) 空欄［(あ)］～［(お)］にあてはまる語句を，以下の語群から選べ。

(a) 二原子分子　(b) 単原子分子　(c) 昇華性の分子結晶　(d) 大きい

(e) 小さい　(f) 無い　(g) 酸化　(h) 還元
(i) クーロン　(j) ポリエチレン　(k) 金属　(l) 石英
(m) 下方　(n) 水上　(o) 上方

(2) ハロゲン元素の単体の化学式を酸化力の強い順に示せ。
(3) 次の3つの組合せの中から反応が起こるものを一つ選び，その化学反応式を示せ。
・ヨウ化カリウム水溶液と塩素
・臭化カリウム水溶液とヨウ素
・塩化カリウム水溶液と臭素
(4) 空欄 (A) ～ (C) にあてはまる語句を次から選べ。同じ記号を何度用いてもよい。
(a) 共有結合　(b) イオン結合　(c) 水素結合　(d) 金属結合
(5) 空欄 (D) および (E) にあてはまる語句を次から選べ。同じ記号を何度用いてもよい。
(a) 強酸　(b) 弱酸　(c) 酸性塩　(d) 強塩基　(e) 弱塩基
(6) 次亜塩素酸の中の塩素の酸化数を示せ。
(7) 下線(i)，(ii)で生じている反応の化学反応式を示せ。〔横浜国大〕

## 71. 気体の性質

8種類の気体A～Hの性質を(1)～(8)に記す。A～Hとして，最も適切なものをそれぞれ選べ。

(1) AおよびBを酸性の硝酸銀水溶液に通すと，同一の白色沈殿が生じる。
(2) B，C，D，E，F，GおよびHは無色であるが，Aは有色である。
(3) AとCを混合して日光にあてると，爆発的に反応してBを生成する。
(4) CおよびEは水に溶けにくいが，A，B，D，F，GおよびHは水に溶け，それらの水溶液は酸性を示す。
(5) C，EおよびHは無臭であるが，A，B，D，FおよびGは刺激臭あるいは悪臭を有する。
(6) Eは，空気中で，すみやかに酸化される。
(7) Dを硫酸酸性の過マンガン酸カリウム水溶液に通すと，Dは酸化されて反応溶液は白濁する。
(8) Gを硫酸酸性の過マンガン酸カリウム水溶液に通すと，Gは酸化されて反応溶液の色は変化するが，白濁しない。

1．水素　2．一酸化窒素　3．窒素　4．塩素
5．塩化水素　6．フッ化水素　7．硫化水素　8．二酸化窒素
9．二酸化炭素　0．二酸化硫黄

〔星薬大〕

## 72. 硫黄の生成 思考

単体の硫黄Sは，式(1)と(2)の反応で生成させることができる。まず硫化水素 $H_2S$ を酸素 $O_2$ 中で燃焼させ，式(1)に従って二酸化硫黄 $SO_2$ を生成させる。次に $H_2S$ と式(1)で生成した $SO_2$ を，式(2)に従って反応させる。

$$2H_2S + 3O_2 \longrightarrow 2SO_2 + 2H_2O \quad \cdots(1)$$

$$2H_2S + SO_2 \longrightarrow 3S + 2H_2O \quad \cdots(2)$$

ここで，$H_2S$ の全物質量を 3.0 mol とする。このうち $x$〔mol〕の $H_2S$ を式(1)の反応に従ってすべて $SO_2$ に変化させる。次に，この $SO_2$ と残りの $(3.0-x)$〔mol〕の $H_2S$ を用いて式(2)の反応を行う。

$x$ を 0 から 1.0 mol まで変化させると生成する S の物質量は，図に示すようになる。$x$ を 0 から 3.0 mol まで変化させたときに生成する S の物質量を表すグラフとして最も適当なものを，次の①～⑤のうちから一つ選べ。ただし，式(1)および(2)以外の反応は起こらないものとする。

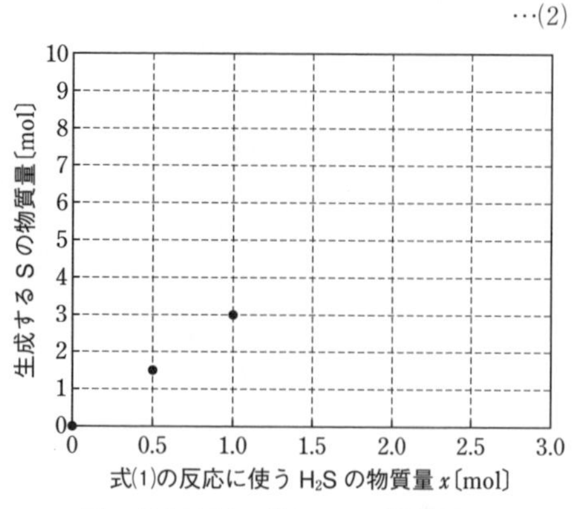


図　式(1)の反応に使う $H_2S$ の物質量 $x$ と生成する S の物質量との関係

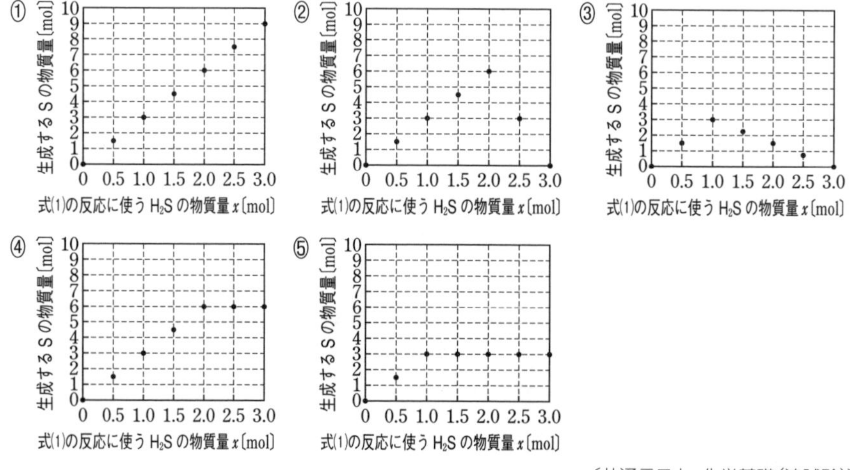


〔共通テスト 化学基礎(追試験)〕

## 73. 窒素とリン

窒素とリンは周期表の［ア］族に属する典型元素であり，いずれの原子も価電子を［イ］個もつ。窒素やリンは，金属元素とイオン結合をつくりにくいが，非金属元素と［ウ］結合をつくる。

単体の窒素は，［エ］色，無臭の気体であり，常温で反応性に$_{①}$(富んでいる・とぼしい)。窒素を含む代表的な化合物としてアンモニアがある。アンモニアは，［オ］色，刺激臭のある気体で，空気より$_{②}$(軽い・重い)。実験室では，$_{③}$塩化アンモニウムと水酸化カルシウムの混合物を加熱して発生させ，$_{④}$(水上・上方・下方)置換で捕集する。このとき，［カ］をつけたガラス棒を近づけ，塩化アンモニウムの白煙が生じることで，アンモニアの発生を確認することができる。工業的には，［キ］法により，四酸化三鉄から得られる鉄を主な触媒として，⑤窒素と水素から直接合成される。

リンの単体には，［ク］リンや［ケ］リンなどの，［コ］体が存在する。［ク］リンは精製すると白色になるので，［サ］リンとも呼ばれる。［ケ］リンは毒性が低く，マッチの摩擦面に利用される。⑥リンを空気中で燃やすと，白色の十酸化四リンが得られる。十酸化四リンは強い［シ］性をもつため，強力な乾燥剤として使用される。⑦十酸化四リンに水を加えて熱すると，リン酸が得られる。

(1)　上記の文章中の［　］にあてはまる語句，数値，化学式を答えよ。
(2)　下線部①および②について，括弧内の語句のうち正しいものを答えよ。
(3)　下線部③の化学反応式を書け。
(4)　下線部④について，括弧内の語句のうち正しいものを答えよ。
(5)　下線部⑤の化学反応式を書け。
(6)　下線部⑥の化学反応式を書け。
(7)　下線部⑦の化学反応式を書け。　〔佐賀大〕

## B　74．物質の構成粒子

元素を原子番号の順に並べて，性質のよく似た元素が同じ縦の列に並ぶようにして組んだ表を，元素の周期表という。周期表において，縦の列を族，横の行を周期という。周期表の第3周期までの元素では，族番号が増えると原子の最外殻電子の数も増える。第4周期からは，2族と12族の元素では，原子の最外殻電子の数が同じとなり，12族から18族までは，族番号が増えると最外殻電子の数も増える。1族から17族までの非金属元素の多くは，2個以上の原子が化学結合することにより①多原子分子や多原子イオンをつくる。

13族から18族までの元素の単体は，元素 $X_A$ を除いて，常温(25°C)・常圧($1\times10^5$ Pa)において，固体または気体である。$X_A$ の単体は，常温・常圧では液体である。$X_A$ は，すべての元素の中で最も大きな電気陰性度をもつ元素 $X_B$ と同族の元素である。単体が常温・常圧で固体となる典型元素のうち，( ア )族のケイ素 Si は，岩石や鉱物の成分元素として，地殻中で最も多く存在する元素である。Si の単体は，自然界に存在せず，②その酸化物を還元してつくる。Si の単体の結晶は，ダイヤモンドと同じ構造をもち，その配位数は( イ )である。また，Si の単体には，③原子の配列に空間的な規則性をもたないものもある。

3族から12族までの元素では，原子の最外殻電子の数がほとんど2個または1個である。そのため，となりどうしの元素では，原子のイオン化エネルギーや電子親和力など，化学的性質が類似しているものが多い。3族から12族までの元素の単体は，一般に固体となって金属結晶をつくる。ただし，常温・常圧では，12族元素 $X_C$ の単体は液体である。金属結晶の構造には，配位数が( ウ )となる最密構造の面心立方格子および六方最密構造がある。また，金属結晶には，配位数が( エ )の体心立方格子の結晶構造をとるものもある。常温・常圧において，体心立方格子の結晶構造をとる金属の一つが元素 $X_D$ である。$X_D$ は，遷移元素の中では，地殻中で最も多く存在し，$X_D$ を主成分とするステンレス鋼はさびにくいため，生活用品から工業製品まで広範囲に利用されている。$X_D$ の単体の結晶構造は，④ある温度で体心立方格子から面心立方格子へと変化することが知られている。

問 1　文中の(　)に適した数値を書け。

問 2　元素 $X_A$～$X_D$ の元素記号を書け。

問 3　下線部①について，問(a)および(b)に答えよ。

(a)　次の多原子分子および多原子イオンについて，それぞれに含まれる非共有電子対の数の順(少ない方から多い方)に記号(あ)～(お)を並べよ。

(あ) $H_2O$　　(い) $CO_2$　　(う) $NH_4^+$　　(え) $H_3O^+$　　(お) $OH^-$

(b)　問(a)の多原子イオン(う)の名称と，それがとる構造(形)を書け。また，多原子イオン(う)を電子式で表せ。

問 4　原子のイオン化エネルギー，電子親和力および電気陰性度に関する次の説明(1)～(4)のうち，正しいものをすべて選び，番号を書け。正しいものがない場合は，「なし」と書け。

(1) イオン化エネルギーと電子親和力は，ともに原子 1 mol あたりのエネルギーで表すことができる物理量である。

(2) 電気陰性度は，18 族元素を含めて，周期表の右上にある元素ほど大きく，左下にある元素ほど小さい。

(3) 電子親和力は，ある元素の 1 価の陰イオンから電子を 1 個取り去って，その元素の原子にするために必要なエネルギーと等しい。

(4) イオン化エネルギーは，同一周期の元素の中では，1 族元素の原子が最小値をもつ。

問 5　下線部②の粉末に炭酸ナトリウムを加えて加熱すると，気体を発生しながら反応する。この反応を化学反応式で表せ。

問 6　下線部③の状態を一般に何というか，名称を書け。

問 7　下線部④について，問(a)～(c)に答えよ。ここで，ある温度において，結晶構造が単位格子の一辺の長さが $a$ の体心立方格子から，一辺の長さが $b$ の面心立方格子に変化するものとする。また，$X_D$ 原子は完全な球とみなし，結晶構造が変化しても，両者の結晶構造において，最も近い $X_D$ 原子どうしは接するものとする。

(a)　結晶構造が体心立方格子から面心立方格子に変化すると，$X_D$ の単体の密度は $x$ 倍になる。密度の変化が，結晶構造の変化だけから起こるものとして，$x$ を，$a$ と $b$ を用いて表せ。

(b)　結晶構造が変化しても，$X_D$ 原子の半径 $r$ は変化しないものとして，問(a)の $x$ の値を求めよ。答は，$m$ と $n$ を整数として，$\sqrt{\frac{n}{m}}$ のように書け。

(c)　ある温度で結晶構造が体心立方格子から面心立方格子に変化すると，$X_D$ の単体1molあたりの体積はどのようになるか。「大きくなる」・「変わらない」・「小さくなる」のいずれかから選べ。〔京都工繊大〕

## 75. ハロゲン 思考

次の文を読み，問いに答えよ。

($N_A=6.0\times10^{23}$/mol，$\sqrt{2}=1.41$，$\sqrt{3}=1.73$，$\sqrt{5}=2.24$，$\log_{10}2.0=0.30$，$\log_{10}3.0=0.48$，$\log_{10}5.0=0.70$)

周期表の17族に属する元素をハロゲンという。ハロゲンの原子は最外殻に( あ )対の電子対とひとつの( い )をもつため( う )イオンになりやすい。ハロゲンの単体はすべて二原子分子であり，酸化力が強い。第2周期から第5周期までのハロゲンの単体の酸化力を比較したとき，( え )が最も弱く，( お )が最も強い。

単体の塩素は水に少し溶け，(a)溶けた塩素の一部は水と反応して塩化水素と次亜塩素酸になる。次亜塩素酸イオンの酸化力は強いため，漂白剤や殺菌剤として利用される。

単体のヨウ素は黒紫色の( か )しやすい結晶で，その結晶はヨウ素分子どうしが分子間力で引きあって規則的に配列した構造をもつ( き )結晶である。

ハロゲンは化合物をつくりやすく，例えばフッ素は水素と爆発的に反応してフッ化水素を生成する。フッ化水素の水溶液はフッ化水素酸とよばれ，電離度は( く )。(b)フッ化水素酸はガラスの主成分である二酸化ケイ素を溶かすため，ガラスの表面処理に利用される。

ハロゲンは金属元素とイオン結晶を形成することが多い。ハロゲンの塩は水に溶けやすいものが多いが，( け )以外のハロゲン化銀は水にはほとんど溶けない。

(1) 本文中の( )にあてはまる語句あるいは数字を次の語群から選べ。なお同じ語句あるいは数字を繰り返し用いてもよい。
語群：1，2，3，4，5，共有電子，不対電子，自由電子，陽，陰，原子，イオン，分子，金属，大きい，小さい，沸騰，凝縮，昇華，$F_2$，$Cl_2$，$Br_2$，$I_2$，AgF，AgI

(2) 次に示す(ア)，(イ)の組合せのうち，反応が進行する組合せに関しては，その反応を化学反応式で記せ。反応が進行しない組合せに関しては，「反応しない」と記述せよ。
(ア) KBr水溶液と$Cl_2$
(イ) KCl水溶液と$I_2$

(3) 下線部(a)および(b)の反応をそれぞれ化学反応式で記せ。

(4) 水溶液中で次亜塩素酸イオンがもつ酸化作用のはたらきを示す半反応式を，電子を含むイオン反応式で記せ。

(5) 塩化銀の水への溶解度が小さいという性質を利用して，塩化物イオン濃度を見積もる方法がある。濃度が不明の塩化物イオンを含む水溶液にごく少量のクロム酸カリウム水溶液を指示薬として加え，全体が10mLの水溶液Aを作製した。ここに0.020mol/Lの硝酸銀水溶液を徐々に加えたところ，塩化銀の白色沈殿が生じ，さらに硝酸銀水溶液を加えるとクロム酸銀の暗赤色沈殿が生じ始めた。この時点を滴定の終点とした。滴定終点までに加えた硝酸銀水溶液の量は 40 mL であり，滴定後の水溶液の全体積は 50 mL であった。滴定終点でのクロム酸イオン濃度は 0.0050 mol/L であった。(c)生じた塩化銀の白色沈殿はチオ硫酸ナトリウム水溶液に溶けた。次の問い(i)～(iv)に答えよ。ただし塩化銀とクロム酸銀の溶解度積をそれぞれ $2.0\times10^{-10}\,(\mathrm{mol/L})^2$，$2.0\times10^{-12}\,(\mathrm{mol/L})^3$ とし，クロム酸銀の沈殿生成に利用された硝酸銀の量は無視してよい。

(i) 滴定終点での銀イオンのモル濃度〔mol/L〕を有効数字 2 桁で求めよ。

(ii) 滴定終点での塩化物イオンのモル濃度〔mol/L〕を有効数字 2 桁で求めよ。

(iii) 滴定に使用した水溶液 A の塩化物イオンのモル濃度〔mol/L〕を有効数字 2 桁で求めよ。

(iv) 下線部(c)の反応を化学反応式で記せ。

(6) 塩化セシウム型構造のイオン結晶 MX の単位格子は立方体であり，各頂点に陰イオン $X^-$ の中心が位置し，単位格子の中心に陽イオン $M^+$ の中心が位置すると考える。次の問い(i)～(iii)に答えよ。ただし結晶中の $M^+$ と $X^-$ はすべて球とみなす。

(i) この結晶の単位格子の一辺の長さを $a$ とし，$M^+$ のイオン半径を $r_M$ とし，$X^-$ のイオン半径を $r_X$ とするとき，イオン半径の和 $(r_M+r_X)$ と $a$ の比 $(r_M+r_X)/a$ を有効数字 2 桁で答えよ。ただし，最も近い $M^+$ と $X^-$ は互いに接しているとする。

(ii) 塩化セシウム型構造のイオン結晶 MX で最も近い $M^+$ と $X^-$ が互いに接し，同時に最も近い $X^-$ どうしが接触している場合の $r_M/r_X$ を有効数字 2 桁で求めよ。

(iii) 塩化セシウム型結晶の MX が問い(ii)の構造をしているときの MX の密度〔$\mathrm{g/cm^3}$〕を有効数字 2 桁で求めよ。ただし $r_X=2.0\times10^{-10}\,\mathrm{m}$，MX の式量を 170 とする。

〔同志社大〕

## 76. アンモニア

アンモニアは，特有の刺激臭をもち，常温・常圧において無色の気体である。工業的には，高温・高圧の下，触媒を用いて窒素と水素を直接反応させて合成する。この方法を［ア］法という。実験室では，(a)塩化アンモニウムを水酸化カルシウムとともに加熱することで得られ，発生したアンモニアは［イ］置換で捕集する。アンモニアは水に溶けやすく，その水溶液はアンモニア水とよばれ，弱塩基性を示す。(b)アンモニア水に塩化アンモニウムを加えた水溶液は，［ウ］作用を示すため，少量の酸や塩基を加えても pH の変化は小さい。金属イオンを含む水溶液には，アンモニア水の作用により，沈殿を生じたり，色が変化したりするものがある。例えば，無色の硝酸銀水溶液に少量のアンモニア水を加えると，［エ］色の沈殿が生じる。(c)ここへさらにアンモニア水を加えると，沈殿は溶けて無色の水溶液になる。

食品中のタンパク質の定量法として，ケルダール法がある。この方法では，窒素がタンパク質に一定の割合で含まれていることを前提として，タンパク質の質量が算出される。ここで，ある食品に含まれるタンパク質の質量を調べるため，次のような実験を行った。

【操作1】 1.00gの食品Aを濃硫酸とともに加熱し，食品A中のタンパク質に含まれる窒素をすべて硫酸アンモニウムに変換した。

【操作2】 操作1で得られた溶液に過剰量の水酸化ナトリウム水溶液を加えて加熱し，発生したアンモニアのすべてを0.500mol/Lの希硫酸20.0mLに吸収させた。

【操作3】 操作2で得られた溶液を純水で100mLに希釈し，その20.0mLに指示薬を適量加え，0.200mol/Lの水酸化ナトリウム水溶液で滴定したところ，終点までに18.0mLを要した。

問1　文章中の□にあてはまる語句を記せ。

問2　アンモニアの電子式を記せ。

問3　下線部(a)で起こる反応を化学反応式で記せ。

問4　下線部(b)について，0.100mol/Lのアンモニア水500mLに0.100mol/Lの塩化アンモニウム水溶液500mLを加えた水溶液の25°CにおけるpHを小数第1位まで求めよ。ただし，25°Cにおけるアンモニアの電離定数を$2.30\times10^{-5}$mol/L，水のイオン積を$1.00\times10^{-14}(\mathrm{mol/L})^2$，$\log_{10}2.3=0.36$とする。

問5　下線部(c)において，沈殿が溶けた反応を化学反応式で記せ。

問6　操作2で発生したアンモニアの標準状態における体積〔L〕を，有効数字を3桁として求めよ。

問7　食品Aに含まれるタンパク質の質量の割合〔%〕を，有効数字を3桁として求めよ。ただし，このタンパク質に含まれる窒素の質量の割合は16.0%であり，窒素はタンパク質以外には含まれないものとする。(N=14.0)

問8　操作3で用いる指示薬として適切なものを一つ記せ。〔徳島大 改〕

# 8 金属元素(Ⅰ)-典型元素-

## A 77. 炭酸カルシウム

炭酸カルシウムは，石灰石や大理石などとして天然に多量に存在する。石灰石が存在する地域では，(a)二酸化炭素が溶け込んだ地下水の作用で炭酸カルシウムが溶けて，地下に(ア)ができることがある。反対に，炭酸水素カルシウムを含む水溶液から二酸化炭素が放出されて，再び炭酸カルシウムが析出したものが石筍などである。

石灰石は，セメントの主な原料であり，コンクリートなどの骨材や製鉄などに用いられる。(b)石灰石を強熱すると(イ)が得られる。さらに，(c)(イ)に水を加えると発熱膨張し，(ウ)が得られる。(イ)や(ウ)は，様々な化学工業原料，土壌・河川の中和，建築材料であるしっくいの原料などに広く使われる。(ウ)は水に少し溶け，この飽和水溶液を(エ)という。(d)(エ)に二酸化炭素を通じると，白色沈殿が生じる。

(1) (ア)〜(エ)に適切な語句または化学式を記せ。
(2) 下線部(a)〜(d)の反応を化学反応式で記せ。
(3) しっくいは，(ウ)が空気中の二酸化炭素を吸収し，炭酸カルシウムを生じることで固まる。100kgの(ウ)に対して二酸化炭素は最大何kg吸収されるか。有効数字2桁で答えよ。(H=1.0，C=12，O=16，Ca=40)　〔富山県大 改〕

## 78. カルシウム，ナトリウムの化合物の利用

化合物AとBは次の方法によってつくることができる。

方法

化合物A　水酸化カルシウム水溶液に二酸化炭素を通じ，生じる沈殿をろ過する。

化合物B　水酸化ナトリウム水溶液と塩酸を混ぜて中性にした後，水分を蒸発させる。

AとBの用途を，それぞれ次の❶〜❹のうちから一つずつ選べ。

❶ ベーキングパウダーの主成分として用いられる。
❷ 調味料や，化学工業の原料に用いられる。
❸ 乾燥剤や発熱剤に用いられる。
❹ セメントの主原料に用いられる。　〔共通テスト 化学基礎(追試験)〕

## 79. 塩化ナトリウムの溶融塩電解

塩化ナトリウムの溶融塩電解(融解塩電解)に関する記述として誤りを含むものを，下の①〜④のうちから一つ選べ。

① 陰極に鉄を用いることができる。
② 陽極に炭素を用いることができる。
③ ナトリウムの単体が陰極で生成し，気体の塩素が陽極で発生する。
④ ナトリウムの単体が1mol生成するとき，気体の塩素が1mol発生する。　〔防衛大〕

## 80. 水酸化ナトリウムの性質と工業的製法

水酸化ナトリウムは，セッケン，紙，繊維などの製造に利用される。常温では［ア］色の固体で，(A)空気中に放置すると水分を吸収して溶ける。また，空気中では二酸化炭素と反応し，［イ］を生じる。水酸化ナトリウムは水によく溶け，その際に大量の熱を発生する。

水酸化ナトリウムは，工業的には塩化ナトリウムを原料として，電気分解とイオン交換を併用したイオン交換膜法によって製造されている。(B)図1に示す電気分解をおこなったとき，陽極では［ウ］ガスが発生し，陰極では［エ］ガスが発生する。このとき，陽極側では［オ］イオンが過剰となり，陰極側では［カ］イオンが過剰となる。［キ］イオンは陽イオン交換膜を通過しにくく，［ク］イオンが陽イオン交換膜を選択的に通過するため，陰極室の水溶液を濃縮することで水酸化ナトリウムが得られる。

(H=1.0，O=16，Na=23，$F=9.65\times10^{4}$C/mol)

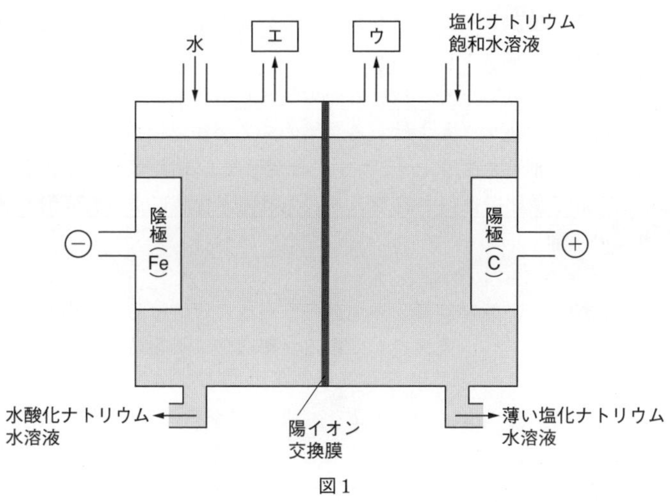


図1

(1)　上の文中および図1の空欄 ＿＿ に入る語句を次の語群から選べ。ただし，同じ語句を何度選んでもよい。

［語群］　青，黄，黒，白，塩化物，塩素，酸素，次亜塩素酸，水酸化物，水素，炭酸水素ナトリウム，炭酸ナトリウム，ナトリウム，水

(2)　下線部(A)について，水酸化ナトリウムでみられるこのような現象を何と呼ぶか答えよ。

(3)　下線部(B)について，次の設問に答えよ。

①　陰極および陽極で起こる反応を，それぞれ電子($e^-$)を含むイオン反応式で表せ。

②　2.0Aの電流で2時間40分50秒間電気分解をおこなったときに生成する水酸化ナトリウムの物質量は何molか，有効数字2桁で答えよ。　〔帯広畜産大 改〕

## B　81．亜鉛，スズ，鉛の性質　思考

12族の亜鉛，14族のスズおよび鉛は，(a)酸および強塩基の水溶液と反応する両性金属である。(b)亜鉛は塩酸にも水酸化ナトリウム水溶液にも溶解する。亜鉛の原子は (ア) 個の価電子をもち，亜鉛の燃焼によって得られる酸化亜鉛は白色顔料や医薬品として用いられる。(c)水酸化亜鉛は両性水酸化物で，酸とも強塩基とも反応する。スズと鉛の原子はいずれも (イ) 個の価電子をもち，酸化数が +2 または +4 の化合物をつくる。スズは酸化数が (ウ) の方がより安定，鉛は酸化数が (エ) の方がより安定であることから，塩化スズ(Ⅱ)は塩化鉛(Ⅱ)より強い (オ) 剤としてはたらく。鉛の単体は鉛蓄電池の電極や，放射線の遮へい材料として広く利用されている。(d)水溶液中の鉛(Ⅱ)イオンは，さまざまな陰イオンと反応して，特有の色をもつ沈殿を生じる。

スズは合金やめっきなどの幅広い用途で利用されている。(e)スズに銀，銅などを添加した合金である無鉛はんだは，金属どうしの接合のために用いられている。(f)鋼板(Fe)

は空気中の酸素や水と反応して腐食される。鋼板の腐食を防ぐためにスズで表面を覆ったブリキや亜鉛で覆ったトタンが利用されている。ブリキは缶詰やバケツなど主に屋内での用途に利用されており，トタンは屋外の用途に利用される。スズには複数の同素体が存在する。常温では白色スズとよばれる金属のスズが安定であるが，低温では結晶構造の異なる灰色スズに形態が変化し(これを同素変態とよぶ)，金属的な性質のほとんどが失われる。(g)低温で長期間保持されたスズ製品は同素変態によって変形や破壊に至ることが知られている。

問1 [ ] に入る語または数を記せ。

記述 問2 下線部(a)に関して，鉛は硝酸や強塩基の水溶液には溶けるが，塩酸や希硫酸には溶けにくい性質をもつ。両性金属である鉛が塩酸にも希硫酸にも溶けにくい理由を簡潔に記せ。

問3 下線部(b)に関して，これらの反応の化学反応式をそれぞれ記せ。

問4 下線部(c)に関して，水酸化亜鉛が塩酸ならびに水酸化ナトリウム水溶液に溶解する反応の化学反応式をそれぞれ記せ。

問5 下線部(d)に関して，鉛(Ⅱ)イオンが溶けている無色水溶液に対して次の(1)～(4)の操作を行い，それぞれの結果を得た。文章中のA～Dに該当する最も適切なものを下の①～⑤から選べ。

(1) Aを作用させたところ，黒色の沈殿が生じた。

(2) Bを作用させたところ，黄色の沈殿が生じた。

(3) Cを作用させたところ，白色の沈殿が生じた。さらに過剰量のCを作用させたところ，沈殿が溶けて無色溶液になった。

(4) Dを作用させたところ，白色の沈殿が生じた。これを加熱したところ，沈殿が溶けて無色溶液になった。

① 塩酸　② 硫酸　③ 水酸化ナトリウム水溶液

④ クロム酸カリウム水溶液　⑤ 硫化水素ガス

記述 問6 下線部(e)に関して，従来は鉛を含むはんだが使われていたが，最近では無鉛はんだが使われるようになってきた。鉛を含まないはんだが使われるようになってきた理由を簡潔に記せ。

記述 問7 下線部(f)に関して，次の(1)～(3)に答えよ。

(1) ブリキの表面に傷がつき，内部の鋼板が露出すると急速に腐食が広がる。この理由を簡潔に説明せよ。

(2) トタンの表面に傷がつき，内部の鋼板が露出しても，鋼板そのものに比べて腐食は進みにくい。この理由を簡潔に説明せよ。

(3) 表面に傷がない場合でも，トタンは鋼板よりも腐食に強い。この理由をトタンの表面に着目して簡潔に説明せよ。

問8 下線部(g)に関して，スズの同素変態にともなう変形や破壊の主な原因は大きな体積変化である。次の(1)および(2)に答えよ。(Sn=119，$N_A=6.0\times10^{23}$/mol)

(1) 白色スズの単位格子は各辺の長さがそれぞれ $5.8\times10^{-8}$，$5.8\times10^{-8}$，

$3.2 \times 10^{-8}$ cm の直方体である。一つの単位格子中にスズ原子が 4 個含まれるとして，白色スズの密度〔g/cm$^3$〕を求め，有効数字 2 桁で答えよ。

(2) 灰色スズの密度を 5.8 g/cm$^3$ としたとき，白色スズが灰色スズに同素変態する際に体積は何倍になるか。有効数字 2 桁で答えよ。〔静岡大〕

## 82. アルミニウム

アルミニウムは，周期表の第 (1) 周期 (2) 族に属する。①アルミニウムの単体は，そのイオンを含む水溶液の電気分解では得られない。そのため，アルミニウムの単体は，工業的に以下のようにつくられる。まず，鉱石である ア を粉砕して②熱した水酸化ナトリウム水溶液中に入れ， ア に含まれる酸化アルミニウムを溶解させる。このとき ア 中の他の成分は溶解しないので，ろ過することでこれらの不純物が除去される。ろ液を冷やし，水で希釈すると，塩基性が弱まり イ が沈殿する。生じた③ イ を高温で加熱すると，純粋な酸化アルミニウムが得られる。次に，④氷晶石を高温で加熱して融解させたものに，この純粋な酸化アルミニウムを溶かした後，⑤炭素電極を使って電気分解すると，陰極では単体のアルミニウムが得られる。このようにして金属の単体を得る操作を， ウ という。なお，陽極では電極の炭素が エ と反応して， オ および カ が生成する。

アルミニウムの粉末を酸素中で熱すると白い光を発して激しく燃える。また，⑥アルミニウムの粉末と酸化鉄(Ⅲ)を混合して点火すると多量の反応熱が発生し，単体の鉄が遊離する。この反応は キ 反応と呼ばれ，鉄道のレールなどの溶接に利用される。

アルミニウムは酸の水溶液にも強塩基の水溶液にも，水素を発生して溶ける。このように，酸の水溶液とも強塩基の水溶液とも反応する金属を ク 金属という。一方，⑦アルミニウムは濃硝酸にはほとんど溶解せず， ケ と呼ばれる状態になる。この現象を利用しアルミニウム表面を保護した製品を コ という。

問 1 (1) ， (2) に入る数字を書け。

問 2 ア ～ コ にあてはまる語を書け。ただし， オ は カ よりも分子量が小さい。また，物質は化学式ではなく名称で記せ。

記述 問 3 下線部①について，その理由を 50 字以内で書け。

問 4 下線部②について，反応式を書け。

問 5 下線部③について，反応式を書け。

問 6 下線部④を構成する物質の化学式を書け。

問 7 以下の (3) ， (4) に入る数字を有効数字 2 桁で書け。

($C=12$，$Al=27$，$F=9.65 \times 10^4$ C/mol)

下線部⑤について，$1.0 \times 10^5$ A の電流で 60 時間電気分解したところ，陰極では (3) kg のアルミニウムが得られ，陽極では (4) kg の炭素が消費された。このとき，陽極で生成した オ と カ の物質量〔mol〕の比は 5 : 1 だった。

問 8 下線部⑥について，反応式を書け。

記述 問 9 下線部⑦について，その理由を 50 字以内で書け。〔慶應大〕

# 9 金属元素(Ⅱ)-遷移元素-，陽イオン分析

## A 83. マンガン

マンガンとその化合物に関する次の文㋐～㋔のうち，正しい文をすべて選んだ組合せはどれか。

㋐ マンガンは，主に単体として天然に存在する。
㋑ マンガンの単体は，塩基性水溶液によく溶ける。
㋒ 酸化マンガン(Ⅳ)は，HCl から塩素を発生させる反応の触媒に用いられる。
㋓ 酸化マンガン(Ⅳ)は，$H_2O_2$ から酸素を発生させる反応の触媒に用いられる。
㋔ 酸化マンガン(Ⅳ)は，塩基性条件で過マンガン酸イオンが還元されることにより得られる。

(1) ㋐，㋒　(2) ㋐，㋓　(3) ㋑，㋒　(4) ㋑，㋔　(5) ㋓，㋔　〔防衛医大〕

## 84. 銅

次の文章を読み，以下の問いに答えよ。(Cu＝64，Pb＝207，$F$＝$9.6\times10^4$ C/mol)

銅は古くから利用されてきた金属である。滋賀県では，明治期に長浜市木之本町で含銅鉱床が発見され，土倉鉱山として昭和 40 年(1965 年)まで銅の生産が行われていた。土倉鉱山で採掘されていた鉱石には約 6% の黄銅鉱が含まれていた。(ア)黄銅鉱の主成分は $CuFeS_2$ であり，これを溶鉱炉で粗銅とした後，電解精錬することで純銅が得られる。

(1) 下線部(ア)について，黄銅鉱の代わりに銅と鉄からなる合金を用いて，以下の操作A～Cで 2 つの金属元素を分離した。

操作A　細かく粉砕した合金に硝酸を加え，完全に溶解させた。
操作B　操作Aの溶液に硫化水素を通じ，生じた沈殿とろ液とを分離した。
操作C　操作Bのろ液を煮沸した後，硝酸を加え，過剰のアンモニア水を加えると赤褐色の沈殿が生じた。

(a) 操作Bで生じた沈殿は何か，化学式で答えよ。
記述 (b) 操作Cで，操作Bのろ液を煮沸する理由を答えよ。
記述 (c) 操作Cで，硝酸を加える理由を答えよ。
(d) 操作Cで生じた赤褐色の沈殿は何か，物質名で答えよ。

(2) (イ)鉛，銀，金を含む粗銅板を陽極に，薄い(ウ)純銅板を陰極に用いて，0.30 V の低電圧で硫酸銅(Ⅱ)の希硫酸溶液を電気分解した。そのとき，(エ)陽極の下付近に沈殿が生じた。なお，粗銅中において元素は均一に分散しており，流れた電流のすべてが電気分解に使われたものとする。

(a) 下線部(イ)および(ウ)の銅板表面で起こる酸化還元反応を，電子 $e^-$ を含む反応式ですべて答えよ。
記述 (b) 下線部(エ)の沈殿に含まれる金属元素を元素記号ですべて答えよ。また，なぜそれらの金属元素が沈殿に含まれるのか，それぞれ理由を記せ。
(c) 硫酸銅(Ⅱ)の希硫酸水溶液 0.50 L に 2.0 A の電流を 128 分間通じたとき，陽極

の質量は5.40g減少し，硫酸銅(Ⅱ)の濃度は0.0020mol/L減少した。なお，水溶液の体積変化は無視できるものとする。

(i)　陰極の質量は何g増加したか，有効数字2桁で答えよ。

(ii)　反応前の陽極に含まれている銅の質量%濃度を有効数字2桁で答えよ。

(iii)　陽極の減少量5.40gに含まれる金と銀の質量の合計〔g〕を有効数字2桁で答えよ。

〔滋賀医大〕

## 85. 銅の工業的製法

次の文を読み，問に答えよ。(Cu＝63.6，$F$＝$9.65\times10^4$C/mol)

銅は塩酸や希硫酸には溶解しない。しかし，(a)希硝酸や濃硝酸，熱濃硫酸には溶解する。また，$Cu^{2+}$を含む水溶液に少量のアンモニア水を加えると青白色の沈殿が生じる。(b)この沈殿にアンモニア水を過剰に加えると沈殿が溶け，深青色の溶液となる。

銅を工業的に得るには，黄銅鉱($CuFeS_2$)にコークス(C)と石灰石($CaCO_3$)，ケイ砂($SiO_2$)を加え溶鉱炉で加熱する。銅は硫化銅($Cu_2S$)となって炉の底にたまり，鉄は$FeSiO_3$となって炉の上層に分離する。得られた硫化銅($Cu_2S$)に高温下で空気を吹き込み銅を得ることができる。このようにして得られた銅は純度99%程度で粗銅と呼ばれ，まだ若干の不純物を含む。さらに(c)銅の純度を上げるため，粗銅を［ア］，純銅を［イ］にして約0.3V～0.4Vの低電圧で硫酸銅の希硫酸溶液を電気分解する。このような方法で金属の単体を得る操作を［ウ］という。これにより純度99.99%以上の純銅を得ることができる。

問1．下線部(a)に関して，銅を希硝酸，濃硝酸，熱濃硫酸にそれぞれ溶解した場合の化学反応式を答えよ。

問2．問1の溶解において，銅の酸化数の変化はすべて同じである。銅の溶解前と溶解後の酸化数を答え，反応により銅が酸化されたか還元されたかを答えよ。

問3．下線部(b)を化学反応式で記せ。

問4．空欄［ア］，［イ］について，それぞれ「陽極」または「陰極」のどちらかを入れよ。また，空欄［ウ］に適した語句を入れよ。

記述 問5．下線部(c)に関して，電気分解を行う際に不純物として鉄やニッケルも存在するが，［イ］では銅が優先的に析出し，純度が向上する。この理由を説明せよ。

問6．下線部(c)に関して，電気分解を行った際に［ア］の下には沈殿が生じる。これを何というか，その名称を答えよ。

問7．下線部(c)に関して，5.0Aの電流で32分10秒間電気分解した。このとき析出した銅の質量〔g〕を答えよ。なお，反応は完全に進行するものとする。

〔関西学院大 改〕

## 86. 鉄の製錬

鉄の製錬についての次の文章を読み，以下の問いに答えよ。

溶鉱炉に鉄鉱石とコークス，石灰石を入れ，下から熱風を吹き込む。すると炉内で生じた［ア］が鉄鉱石と反応し，鉄が遊離して下にたまる。

$Fe_2O_3$ ＋［A］［ア］ ⟶ 2Fe ＋［B］［イ］　…①

このようにして得られた鉄は銑鉄と呼ばれ，［ウ］を約4％含んでいるため，硬くてもろい。この銑鉄を転炉の中に入れて［エ］を吹き込み，［ウ］の含有量を2～0.02％に減らしたものが鋼である。

(1) 空欄［ア］～［エ］に化学式を，［A］，［B］に数字を入れて，文章を完成させよ。

記述 (2) 溶鉱炉に石灰石を投入する主たる目的を，20字程度で記せ。

(3) 鉄に鉄以外の金属元素を添加してさびにくくしたものにステンレス鋼がある。ステンレス鋼に添加されている主な金属元素を2つあげ，元素記号で記せ。〔岡山大〕

## 87. 金属イオンの反応

金属元素A～Dは，Ag，Ca，Fe，Na，Pb，Znのいずれかである。つぎの記述ア～ウを読み，下の問に答えよ。

ア．A～Dの金属イオンをそれぞれ別に含む水溶液に，常温で塩酸を少量加えると，Aを含む水溶液とCを含む水溶液だけが沈殿を生じる。

イ．A～Dの金属イオンをそれぞれ別に含む水溶液に，常温でアンモニア水を少量加えると，いずれも沈殿を生じる。

ウ．イで生じたそれぞれの沈殿に，常温で過剰量のアンモニア水を加えると，Aを含む沈殿およびBを含む沈殿は溶けないが，Cを含む沈殿およびDを含む沈殿はいずれも溶ける。

問　つぎの記述のうち，正しいものはどれか。

1．Aの単体は常温の水と激しく反応する。

2．AとCはいずれも遷移元素である。

3．A～Dの単体のうち，常温，常圧で熱の伝導性が最も大きいものはDの単体である。

4．A～Dのイオン化傾向は，B，D，A，Cの順に小さくなる。

5．A～Dの原子番号は，B，D，C，Aの順に大きくなる。

6．Cの単体は常温の濃硝酸に溶けない。

7．Dの金属イオンを含む水溶液に，常温で過剰量のアンモニア水を加えたのち，硫化水素を通じると，白色沈殿を生じる。〔東京工大〕

## 88. 金属イオンの系統分析と錯イオン

次の文の□に入るものを[解答群]から選べ。また，(　)には最も適当なイオン式を，{(8)}には単位を，[(9)]には必要なら四捨五入して有効数字2桁の数値を，それぞれ記せ。

5種類の水溶液A，B，C，D，Eには，それぞれ異なった金属イオンが1種類含まれている。含まれる金属イオンは，ナトリウムイオン$Na^+$，アルミニウムイオン$Al^{3+}$，銅(Ⅱ)イオン$Cu^{2+}$，亜鉛イオン$Zn^{2+}$，銀イオン$Ag^+$のうちのいずれかである。これらの水溶液を用いて，下記の実験1～5を行った。

実験1：A，B，C，D，Eをそれぞれ別の試験管に取り，希塩酸を加えると，Aを入れた試験管のみに白色沈殿が生じた。この白色沈殿は熱水には溶けず，アンモニア水には溶けた。この結果より，Aには[(1)]が含まれていることがわかった。

実験2：新たにB，C，D，Eをそれぞれ別の試験管に取り，希塩酸を加えて酸性にしたのち，硫化水素$H_2S$を通じると，Bを入れた試験管のみ黒色沈殿を生じた。この黒色沈殿をろ過して分離し，黒色沈殿を硝酸中で加熱した。この硝酸溶液に過剰のアンモニア水を加えたところ，(a)深青色の溶液となった。この結果より，Bには[(2)]が含まれていることがわかった。

実験3：新たにC，D，Eの水溶液をそれぞれ別の試験管に取り，過剰のアンモニア水を加えたところ，Cを入れた試験管のみ白色沈殿が生じた。この白色沈殿をろ過して分離し，水酸化ナトリウム水溶液を加えると，白色沈殿はすべて溶解し，(b)無色の溶液となった。この結果より，Cには[(3)]が含まれていることがわかった。

実験4：新たにD，Eの水溶液をそれぞれ別の試験管に取り，アンモニア水を加えて塩基性にしたのち，$H_2S$を通じると，Dを入れた試験管のみ(c)白色沈殿Xが生じた。この結果より，Dには[(4)]が含まれていることがわかった。

実験5：Eの炎色反応を調べたところ，黄色の炎色を示した。この結果より，Eには[(5)]が含まれていることがわかった。

下線部(a)の溶液には錯イオンとして((6))が生成しており，下線部(b)の溶液には錯イオンとして((7))が生成している。

25℃で下線部(c)の白色沈殿Xを水に溶かし飽和溶液としたとき，その濃度は$1.3\times10^{-12}$mol/Lであった。白色沈殿Xの溶解度積$K_{sp}$の単位は{(8)}であり，この温度では$K_{sp}$=[(9)]{(8)}と計算される。

[解答群]　(ア) $Na^+$　(イ) $Al^{3+}$　(ウ) $Cu^{2+}$　(エ) $Zn^{2+}$　(オ) $Ag^+$　〔関西大〕

## B 89. 金，銀の性質と錯イオン 思考

金と銀は11族に属し，結晶の構造はいずれも[a]で，単位格子中に含まれる原子の数は4個である。金は銀よりも[b]が小さく，酸化されにくい性質をもつ。金は硝酸とは反応しないが，王水(注1)や①ヨードチンキ(注2)とは反応し溶解する。一方，②銀は硝酸と反応し，銀イオンとなり溶解する。

金や銀などの貴金属は希少であるため，使用済みの電子機器などから溶解させて回収

し再利用されている。③金を主成分とする金と銀の合金を王水に加えると，反応が起こり沈殿が生成する。沈殿からは銀を，④溶液からは金を回収できる。

(注1) 濃塩酸と濃硝酸を 3：1 の体積比で混合した溶液

(注2) ヨウ素 $I_2$，ヨウ化カリウム KI，エタノールからなる溶液
この溶液中におけるヨウ化物イオン $I^-$ と三ヨウ化物イオン $I_3^-$ の間の平衡と，$I_3^-$ の還元の化学反応式はそれぞれ以下の式(1)，式(2)で与えられる。

$$I_2 + I^- \rightleftarrows I_3^- \quad \cdots(1)$$

$$I_3^- + 2e^- \longrightarrow 3I^- \quad \cdots(2)$$

ア □ に入る語句を以下の語群から選べ。

〔語群〕 体心立方格子，面心立方格子，六方最密構造，イオン化傾向，電気陰性度，電子親和力

イ 下線部①に関して，金はヨードチンキ中の $I_3^-$ によって酸化され，金イオンと $I^-$ からなる錯イオンを形成し溶解する。ここでは，主に直線形の $Au^+$ の錯イオンCと平面正方形の $Au^{3+}$ の錯イオンDが存在する。金から錯イオンCおよびDを形成するそれぞれのイオン反応式を示せ。

ウ 下線部②に関連して，銀イオンを含むアンモニア水溶液では，以下の二段階の平衡(式(3)，式(4))が存在する。式(5)は，式(3)と式(4)をまとめたものである。

$$Ag^+ + NH_3 \rightleftarrows [Ag(NH_3)]^+ \quad (\text{平衡定数 } K_1〔mol^{-1}\cdot L〕) \quad \cdots(3)$$

$$[Ag(NH_3)]^+ + NH_3 \rightleftarrows [Ag(NH_3)_2]^+ \quad (\text{平衡定数 } K_2〔mol^{-1}\cdot L〕) \quad \cdots(4)$$

$$Ag^+ + 2NH_3 \rightleftarrows [Ag(NH_3)_2]^+ \quad (\text{平衡定数 } K = 1.11\times10^7\,mol^{-2}\cdot L^2) \quad \cdots(5)$$

銀を含む各イオンの存在割合とアンモニア濃度の関係が図1で与えられるとき，$K_1$，$K_2$ の値を以下からそれぞれ選べ。

(あ) $1.2\times10^3$
(い) $1.7\times10^3$
(う) $3.3\times10^3$
(え) $6.7\times10^3$
(お) $9.2\times10^3$

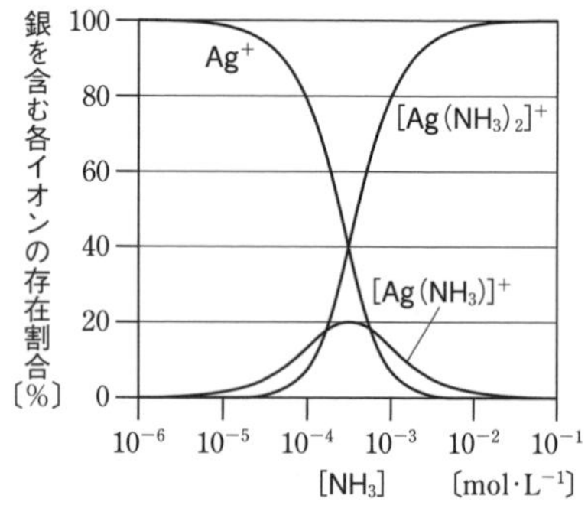


図1 アンモニア濃度[$NH_3$]と銀を含む各イオンの存在割合の関係

エ 下線部③に関して，銀を 7.00mg 含む合金 100.0mg を王水と反応させたところ，沈殿Eが 9.30mg 生成した。溶液中の金を精製したところ 93.0mg の純粋な金を回収できた。沈殿Eの質量から，Eの化学式を推定せよ。ただし，合金に含まれる金と銀は損失なく全て回収できたものとする。(N＝14.0，O＝16.0，Cl＝35.5，Ag＝107.9，Au＝197.0)

オ 下線部④に関して，金は $Au^{3+}$ を還元することで金属単体として回収される。ある水溶液に含まれる $Au^{3+}$ を金の単体に還元するために必要な亜硫酸ナトリウムの物質量は $3.00\times10^{-4}$mol であった。一方，等量の $Au^{3+}$ を含む水溶液から電気分解により金を全て析出させ回収するには，1.00A の電流を少なくとも何秒流せばよいか，

有効数字 2 桁で答えよ。ただし，これらの還元反応では金イオンの還元のみが起こるものとする。なお，亜硫酸イオンが硫酸イオンに変化するイオン反応式は式(6)で与えられる。($F=9.65\times10^4$ C/mol)

$$SO_3^{2-} + H_2O \longrightarrow SO_4^{2-} + 2H^+ + 2e^- \quad \cdots(6)$$

〔東京大〕

## 90. 鉄

文章を読み，各問いに答えよ。(H=1.00, O=16.0, S=32.1, K=39.0, Mn=55.0, Fe=55.9)

周期表の 1，2，13〜18 族の元素を( ア )元素，3〜12 族の元素を( イ )元素という。なかでも( ウ )元素は全て金属元素で，鉄や銅など日常生活や工業で重要なものが多い。

鉄は鉄鉱石と高炉内でコークスから生じる一酸化炭素(気体)を反応させてつくる。また，鉄は希硫酸と反応して気体を発生しながら溶けるが，濃硝酸には溶けない。これは，金属表面に緻密な酸化被膜が生じて内部を保護するためで，このような状態を( エ )態という。

問 1　( )に適切な語句を答えよ。ただし，同じ語句を繰り返し用いてもよい。

問 2　下線部に示した，赤鉄鉱($Fe_2O_3$)(固体)から単体の鉄(固体)が生成する反応について，化学反応式を示せ。

問 3　硫酸鉄(Ⅲ)($Fe_2(SO_4)_3$)には，水和水を有さない無水和物と，何種類かの水和物がある。硫酸鉄(Ⅱ)七水和物と，水和水の数が不明な何種類かの硫酸鉄(Ⅲ)水和物の混合物 0.168 g を完全に水に溶解させて，水溶液 20.0 mL を調製した。この水溶液を空気に触れることなく 10.0 mL はかりとり，0.00400 mol/L の過マンガン酸カリウムの硫酸酸性水溶液で滴定したところ，12.5 mL 滴下したところで終点となった。一方，残った 10.0 mL の水溶液に対して，ある方法で含まれている鉄(Ⅱ)イオンおよび鉄(Ⅲ)イオンを完全に酸化鉄(Ⅲ)に変換したところ，0.0250 g が得られた。

(1) 鉄(Ⅱ)イオンと過マンガン酸イオン間の反応について，イオン反応式を示せ。

(2) 混合物に含まれていた硫酸鉄(Ⅱ)七水和物の物質量〔mol〕を，有効数字 3 桁で答えよ。

(3) 混合物に含まれていた硫酸鉄(Ⅲ)水和物の平均のモル質量〔g/mol〕を，有効数字 2 桁で答えよ。

〔香川大 改〕

## 91．ミネラルウォーター中の陽イオンの分析 思考

次の文を読み，以下の問に答えよ。(H＝1.0，O＝16.0，Mg＝24.3，Cl＝35.5，Ca＝40.1，$\log_{10}3.0=0.48$)

カルシウムイオンやマグネシウムイオンを多く含む水は硬水と呼ばれ，欧州の多くの国の水道水はこれである。浴用や洗濯用としてセッケンと硬水を用いると，泡立ちが悪くなり洗浄力が低下する。

(A)水や水溶液に含まれるカルシウムイオン濃度の測定は，エチレンジアミン四酢酸(EDTA)を用いて行われる。EDTA は2価～4価の金属イオンと1：1で結合し，安定なキレート化合物を生成する。キレートとはギリシャ語の「カニのはさみ」に由来しており，EDTA は中心金属イオンをあたかもカニが挟むような形で配位結合し，錯イオンを形成する。

下線部(A)に関して，EDTA を用いて，ミネラルウォーター中のカルシウムイオン濃度を以下のように測定した。

【使用器具】 2mL 駒込ピペット，10mL ホールピペット，50mL ホールピペット，50mL メスシリンダー，100mL コニカルビーカー，25mL ビュレット，ビュレット台，安全ピペッター，ポリ瓶，洗浄瓶(純水用)

【実験方法と結果】 ①約 0.05mol/L EDTA 水溶液を純水で10倍希釈し，ポリ瓶に貯蔵した(これを「EDTA 標準溶液」と呼ぶ。)。②$5.00\times10^{-3}$ mol/L 塩化カルシウム水溶液(塩化カルシウム標準溶液)10mL をとってコニカルビーカーに入れ，③純水 40mL を加えた。(B)8mol/L KOH 水溶液 0.5mL を加えて，よく振り混ぜ数分間放置した後，N.N. 指示薬注)を加えて，EDTA 標準溶液を用いて滴定したところ，終点までに 9.88mL を要した。同様に，④試料(ミネラルウォーター)50mL をとり，EDTA 標準溶液を用いて滴定したところ，終点までに 5.21mL を要した。

注) N.N. 指示薬：EDTA による滴定の終点の判定に用いられる指示薬で，pH12～13 においてはカルシウムイオンと結合している状態では赤色を呈し，すべてのカルシウムイオンが EDTA と結合し終わると(終点時には)青色に変化する。

(1) 波線部①～④のうちで，ホールピペットを用いて正確にはかり取る必要がある操作が2つある。該当するものを選べ。

(2) 下線部(B)の操作により，試料中に含まれるマグネシウムイオン $Mg^{2+}$ を $Mg(OH)_2$ として沈殿させる。25°C において，0.0100mol/L $Mg^{2+}$ を含む水溶液から $Mg^{2+}$ の 99.9% が $Mg(OH)_2$ として沈殿するときの pH を小数第1位まで求めよ。ただし，25°C における $Mg(OH)_2$ の溶解度積は $9.0\times10^{-12}$ (mol/L)$^3$，水のイオン積 $K_w$ は $1.0\times10^{-14}$ (mol/L)$^2$ とする。また，$[Mg(OH)]^+$ の生成は無視するものとする。

(3) 上記の実験結果から，EDTA 標準溶液のモル濃度および試料(ミネラルウォーター)中のカルシウムイオン $Ca^{2+}$ 濃度〔mg/L〕をそれぞれ有効数字3桁で求めよ。なお，実験においてホールピペットは適切に使用されたものとする。 〔東京医歯大 改〕

## 92. アルミニウムの反応と推定

次の文章を読み，以下の問いに答えよ。(H＝1.00，N＝14.0，O＝16.0，Na＝23.0，Al＝27.0，S＝32.0，Cl＝35.5，Ba＝137)

(a)金属アルミニウム片を水酸化ナトリウム水溶液に加えると，すべて溶解した。この溶液に弱酸性を示すまで硫酸を加えると，無色透明の溶液が得られた。この溶液に硫酸カリウムを加えて濃縮すると固体Aが析出した。固体Aに含まれる分子あるいはイオンの物質量を以下の三つの実験によって1種類ずつ決定した。

[実験1] 固体A 9.48g を水に完全に溶解し，これ以上沈殿が生じなくなるまで塩化バリウム水溶液を加えると，(b)沈殿B 9.32g が生じた。

[実験2] 固体A 9.48g を 300℃ に加熱すると，水和水が水蒸気として放出され質量が減少し，5.16g になった。加熱した後の固体から水分は検出されなかった。

[実験3] 固体A 9.48g を水 100mL に溶解し，1.0mol/L の $NH_3$ 水 100mL を加えると(c)沈殿Cが生じた。平衡に達した後，沈殿Cを完全に分離した後の溶液には 0.040mol の $NH_3$ と 0.060mol の $NH_4^+$ が含まれていた。

(i) 下線部(a)に関して，この反応の化学反応式を記せ。

(ii) 下線部(b)に関して，生じた沈殿Bの化学式と物質量〔mol〕をそれぞれ記せ。なお，答えの数値は有効数字2桁で記せ。ただし，沈殿の水への溶解は無視できるものとする。

(iii) 固体A 9.48g に含まれていた水和水の物質量〔mol〕を求め，有効数字2桁で記せ。

(iv) 下線部(c)に関して，生じた沈殿Cの化学式とその物質量〔mol〕をそれぞれ記せ。なお，答えの数値は有効数字2桁で記せ。ただし，平衡に達した水溶液中での $NH_3$ の電離，沈殿の溶解，水に溶解した $NH_3$ が気体として大気中に拡散する影響は無視できるものとする。

(v) 固体Aの成分には，実験1～3の結果をそれぞれもちいて求めることができる水和水およびイオンの他に，1価の陽イオンが含まれている。固体Aが全体として電気的に中性であることを考慮し，固体A 9.48g に含まれている1価の陽イオンの物質量〔mol〕を求め，有効数字2桁で記せ。

(vi) 固体Aに含まれる1価の陽イオン 1.0mol あたりの質量〔g〕を求め，有効数字2桁で記せ。

〔広島大〕

# 10 脂肪族化合物と芳香族化合物

## A 93. アルカン

次の文の ☐ および( )に入れるのに最も適当なものを，それぞれ a群 および(b群)から選べ。ただし，同じ記号を繰り返し用いてもよい。また，{ }には化学反応式を，[ ]には整数値を，それぞれ記せ。(H=1，C=12，Cl=35.5)

アルカンは一般式 $C_nH_{2n+2}$($n$ は炭素数)で表される。$n=5$ のアルカンでは， (1) 種類の構造異性体が存在する。

次に直鎖状アルカンについて考える。$n=5$～16 の直鎖状アルカンは常温常圧では液体であり，$n$ が大きくなるほど分子間力は( (2) )なるので，沸点は高くなる。また，アルカンは可燃性であるため，燃料に用いられ，燃焼させると多量の燃焼熱が発生する。$n=3$ の直鎖状アルカンの名称は( (3) )であり，( (3) )を完全燃焼させたときの化学反応式は①式で表される。

{ (4) } …①

直鎖状アルカン 1mol を完全燃焼させたときの燃焼熱は $n$ の値に依存し，$n$ が大きくなるほど( (5) )なる。

メタンと塩素の混合気体に光を照射すると，置換反応が起きる。メタンの1個の水素原子が1個の塩素原子に置き換わる反応は②式で表される。

{ (6) } …②

同様の方法で $n=4$ の直鎖状アルカンの1個の水素原子を1個の塩素原子で置換すると，立体異性体を区別しなければ， (7) 種類の生成物が得られる。いま，$n=4$ の直鎖状アルカン 5.80g を塩素と混合した後，光を照射した。ここで，このアルカンの1個の水素原子を1個の塩素原子で置換した生成物と未反応のアルカンの混合物が 7.87g 得られたとする。このとき，$n=4$ の直鎖状アルカンの[ (8) ]% が反応したと計算できる。

a群 (ア) 1 (イ) 2 (ウ) 3 (エ) 4 (オ) 5 (カ) 6 (キ) 7
(ク) 8 (ケ) 9 (コ) 10

(b群) (ア) エタン (イ) エチレン (ウ) プロパン (エ) プロピレン
(オ) 大きく (カ) 小さく

〔関西大〕

## 94. アルケンとアルキンの生成と反応

アルケンとアルキンについて，以下の問1～問5に答えよ。

問1 炭素原子の数が2のアルケンを実験室でつくる反応について，次の(1)と(2)に答えよ。

(1) 以下の原料，酸および反応温度の中から，それぞれ最も適切なものを選べ。
[原料] (a) メタノール (b) エタノール (c) 2-プロパノール
[酸] (d) 濃硫酸 (e) 希硫酸 (f) 塩酸
[反応温度] (g) 78°C (h) 130°C (i) 170°C

記述 (2) 発生するアルケンを捕集する最も適した方法を，(a)上方置換，(b)下方置換，(c)水上置換の中から選べ。また，その理由を簡潔に説明せよ。

記述 問2 炭素原子の数が4以上のアルケンには構造異性体のほかに，二重結合に対する置換基の空間配置が異なる立体異性体が存在する。この立体異性体が存在する理由を簡潔に説明せよ。また，この立体異性体の名称を答えよ。

問3 炭素原子の数が4のアルケンには四種類の異性体A～Dが存在する。次の(1)～(3)に答えよ。

(1) 異性体Aと臭素を反応させて生成した化合物Eは不斉炭素原子を1個もつ。異性体Aの構造式と化合物名を書け。

(2) 異性体Bと臭素を反応させて生成した化合物Fは不斉炭素原子をもたない。異性体Bの構造式と化合物名を書け。

(3) 異性体CとDのそれぞれを硫酸酸性の過マンガン酸カリウム水溶液で処理すると，どちらも二重結合が切断され，同じ化合物Gのみに変換される。化合物Gは分子内に酸素原子を含み，その水溶液は酸性を示す。化合物Gの構造式と化合物名を書け。

問4 炭素原子の数が2のアルキンHについて，次の(1)と(2)に答えよ。有機化合物は構造式で，それ以外は分子式で書け。

(1) 炭化カルシウムを原料として，アルキンHを実験室でつくる反応を化学反応式で書け。

(2) アルキンHに触媒を用いて水を付加させると，化合物Iが生成する。この反応を化学反応式で書け。また，反応の途中で生じる不安定な化合物の構造式を書け。

問5 炭素原子の数が3のアルキンJに触媒を用いて水を付加させると，化合物Kが生成する。化合物Kは，ある第二級アルコールの酸化によっても得られる。化合物Kの構造式を書け。 〔新潟大〕

## 95. 脂肪族化合物

問1 炭素原子と酸素原子間に二重結合のある原子団を( ① )基といい，( ① )基に2個の炭化水素基が結合した化合物を( ② )という。また，炭素原子と酸素原子間に二重結合のある原子団に1個のOHが結合した−COOHは，( ③ )基といい，−COOHをもつ化合物を( ④ )という。炭素数が2の( ④ )である酢酸$CH_3COOH$は医薬品や合成繊維の原料として広く用いられ，工業的には，アセトアルデヒドを酸化することで得られる。アセトアルデヒドは，塩化パラジウム(Ⅱ)と塩化銅(Ⅱ)を触媒に用いた( ⑤ )の酸化によって製造される。純粋な酢酸は，気温が低いと凝固するので( ⑥ )と呼ばれる。

(ア) ( ① )～( ⑥ )にあてはまる適切な語句を記せ。

(イ) 酢酸の性質として誤っているものを次から一つ選べ。

(a) 無色である　(b) 刺激臭をもつ　(c) 還元性を示す
(d) 水素結合によって二量体を形成する

(ウ) アセトアルデヒドの構造式を書け。

(エ) アセトアルデヒドが得られる付加反応を次の(a)〜(d)から一つ選べ。
(a) 触媒を用いて1分子のアセチレンに1分子の水を付加させる。
(b) 触媒を用いて1分子のエチレンに1分子の水を付加させる。
(c) 触媒を用いて1分子のアセチレンに1分子の酢酸を付加させる。
(d) 触媒を用いて1分子のエチレンに1分子の酢酸を付加させる。

問2 酢酸ペンチル $CH_3COOCH_2CH_2CH_2CH_2CH_3$ は，バナナのような芳香をもつ化合物である。酢酸ペンチルに希塩酸を加えて加熱すると酢酸と化合物Aが得られた。得られた化合物Aの半量を酸化したところ化合物Bが得られた。続いて，残るもう半量の化合物Aに化合物Bを混合し濃硫酸を加えたところ $C_{10}H_{20}O_2$ の分子式をもつ化合物Cが得られた。($H=1.0$，$C=12$，$O=16$)
(ア) 化合物Aの性質としてあてはまるものを次の(a)〜(d)から一つ選べ。
(a) 炭酸水素ナトリウム水溶液と反応して二酸化炭素を発生する。
(b) 水で湿らせたヨウ化カリウムデンプン紙を青紫色に変える。
(c) 単体のナトリウムと反応して水素を発生する。
(d) 酸化マンガン(Ⅳ)を加えると酸素が発生する。
(イ) 化合物Bと化合物Cの構造式を書け。
(ウ) 酢酸ペンチル5.20gから得られる化合物Cは何gか。有効数字3桁で答えよ。ただし，各反応は完全に進行し，酢酸ペンチルから生成する化合物Aはすべて化合物Cへと変換されたものとする。 〔日本女子大〕

## 96. 有機化合物の性質

4本の試験管にヘキサン，エタノール，ジエチルエーテル，および酢酸がそれぞれ3分の1程度入っている。下記の問いに答えよ。計算においては，有効数字2桁で示せ。

(1) 試験管に入っている化合物と同じ体積の水をそれぞれの試験管に加えた。水と互いによく溶け合う化合物をすべて構造式で示せ。
(2) ヘキサンの分子式($C_6H_{14}$)には構造異性体が存在する。すべての構造異性体を構造式で示せ。
記述 (3) 右記の表に示すように，エタノールはヘキサンやジエチルエーテルよりも分子量が小さいにもかかわらず，沸点が高い。その理由を30字以内で説明せよ。

表 化合物の分子量と沸点

| 化合物 | 分子量 | 沸点(°C) |
|---|---|---|
| エタノール | 46 | 78 |
| ヘキサン | 86 | 69 |
| ジエチルエーテル | 74 | 34 |

(4) エタノール1.0molと酢酸1.0molを混ぜた溶液に少量の濃硫酸を加えて加熱すると，酢酸エチルと水が生成する。この反応の化学反応式を書け。
(5) 前問(4)の反応は可逆反応であり，ある温度の平衡定数は9.0である。この温度において，何モルの酢酸エチルが生成するか求めよ。
(6) 酢酸はベンゼンなどの無極性有機溶媒中では会合して二量体を形成する。その構造を示せ。 〔佐賀大〕

## 97．油脂

油脂は，グリセリンと3つの高級脂肪酸のエステルであり，動物の体内や植物の種子などに広く分布する。①不飽和脂肪酸を構成脂肪酸に持つ油脂は，常温でも液体であることが多く，これに水素を付加し，常温で固体の油脂に変化させたものを［ア］とよび，マーガリンなどの原料に使われる。また，②油脂に水酸化ナトリウムを加えて加熱すると，グリセリンと脂肪酸のナトリウム塩が生成する。脂肪酸のナトリウム塩は疎水基と親水基を持ち合わせており，その水溶液は［イ］性を示す。水溶液中では，疎水基の部分を［ウ］に向け，親水基の部分を［エ］に向けて集まり，ミセルを形成する。このようにミセルを形成する物質を［オ］という。［オ］を十分に含んだ水溶液に脂肪油を少量加えて振り混ぜると，脂肪油はミセルの内部に取り込まれて水中に分散される。このような作用を［カ］作用といい，得られる溶液を［キ］という。(H＝1.0，C＝12，O＝16，Na＝23)

問1　下線部①について記した以下の(a)〜(d)の記述のうち，正しい記述を全て選べ。なお，ヨウ素価とは，油脂100gに付加するヨウ素の質量〔g〕のことをいう。

(a) 構成脂肪酸が1種類の不飽和脂肪酸である油脂Aと油脂Bがある。それぞれの脂肪酸の炭素数は同じであるが，二重結合の数は油脂Bの脂肪酸の方が多い。その場合，油脂Aの方が融点は高い傾向にある。

(b) 構成脂肪酸が1種類の不飽和脂肪酸である油脂Cと油脂Dがある。それぞれの脂肪酸の二重結合の数は同じであるが，炭素の数は油脂Dの脂肪酸の方が多い。その場合，油脂Cの方が融点は高い傾向にある。

(c) 構成脂肪酸が1種類の不飽和脂肪酸である油脂Eと油脂Fがある。それぞれの脂肪酸の炭素数は同じであるが，二重結合の数は油脂Fの脂肪酸の方が多い。その場合，油脂Eの方がヨウ素価は高い。

(d) 構成脂肪酸が1種類の不飽和脂肪酸である油脂Gと油脂Hがある。それぞれの脂肪酸の二重結合の数は同じであるが，炭素の数は油脂Hの脂肪酸の方が多い。その場合，油脂Gの方がヨウ素価は高い。

問2　文中の［　］に当てはまる最適な語句を以下の語群から選べ。

語群：強酸，強塩基，弱酸，弱塩基，硬化油，乾性油，不乾性油，複合脂質，表面張力，界面活性剤，外側，内側，乳濁液，アゾ，ジアゾニウム塩，乳化，酸化，還元

問3　下線部②の油脂の構成脂肪酸がパルミチン酸($C_{15}H_{31}COOH$)のみであるとき，1mmolの油脂から生じるグリセリンと脂肪酸ナトリウム塩の重量〔mg〕を，それぞれ整数値で記せ。

問4　構成脂肪酸が1種類で分子量が800以下の油脂がある。この油脂298mgを完全燃焼させると，二酸化炭素792mgおよび水306mgのみが得られた。このとき，右図に示すこの油脂の構造式において，〔a〕および〔b〕に入る数字を記せ。

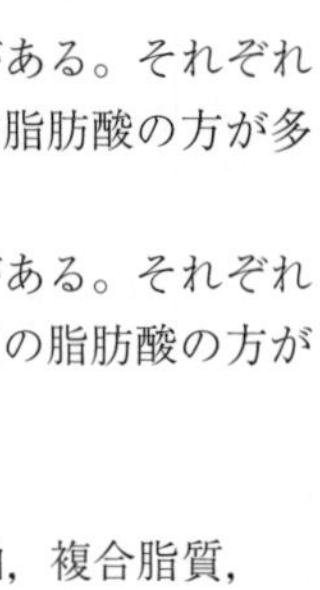

```
   H    O
   |    ‖
 H-C-O-C-C〔a〕H〔b〕
   |    O
   |    ‖
 H-C-O-C-C〔a〕H〔b〕
   |    O
   |    ‖
 H-C-O-C-C〔a〕H〔b〕
   |
   H
```

〔鳥取大〕

## 98. エタノールとフェノールの性質

エタノールとフェノールはいずれもヒドロキシ基をもち，両者には共通する性質もあるが，異なる性質もある。以下に示す①～⑦の記述の中で，エタノールにあてはまる記述は( A )個あり，フェノールにあてはまる記述は( B )個ある。( )にあてはまる適切な数字を答えよ。

① 0°C，$1.013\times10^5$ Pa において液体として存在する。
② 水と任意の割合で混じりあう。
③ 酸化によりカルボン酸を生成する。
④ ナトリウムと反応して水素を発生する。
⑤ 水酸化ナトリウム水溶液を加えると反応し，塩を生成する。
⑥ 塩化鉄(Ⅲ)水溶液に入れると紫色に呈色する。
⑦ 過剰量の臭素水と反応して白色沈殿を生成する。 〔早稲田大 改〕

## 99. 芳香族化合物の反応

問1 次に示すフェノールの合成経路のうち，矢印の上の 空欄 には【物質群】から，矢印の下の 空欄 には【反応群】から，それぞれあてはまる最も適切なものを選べ。ただし， 7 と 8 は順不同とする。また，同じものを繰り返し選んでもよい。

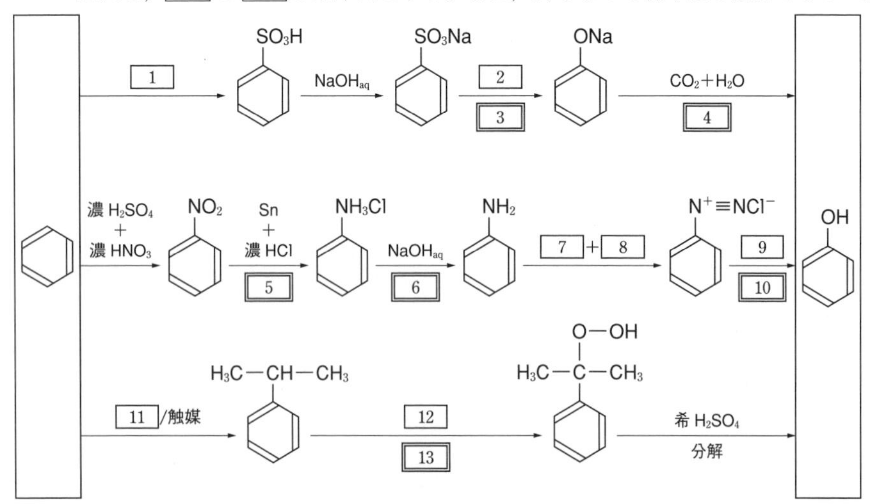


【物質群】 (0) $O_2$ (1) $H_2O$ (2) $CO_2$ (3) $CH_3CH_2CH_3$ (4) $CH_2{=}CHCH_3$
(5) 希 HCl (6) 希 $H_2SO_4$ (7) 濃 $H_2SO_4$ (8) NaOH(固)
(9) $NaNO_2$

【反応群】 (0) 酸化 (1) 還元 (2) 中和 (3) 加水分解 (4) 脱水 (5) 乾留
(6) アルカリ融解 (7) 弱酸の遊離 (8) 弱塩基の遊離
(9) カップリング

問2 次の反応Ⅰ～Ⅲの多段階の合成により，ベンゼン50.0gからアセトアニリドを得た。反応Ⅰ～Ⅲの収率は，それぞれ80%，70%，78%であった。得られたアセトアニリドの質量として最も適切なものはどれか。収率とは，反応Ⅰ～Ⅲそれぞれの下線部の物質を反応物として，反応式から計算で求まる生成物の物質量に対する，実験で得られる生成物の物質量の割合をいう。(H=1.0，C=12，N=14，O=16)

反応Ⅰ ベンゼンに濃硫酸と濃硝酸の混合物を反応させると，ニトロベンゼンが得られた。

反応Ⅱ ニトロベンゼンにスズと濃塩酸を反応させると，アニリン塩酸塩が得られた。さらに，水酸化ナトリウム水溶液を加えると，アニリンが得られた。

反応Ⅲ アニリンに無水酢酸を作用させると，アセトアニリドが生成した。

(1) 25.2g (2) 26.0g (3) 37.8g (4) 39.0g (5) 56.7g

問3 フェノールに水素をすべて付加したアルコールAがある。アルコールAと濃硫酸の混合物を加熱すると，化合物Bと水が生成した。赤褐色の臭素水に化合物Bを撹拌しながら滴下したところ，溶液が無色になった。化合物Bとして最も適切なものはどれか。

(1) シクロヘキサン (2) シクロヘキサノール (3) ヘキセン
(4) シクロヘキセン (5) シクロヘキサノン 〔防衛医大〕

## 100. 芳香族化合物

ベンゼンに濃硫酸と濃硝酸を加えて，加熱したところ，芳香族化合物Aが得られた。この変換を［ア］化という。化合物Aに対し，スズと濃塩酸を作用させて［ア］基を還元したのち，中和したところ，［イ］基をもつ芳香族化合物Bが得られた。次に，無水酢酸を用いて化合物Bの［イ］基をアセチル化した結果，芳香族化合物Cが得られた。

次にフェノールを用い，同様の実験を行った。フェノールとはベンゼン環に［ウ］基を有する分子である。フェノールに対して，［ア］化を行ったところ，3つの［ア］基が導入された芳香族化合物Dが得られた。この化合物の名前を［エ］酸という。この反応を途中で止めた時，芳香族化合物EとFが得られた。化合物EとFはいずれも［ア］基が1つ導入された分子であり，2つの置換基をもつベンゼンの誘導体である。生成した化合物Eはベンゼン環上に2種類の等価な水素をもっており，その1つの水素を臭素に置き換えた場合，2つの異性体が存在する。化合物Eの［ア］基を還元したのち，無水酢酸を用いてアセチル化を行った。これにより，芳香族化合物Gが得られた。化合物Gは解熱鎮痛薬として知られている。

さらにフェノールに対して，高温高圧下，［オ］と水酸化ナトリウムを作用させ，中和することにより，芳香族化合物Hを得た。その後，化合物Hの［ウ］基を無水酢酸によってアセチル化し，芳香族化合物Ｉを得た。化合物Ｉは解熱鎮痛薬として知られている。また化合物Hの［カ］基をメタノールと反応させると，芳香族化合物Ｊが得られた。化合物Ｊは消炎鎮痛剤として知られている。このようにフェノールから多種多様な医薬品を合成できる。

問１．化合物Ａ～Ｊの構造式を記せ。
問２．空欄［　］に入る適当な語句もしくは化合物名を記せ。
問３．芳香族化合物Ｉの元素分析を行った。(H=1.0，C=12，N=14，O=16)
　(1) 芳香族化合物Ｉの分子量を求めよ。
　(2) 芳香族化合物Ｉを18mgとり，完全燃焼させたところ，二酸化炭素と水が生成した。それぞれ何mg得られるか計算し，有効数字２桁で記せ。〔関西学院大 改〕

## 101．芳香族化合物の推定

２つのベンゼン環をもつ芳香族化合物Ａ～Ｄと１つのベンゼン環をもつ芳香族化合物Ｅ～Ｉがある。化合物Ａは化合物Ｅと化合物Ｆの脱水縮合によって得られるアミド結合を２つもつ化合物である。化合物Ｅは，化合物Ｇを触媒存在下で水素ガスと反応させることによって得られる。化合物Ｇは，アニリンのパラ位にニトロ基を有する芳香族化合物と無水酢酸を反応させることによって得られる。化合物Ｆは安息香酸のメタ位にエチル基を有する化合物である。

化合物Ｂを加水分解すると，エタノールとイソフタル酸と化合物Ｈの３つの生成物が得られる。化合物Ｈを混酸と反応させると，最終的に爆発性の化合物である(a)<u>ピクリン酸</u>が生成する。

化合物Ｃは，化合物Ｈを水酸化ナトリウム水溶液に溶解させ，低温で塩化ベンゼンジアゾニウムを加えることによって得られる。また，化合物Ｈの代わりに2-ナフトールを用いると，2-ナフトールの１位が選択的に反応し，アゾ染料である(b)<u>スダンⅠ(オイルオレンジ)</u>が得られる。

(c)<u>化合物Ｄは分子式$C_{14}H_{14}O$で表される不斉炭素原子を有するエーテル化合物であり，スチレンを原料とする２段階の反応によって合成される</u>。まず，スチレンに臭化水素を付加させることで，不斉炭素原子を有する化合物Ｉが得られる。その後，化合物Ｉと化合物Ｈを原料にしてエーテル結合を形成させると，化合物Ｄが得られる。

問１　化合物Ａ～Ｉの構造式を記せ。不斉炭素原子の上または下に＊を付けて記すこと。
問２　下線部(a)と(b)の，ピクリン酸およびスダンⅠの構造式を例にならって記せ。
問３　下線部(c)に関して，以下の文章を読み，空欄［　］に当てはまる数値を求め，小数点以下を四捨五入して整数で記せ。(H=1.0，C=12，N=14，O=16，Br=80)

52.0gのスチレンを原料にして化合物Ｄを合成した場合，理論上得られる化合物Ｄの質量は［ア］gである。しかし，実際の化学反応においては原料物質の全てが目的の生成物に変換されるわけではない。そのため，化学反応によって「理論上得られる質量」に対する「実際に得られた質量」の割合を収率と呼び，この値を用いて化学反応の進行度合いを表す。例えば，52.0gのスチレンを原料として反応させた場合について考えると，１段階目の付加反応における収率が［イ］%であり，２段階目のエーテル結合形成反応の収率が72%であったとすると，47.52gの化合物Ｄが得られる。〔名古屋工大 改〕

## 102. 質量スペクトル 思考

イオンの質量($^{12}C$ 原子の質量を 12 とした「相対質量」)に対して，検出したそのイオンの個数(またはその最大値を 100 とした相対値で表した「相対強度」)をグラフにしたものを質量スペクトルという。次の文章を読み，後の問い(a～c)に答えよ。

図 1 は，メタン $CH_4$ を例としたイオン化の模式図である。外部から大きなエネルギーを与えると，$CH_4$ から電子が放出され，$CH_4^+$ が生成する。与えられるエネルギーがさらに大きいと，$CH_4^+$ の結合が切断された $CH_3^+$ や $CH_2^+$ などが生成することもある。

$CH_4$ をあるエネルギーでイオン化したときの質量スペクトルを図 2 に，相対質量 12～17 のイオンの相対強度を表 1 に示す。相対質量が 17 のイオンは，天然に 1% 存在する $^{13}CH_4$ に由来する $^{13}CH_4^+$ である。$CH_4^+$ のような，電子を放出しただけのイオンを「分子イオン」，$CH_3^+$ や $CH_2^+$ のような結合が切断されたイオンを「断片イオン」とよぶ。

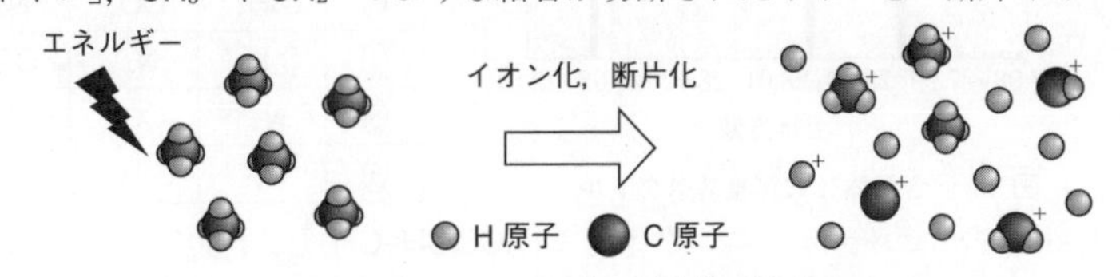


図 1　メタンのイオン化，断片化の模式図

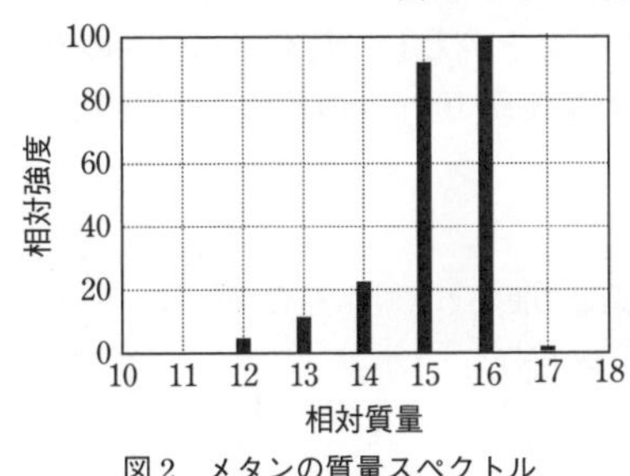


図 2　メタンの質量スペクトル

表 1　メタンの質量スペクトルにおけるイオンの強度分布

| 相対質量 | 相対強度 | 主なイオン |
|---|---|---|
| 12 | 5 | $^{12}C^+$ |
| 13 | 11 | $^{12}CH^+$ |
| 14 | 22 | $^{12}CH_2^+$ |
| 15 | 91 | $^{12}CH_3^+$ |
| 16 | 100 | $^{12}CH_4^+$ |
| 17 | 1 | $^{13}CH_4^+$ |

a　塩素 Cl には 2 種の同位体 $^{35}Cl$ と $^{37}Cl$ があり，それらは天然におよそ 3：1 の割合で存在する。図 2 と同じエネルギーでクロロメタン $CH_3Cl$ をイオン化した場合の，相対質量が 50 付近の質量スペクトルはどれか。最も適当なものを，次の①～⑥のうちから一つ選べ。ただし，$^{35}Cl$ と $^{37}Cl$ の相対質量は，それぞれ 35，37 とする。

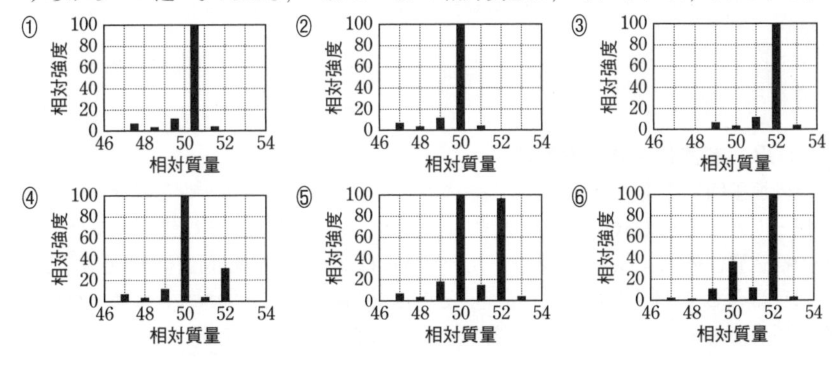

b　$^{12}C$ 以外の原子の相対質量は，その原子の質量数とはわずかに異なる。分子量がいずれもおよそ 28 である一酸化炭素 $CO$，エチレン(エテン) $C_2H_4$，窒素 $N_2$ の混合気体Xの，相対質量 27.98～28.04 の範囲の質量スペクトルを図 3 に示す。図中のア～ウに対応する分子イオンの組合せとして正しいものはどれか。最も適当なものを，後の①～⑥のうちから一つ選べ。ただし，$^{1}H$，$^{12}C$，$^{14}N$，$^{16}O$ の相対質量はそれぞれ，1.008，12，14.003，15.995 とし，これら以外の同位体は無視できるものとする。

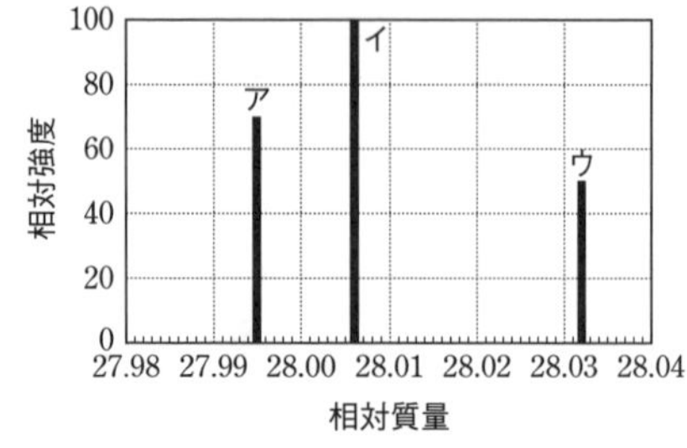

図 3　混合気体 X の質量スペクトル

| | ア | イ | ウ |
|---|---|---|---|
| ① | $CO^+$ | $C_2H_4{}^+$ | $N_2{}^+$ |
| ② | $CO^+$ | $N_2{}^+$ | $C_2H_4{}^+$ |
| ③ | $C_2H_4{}^+$ | $CO^+$ | $N_2{}^+$ |
| ④ | $C_2H_4{}^+$ | $N_2{}^+$ | $CO^+$ |
| ⑤ | $N_2{}^+$ | $CO^+$ | $C_2H_4{}^+$ |
| ⑥ | $N_2{}^+$ | $C_2H_4{}^+$ | $CO^+$ |

c　あるエネルギーでメチルビニルケトン $CH_3COCH{=}CH_2$ (分子量 70) をイオン化すると，図 4 の破線で示した位置で結合が切断された断片イオンができやすいことがわかっている。メチルビニルケトンの質量スペクトルとして最も適当なものを，後の①～④のうちから一つ選べ。ただし，相対強度が 10 未満のイオンは省略した。

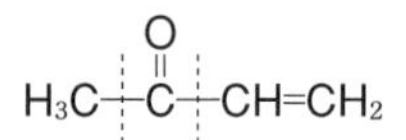

図 4　メチルビニルケトンの構造と切断されやすい結合

①
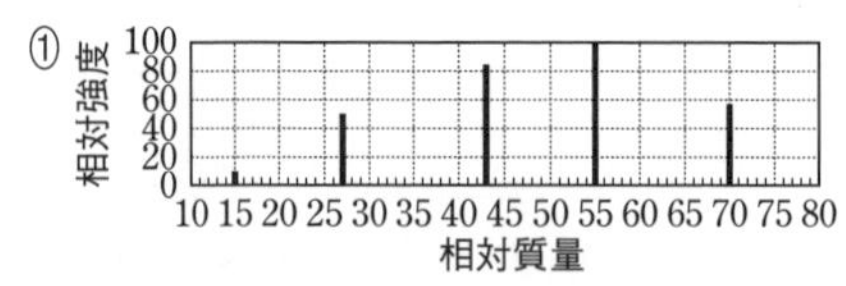


②
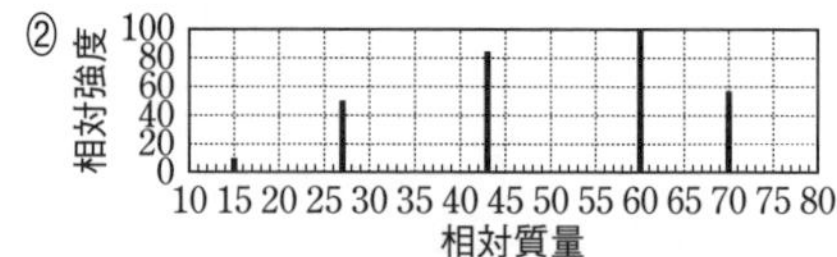


③
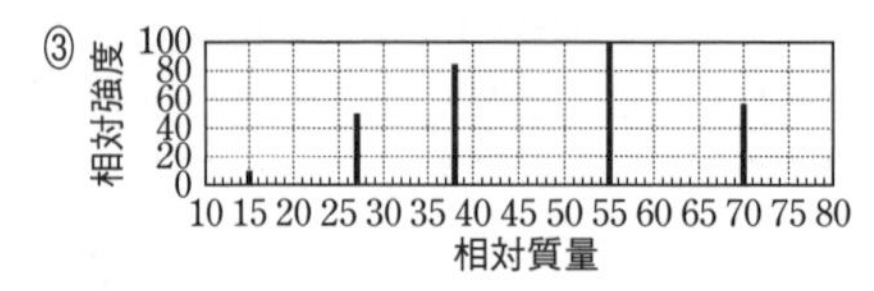


④
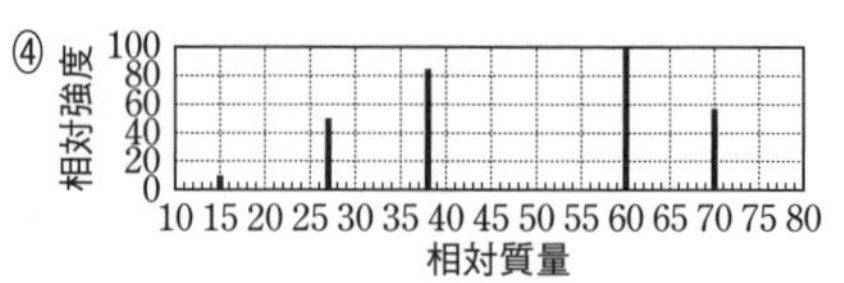


〔共通テスト 化学(本試験)〕

## B　103. 有機化合物の異性体

炭素原子間に二重結合を 1 個もつ鎖式不飽和炭化水素をアルケンと呼び，炭素の数を $n$ 個としたとき一般式〔 ア 〕で表すことができる。炭素数 4 個の鎖式アルケンには 3 つの構造異性体 A，B，C があり，化合物Aには，2 つの幾何異性体が存在する。

二重結合 C=C は化学反応性に富み，その性質を利用して，アルケンは様々な化合物の合成原料として用いられる。化合物Bに塩化水素を付加させると，2 種類の反応生成物が予想されるが，実際の反応では不斉炭素原子を持つ化合物Dが主生成物として得られ，化合物Eが副生成物として少量得られる。

シクロヘキセンに臭素を付加させると主生成物として化合物Fが得られる。化合物Fは，1組の鏡像異性体からなるラセミ体である。一方，化合物Fのジアステレオ異性体である化合物Gは，シクロヘキセンへの臭素の付加反応では，ほとんど生じない。化合物Gは，不斉炭素原子を持つが鏡像異性体の区別はできない光学不活性な化合物である。

二重結合 C=C を1つ有する炭素原子，水素原子，酸素原子のみからなる化合物Hについて調べた。17.4mg の化合物Hを十分に乾燥させた酸素ガスを流しながら完全燃焼させ，発生したガスを塩化カルシウム管，ソーダ石灰管の順で連結した装置に通したところ，塩化カルシウム管の質量は 5.4mg 増加し，ソーダ石灰管の質量は 26.4mg 増加した。また，化合物Hを水に溶解させ，炭酸水素ナトリウム水溶液を加えると二酸化炭素が発生した。

問1．〔ア〕にあてはまる一般式を答えよ。

問2．化合物Aの2つの幾何異性体(A1 および A2)の名称と構造式を，それぞれの異性体を区別して答えよ。記入にあたって，両異性体の解答順は問わない。

問3．化合物Dの構造式を答えよ。記入にあたって，鏡像異性体は区別しなくてよい。

問4．化合物Bと塩化水素の反応に関して，以下の(1)～(7)の中から正しい記述を2つ選べ。

(1) 塩化水素の付加反応は，ザイツェフの法則に従うため，化合物Dが主生成物として得られる。

(2) 塩化水素の付加反応では，化合物Bの持つ二重結合中の2本の結合のうち，シグマ結合が切断される。

(3) 塩化水素の付加反応では，反応中間体として炭素陰イオンが生じる。

(4) 化合物Eは，化合物Cに対する塩化水素の付加反応によっても一部生じる。

(5) 化合物Bの二重結合を形成していた炭素間の結合距離は，塩化水素の付加により長くなる。

(6) 化合物DとEの物理的・化学的性質は，ほぼ同等であるため，核磁気共鳴法(NMR)で両化合物を区別することはできない。

(7) 化合物Dの鏡像異性体の生成比率は，特殊な触媒等を用いなければ，ほぼ1：1となる。

問5．生成物Fのどちらか一方の鏡像異性体の立体構造式を，□に置換基を記入して答えよ。なお，太線で示す結合は紙面の手前側にあり，破線で示す結合は紙面の向こう側にあることを意味する。

ウ　エ
イ　C—C　オ
$H_2C$　$CH_2$
$H_2C$—$CH_2$

問6．化合物Gのように，複数の不斉炭素原子を持つが光学活性とならない化合物の一般名称を答えよ。

問7．化合物Hの分子量は 116 である。化合物Hの分子式を答えよ。

問 8．化合物Hは，同じ官能基が2つ結合した二重結合 C=C を有し，幾何異性体が存在しない鎖式化合物である。化合物Hの構造式を答えよ。(H=1.00，C=12.0，O=16.0)

〔九州大〕

## 104. 有機合成

一般に有機合成では，安価に入手可能で単純な化合物を「出発原料」として用い，多段階の化学反応によって，付加価値を高めた「生成物」を得ることを目的としている。今回は，ベンゼンを出発原料として用い，解熱鎮痛作用のある化合物BおよびEを合成することを計画した(図1)。化合物A～Fは全てベンゼン環を含む芳香族化合物である。

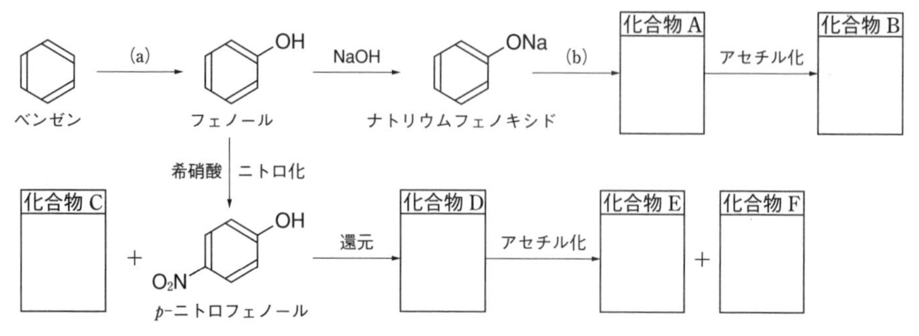


図1　ベンゼンから化合物 B および E を合成する計画

〔1〕図1の矢印(a)の反応を学んだ生徒が，疑問に思ったことを先生に質問している。空欄［　］に当てはまる反応名あるいは化合物名を答えなさい。

生徒：今日の授業で，水酸化ナトリウムを用いてベンゼンからフェノールを作る2種類の方法を習いましたが，どちらも多段階の反応が必要で大変そうでした。水酸化ナトリウムではなく水を直接ベンゼンと反応させれば，もっと簡単に1段階でフェノールが作れるのではないでしょうか？

先生：素晴らしい質問だね！それができれば，画期的な方法になるよ。だけど，ベンゼンは安定な化合物だから，そのままでは水とはほとんど反応しないんだ。水よりも反応性が高い水酸化ナトリウムを使っても，ほとんど反応しない。

生徒：それでは，最初にベンゼンの［(ア)］化や［(イ)］化を行っているのは…

先生：そう，ベンゼンの反応性を高めるためだ。［(ア)］化や［(イ)］化によってベンゼンを［(ウ)］や［(エ)］にすることで，水酸化ナトリウムと反応しやすくしているんだよ。

生徒：なるほど，遠回りのように思いましたが，まずは［(ウ)］や［(エ)］を作ることが大事なのですね。

先生：その通り！だけど，今はどちらの方法もほとんど使われていなくて，フェノールは［(オ)］法で作られているんだ。この方法では，空気を使ってベンゼンからフェノールを作るんだよ。

生徒：それはすごそうです！空気が直接ベンゼンと反応するのですか？
先生：いや，まずはベンゼンと［(カ)］を反応させて［(オ)］にすることで，空気と反応しやすくするんだ。詳しくは明日の授業で説明するよ。

〔2〕 図1の矢印(b)は高温高圧の条件でナトリウムフェノキシドと二酸化炭素を反応させたのち，希硫酸を作用させる一連の化学反応である。得られる化合物Aの構造式ならびに名称を答えよ。

〔3〕 化合物Aをアセチル化すると，解熱鎮痛作用のある化合物Bが得られた。化合物Bの構造式ならびに名称を答えよ。

〔4〕 フェノールに希硝酸を作用させてニトロ化すると，目的とする*p*-ニトロフェノールだけでなく，主として化合物Cも得られた。元素分析を行った結果，*p*-ニトロフェノールと化合物Cは同じ組成式で表されることがわかった。化合物Cの構造式を答えよ。

〔5〕 *p*-ニトロフェノールと化合物Cを分離したのち，*p*-ニトロフェノールを還元すると化合物Dが得られた。化合物Dは水にはあまり溶けなかったが希塩酸にはよく溶けた。化合物Dの構造式を答えよ。

〔6〕 化合物Dをアセチル化すると，解熱鎮痛作用のある化合物Eだけでなく化合物Fも得られた。元素分析を行った結果，化合物EおよびFはそれぞれ$C_8H_9NO_2$，$C_{10}H_{11}NO_3$という組成式で表されることがわかった。化合物Eは塩化鉄(Ⅲ)水溶液により呈色反応を示したが，さらし粉水溶液によっては示さなかった。化合物Fは塩化鉄(Ⅲ)水溶液によってもさらし粉水溶液によっても呈色反応を示さなかった。化合物EおよびFの構造式を答えよ。

〔7〕 市販のある解熱鎮痛剤には，1錠525mg中に有効成分として化合物Bが質量で60.0%含まれている。この解熱鎮痛剤を40錠製造するためには，出発原料として何gのベンゼンを用意すればよいか計算し，有効数字3桁で答えよ。ただし，全ての反応は完全に進み，分離過程における化合物の損失もないものとする。(H＝1.0，C＝12.0，O＝16.0)

〔東京農工大〕

## 105. 芳香族化合物の分離と確認 思考

ベンゼン環上に1つだけ置換基を有する5つの芳香族化合物A～Eを含むジエチルエーテル溶液から，各成分を分離する以下の実験を行った。

【実験(1)】 芳香族化合物A～Eを含むジエチルエーテル溶液を分液漏斗に取り，塩酸を加えてよく振り，静置すると，①上層と下層の二層に分離した。下層のみを取り出し，この下層溶液に十分な量の水酸化ナトリウム水溶液を加えると，化合物Aが遊離して得られた。化合物Aの成分元素を調べたところ，炭素，水素，窒素のみから成ることがわかった。また，その質量百分率はC 77.4%，H 7.50%，N 15.1%であった。

【実験⑵】 実験⑴の操作後，残った上層に，②十分な量の炭酸水素ナトリウム水溶液を加えてよく振り，静置すると，再度二層に分離した。下層のみを取り出し，この下層溶液に塩酸を加えると，化合物Bが白色固体として遊離した。化合物Bの成分元素を調べたところ，炭素，水素，酸素のみから成ることがわかった。また，122mg の化合物Bを元素分析装置で完全燃焼させたところ，二酸化炭素 308mg と水 54.0mg が得られた。

【実験⑶】 実験⑵の操作後，残った上層に，水酸化ナトリウム水溶液を加えてよく振り，静置すると，二層に分離した。下層のみを取り出し，この下層溶液に塩酸を加えると，化合物Cが油状となって浮かんだ。化合物Cは塩化鉄(Ⅲ)水溶液と反応し，紫色を呈した。

【実験⑷】 実験⑶の操作後，上層から溶媒を蒸発させ，カラムクロマトグラフィーにより化合物Dと化合物Eを分離した。化合物Eを銅線につけて炎に入れると，青緑色の炎色反応を示した。

問1　化合物A～Cの構造式を書け。

記述 問2　下線部①において，ジエチルエーテル層は上層と下層のどちらか。また，その理由を 30 字以内で簡潔に説明せよ。

問3　下線部②において，炭酸水素ナトリウム水溶液に代えて水酸化ナトリウム水溶液を加えた場合，下層には化合物Bの塩と化合物Cの塩が含まれる。ここにガスFを十分に吹きこんだ後，再度ジエチルエーテルを加えて，よく振ってから静置すると，上層には化合物Cが含まれ，下層には化合物Bの塩が残る。ガスFの化学式を書け。

問4　化合物Aに希塩酸と亜硝酸ナトリウム水溶液を加え，これを化合物Cと水酸化ナトリウム水溶液の混合溶液に加えたところ，橙赤色の固体Gを生じた。化合物Gの構造式を書け。

問5　ベンゼン環上に置換基を1つだけもつ化合物に対して，濃硝酸と濃硫酸の混合物を用いてニトロ化反応を行うと，主としてオルト・パラの位置がニトロ基で置換される場合(オルト・パラ配向性)と，主としてメタの位置がニトロ基で置換される場合(メタ配向性)がある。化合物BとCのニトロ化反応を行ったときの，それぞれの配向性を答えよ。

問6　問5で観測される配向性は，ベンゼン環上にあらかじめ存在する置換基の種類によって，ニトロ化のような置換反応の起こりやすい位置が変化することを意味している。オルト・パラ配向性を示すトルエンのニトロ化を例に，この理由を次のように考察した。

考察文：濃硝酸と濃硫酸から生じる $NO_2^+$ がベンゼン環の炭素原子のうち，メチル基から見てパラの位置で共有結合により結びつくと，正電荷を帯びた中間体を与える。この中間体は，二重結合と正電荷が複数の炭素原子に広がっているため，H1，H2，H3 のような複数の構造式として表現できる。これら H1～H3 の関係を共鳴といい，両矢印(⟷)で表す。また，各構造式は共鳴構造式と呼ばれる。この中で，H2 に注目すると，メチル基が結合した炭素が正電荷を帯びているが，メチル基は電子を与えることができる置換基のため，H2 は大きく安定化されている。その結果，パラの位置でのニトロ化は促進される。一方で，メタの位置で置換する場合，このような安定化効果が得られないため，反応は促進されない。

$CH_3$ + HO−$NO_2$ $\xrightarrow{\text{濃硫酸}}$ H1 ⟷ H2 ⟷ H3

この考察を基に，トルエンのオルト位でニトロ化が進行する際の，H1～H3 に対応する共鳴構造式を書け。

問 7　化合物Dを分析したところ，分子量 118 の炭化水素であることがわかった。化合物Dとして考えられる分子の構造式を全て書け。ただし，立体異性体が存在する場合は，それも区別して記せ。

問 8　質量分析計とは，分子をイオン化することで，化合物の分子量に関する情報を得ることができる機器であり，原子の同位体も区別することができる。化合物Eを質量分析計で分析したところ，同じ分子式をもつ質量数 112 と 114 の分子が 3：1 の比で存在していることがわかった。化合物Eの構造式を書け。つづいて，化合物Eに対して塩化鉄(Ⅲ)存在下で塩素を反応させると，二置換ベンゼン誘導体 I が得られた。I を質量分析計で分析したところ，同じ分子式をもつ質量数 146, 148, 150 の 3 つの分子が存在していることがわかった。この 3 つの分子の存在比を，最も簡単な整数比で答えよ。(H=1.0，C=12，N=14，O=16)　〔大阪大〕

# 11 有機化合物の構造と性質

## A 106．有機化合物の構造決定

分子式 $C_aH_bO_c$ で表される化合物A，B，C，Dの分子量はいずれも88であり，互いに異性体である。これらの化合物に関する実験Ⅰ～Ⅴを行った。

($H=1.0$，$C=12$，$O=16$，$Br=80$)

実験Ⅰ　176mgの化合物Aを完全燃焼させ，(i)発生した気体を塩化カルシウム $CaCl_2$ の入ったU字管とソーダ石灰の入ったU字管へ順に通した。1つ目のU字管には216mgの水 $H_2O$ が，2つ目のU字管には440mgの二酸化炭素 $CO_2$ がそれぞれ吸収されていた。

実験Ⅱ　化合物A，B，Cはナトリウムと反応して水素 $H_2$ を発生したが，化合物Dは反応しなかった。

実験Ⅲ　光学活性を確認したところ，化合物A，Dは不斉炭素原子をもち，化合物B，Cは不斉炭素原子をもたないことがわかった。

実験Ⅳ　化合物A，B，Cを二クロム酸カリウム $K_2Cr_2O_7$ の硫酸酸性水溶液中で，おだやかに加熱したところ，化合物A，Bは酸化されたが，Cは酸化されなかった。このとき，化合物Aからは化合物Eが，化合物Bからは化合物Fがそれぞれ得られた。化合物Eはさらに酸化され，カルボン酸である化合物Gが得られた。化合物Fの分子量は86であり，それ以上酸化されなかった。

実験Ⅴ　14.0gの化合物Bを濃硫酸と加熱すると，分子内のみで脱水反応が完全に進行し，化合物Hのみが得られた。得られた化合物Hに，臭素 $Br_2$ を完全に付加させ，化合物Iのみを得た。

問1　下線部(i)において，2つのU字管の順番を逆にした場合，塩化カルシウムの入ったU字管に吸収される水の量はどうなるか。結果と理由を表す次の文章の［ア］と［イ］にあてはまる最も適切なものをそれぞれ，次の選択肢から1つ選べ。

塩化カルシウムの入ったU字管に吸収される水の量は［ア］。なぜなら，［イ］ためである。

［ア］の選択肢　(a) 増加する　(b) 減少する　(c) 変化しない

［イ］の選択肢　(d) ソーダ石灰が水を吸収する　(e) ソーダ石灰が水を放出する　(f) ソーダ石灰は水を放出も吸収もしない

問2　化合物Aの分子式 $C_aH_bO_c$ の $a$，$b$，$c$ を，それぞれ整数で答えよ。

問3　化合物B，Dの構造式をそれぞれ示せ。ただし，不斉炭素原子には*印を付けよ。

問4　化合物A，B，C，Dの中で，沸点が最も低い化合物をA～Dから1つ選べ。

問5　化合物Eにあてはまる記述を，次からすべて選べ。該当する選択肢がない場合は，「なし」と答えよ。

(a) 不斉炭素原子をもつ。

(b) 銀鏡反応を示す。

(c) ヨードホルム反応を示す。

(d) エチル基を2個もつ。

(e) 水素原子の数は8個である。

問6 実験Vで得られた化合物Iの質量は何gか。有効数字2桁で答えよ。 〔上智大〕

## 107. ジエステルの構造の推定

水素，炭素，酸素からなる化合物Aは2つのエステル結合をもっている。化合物Aに関して実験を行った。(H=1.0，C=12.0，O=16.0，Br=80.0)

実験1：化合物Aを水酸化ナトリウム水溶液で完全に加水分解した後，塩酸を加えて酸性としたところ，複数のヒドロキシ基をもつアルコールBに加えて，カルボン酸Cとカルボン酸Dが得られた。カルボン酸CとDはどちらもモノカルボン酸で，枝分かれ構造をもたない鎖式炭化水素鎖をもっていた。

実験2：アルコールB2.30gを酸触媒存在下にて無水酢酸と反応させて，すべてのヒドロキシ基をアセチル化したところ，分子量218の化合物E5.45gが得られた。

実験3：カルボン酸C5.68gに脱水剤を加えて加熱したところ，完全に反応が進行し，酸無水物F5.50gが得られた。

実験4：カルボン酸Dを触媒存在下で十分な量の水素と反応させたところ，カルボン酸Cが得られた。

実験5：カルボン酸D1.39gを十分な量の臭素水と完全に反応させたところ，臭素が付加した化合物G3.79gが得られた。

実験6：化合物Aを触媒存在下で十分な量の水素と反応させたところ，不斉炭素原子をもたないエステルHが得られた。

問1 アルコールBの分子式を書け。

問2 実験2の反応の化学反応式を書け。ただし，アルコールBの一つの炭素に結合するヒドロキシ基の数は一つ以下である。また，化学反応式中の有機化合物は示性式で書け。

問3 カルボン酸Cの示性式を書け。

問4 カルボン酸Dの分子式を書け。

問5 エステルHの示性式を書け。 〔早稲田大 改〕

## 108. 芳香族化合物の異性体と反応

次の文の［　　］および(　)に入れるのに最も適当なものを，それぞれ［a群］および(b群)から選べ。また，{　}には分子式を，[　]には構造式を記入せよ。

ベンゼン環の不飽和結合では，アルケンの二重結合とは異なり［(1)］反応はほとんど進行せずに，［(2)］反応が進行する。

化合物Aは炭素と水素のみからなり，ベンゼン環をもつ。0.1molのAを酸素気流中で完全燃焼させると，二酸化炭素が0.9mol，水が0.6mol生じる。このことから，Aの分子式は{(3)}とわかる。分子式が{(3)}であり，ベンゼン環をもつ異性体は，Aを含めて( (4) )種類存在する。Aのベンゼン環に結合している水素原子1個を塩素原子1個で置き換えると，3種類の異性体が得られる。また，Aのベンゼン環に結合した置換基の水素原子1個を塩素原子1個で置き換えると，鏡像異性体を区別しなければ2種類の異性体が得られる。したがって，Aの構造式は[ (5) ]である。

図に示すように，ベンゼン環に直接結合した炭素原子に少なくとも一つの水素原子をもつアルキル基は，過マンガン酸カリウム $KMnO_4$ で酸化され，カルボキシ基になる。Aの構造異性体であり，ベンゼン環をもつ化合物Bについて，$KMnO_4$ を用いてベンゼン環の全ての置換基を酸化すると，二価のカルボン酸Cが生成する。さらに，Cを分子内脱水すると，[ (6) ]の構造式で表される化合物Dが生成する。Dは合成樹脂，染料の原料として用いられる。

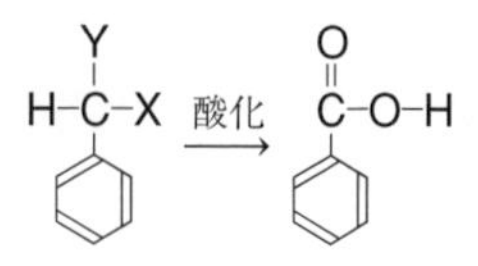

X，Yはアルキル基もしくは水素原子

図

a群 (ア) 付加　(イ) 置換　(ウ) 脱離

(b群) (ア) 3　(イ) 4　(ウ) 5　(エ) 6　(オ) 7　(カ) 8　(キ) 9　(ク) 10　〔関西大〕

## 109. 有機化合物の反応と構造決定 思考

生徒：先生，今日の実験室は，なんとなく柑橘系のいい香りがしますね。

先生：よく気づいたね。それはね，君が来る前に私が実験で使っていた化合物Aの香りなんだよ。いい香りといえば，エステルを思い出すかもしれないが，化合物Aは天然に存在する炭化水素化合物でね，さらに言うと，化合物Aはシクロヘキセン構造をもつモノテルペンという化合物群のひとつで，炭素原子を10個持っているんだ。その化合物Aを低温でオゾンと反応させた後，亜鉛を反応させて化合物Bを合成したのだよ。そして，過マンガン酸カリウムを使って化合物Bを酸化して，この化合物Cが得られたんだ。

―先生は，化合物Cの構造式を実験ノートに書いた―

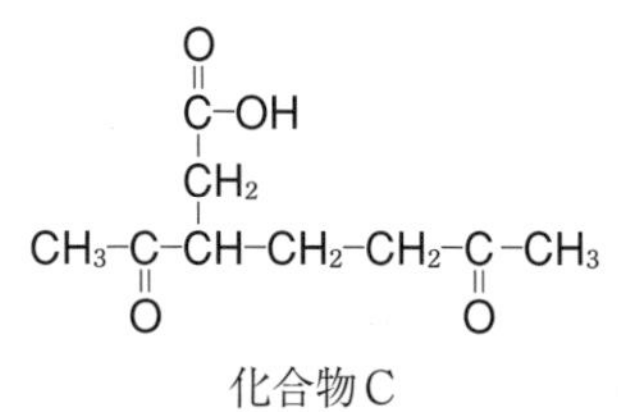


化合物C

生徒：化合物Cが，この構造であるということは，1分子の化合物Aに対して，2分子のオゾンが反応したことになりますか？

先生：そのとおり，よくわかったね。

生徒：この柑橘系の香りがする化合物Aの構造はわかりました！
ところで先生，これから私は何の実験をしますか？

先生：君には，分子式が $C_{10}H_{14}O$ である芳香族化合物Dの還元をやってもらおう。還元反応には白金触媒と水素を使い，反応後に反応溶液から触媒などの不溶成分をろ過で取り除いてもらう。もしかしたら，ろ液中に未反応の化合物Ｄが残っているかもしれないので，ジエチルエーテルと水酸化ナトリウム水溶液を使って，分液漏斗で抽出操作もやってもらう。そうすれば，未反応の化合物Ｄは水層に，生成物の化合物Ｅはジエチルエーテル層にわけられるはずだ。

―生徒が実験を行い，先生とのディスカッションが始まった―

生徒：化合物Ｅの元素分析の結果を解析すると，分子式が $C_{10}H_{20}O$ であることが分かりました。

先生：実験はうまくいったようだね。さて，化合物Ｅの構造について，君が先ほど理解した化合物Ａと比較してみよう。

―先生は化合物Ｅの構造式を実験ノートに書いた―

生徒：もし，化合物Ｄと同じように化合物Ａを還元して，その生成物を化合物Ｆとした場合，化合物Ｅと化合物Ｆは同じ環状構造を持ち，その環状構造に結合している炭化水素基の数，種類，位置関係も同じになりますよ。

先生：そのとおりだね。そして，化合物Ｅと化合物Ｆの分子式の差である酸素原子ひとつ分についてだが，化合物Ｅは第２級アルコールになっているね。そのヒドロキシ基の位置は，炭素数の多い炭化水素基に近い方になっている。

生徒：先生，今，気づいたのですが，化合物Ｅもいい香りがしますよ。

―実験も首尾よく終わり，生徒はすっとした気分で実験室をあとにした―

問１　化合物Ａの構造式を記せ。

問２　化合物Ｅの立体異性体はいくつ考えられるか，数字で記せ。

問３　化合物Ｄの構造式を記せ。　〔浜松医大 改〕

## 110. 有機化合物の分離

分子式が $C_{23}H_{20}O_4$ であり，複数のエステル結合を有する化合物Ｘがある。水酸化ナトリウム水溶液を加えてＸを完全に加水分解したところ，いずれもベンゼン環を有する３種類の化合物Ａ，ＢおよびＣ(またはそれらの塩)を含む混合物(混合物１)を得た。この混合物１に対して以下の操作１～３を行ったところ，化合物Ａ，ＢおよびＣを分離することができた。それぞれの化合物Ａ～Ｃを適切な方法で精製したのち，以下の実験ａ～ｄを行った。($H=1.00$，$C=12.0$，$O=16.0$)

操作１：混合物１に十分な量のジエチルエーテルと水を加え，よくふり混ぜたのち静置し，水層(水層１)とジエチルエーテル層(有機層１)に分離した。

操作２：操作１で得た水層(水層１)に二酸化炭素を通じると白濁したので，これにジエチルエーテルを加え，よくふり混ぜたのち静置し，水層(水層２)とジエチルエーテル層(有機層２)に分離した。

操作３：操作２で得た水層(水層２)に塩酸を加えると沈殿が生じたので，これをよくかき混ぜたのち，ろ過により分離し，沈殿(沈殿１)とろ液(水層３)を得た。

実験ａ：化合物Ａ 5.00 mg を酸素気流下で完全に燃焼させたところ，二酸化炭素 10.6 mg と水 1.62 mg が得られた。

実験b：化合物Bを適切な方法で酸化すると，化合物Aが得られた。

実験c：核磁気共鳴法を用いて解析した結果，化合物Cの分子に含まれる炭素原子の数は，化合物Bより3個少ないことがわかった。また，化合物Aの分子中に存在する，異なる環境にある水素原子の種類は，2種類であることがわかった。

実験d：化合物Bに水酸化ナトリウム水溶液とヨウ素を加え，温めると，黄色沈殿が生じた。

問1　操作1と操作2の分離操作を行うガラス器具として，最も適切なものを選べ。

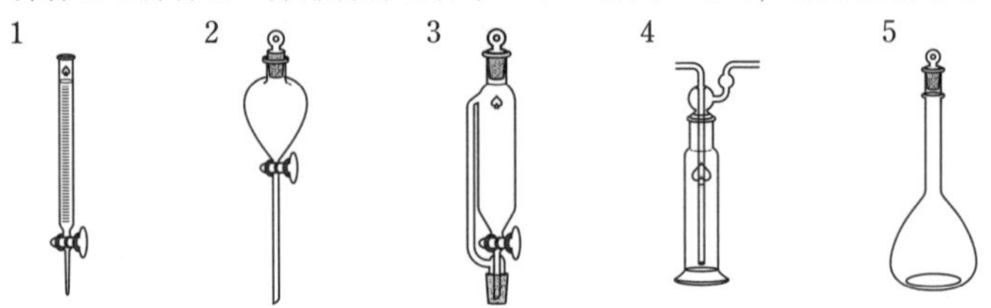


問2　化合物Aの組成式を答えよ。

問3　化合物Bの分子式を答えよ。

問4　分離操作において，化合物Cが主に含まれているのはどれか。

1．有機層1　　2．有機層2　　3．沈殿1　　4．水層3　〔星薬大 改〕

## B 111．トリエステルと加水分解生成物の構造

ア．化合物Aは分子式 $C_{30}H_{32}O_6$ で表され，3つのエステル結合と2つの不斉炭素原子をもつ。

イ．化合物Aを完全に加水分解すると，化合物B，C，Dが物質量比 B：C：D=1：2：1で得られる。

ウ．化合物Bは，分子中に3個のカルボシキ基をもち，それらのカルボキシ基はすべて異なる炭素原子に結合している。

エ．化合物C，Dは，同一の分子式で表され，いずれもベンゼン環をもつ。

オ．化合物Dは，ヨードホルム反応を示す。

カ．化合物Cを，触媒を用いて酸素で酸化すると化合物Eが得られる。Eは，ナトリウムフェノキシドを高温・高圧下で二酸化炭素と反応させた後，希硫酸を作用させることでも合成できる。

問　つぎの記述のうち，誤っているものはどれか。

1．Aを部分的に加水分解して得られる1価カルボン酸は，必ず不斉炭素原子をもつ。

2．Bは，不斉炭素原子をもたない。

3．Cの構造異性体で，ベンゼン環に直接結合したメチル基が1個である化合物は，3つである。

4．Cの構造異性体でベンゼン環をもつものの中には，銀鏡反応を示すものはない。

5．Eに無水酢酸と濃硫酸を作用させると，解熱鎮痛剤として用いられる芳香族化合物が得られる。　〔東京工大〕

## 112. 窒素を含む芳香族化合物の構造の推定

次の文章を読み，□に適切な式，化合物名を入れよ。
(H=1.0，C=12.0，N=14.0，O=16.0)

炭素，水素，酸素，窒素のみから構成されている化合物Aは，分子量177でアミド結合をもつ。

化合物Aはオルト位に置換基をもつ二置換芳香族化合物であり，2つのカルボニル基(>C=O)がベンゼン環の炭素に直接結合している。化合物A88.5mgを完全燃焼させたところ，二酸化炭素220mgと水49.5mgが生成した。したがって，化合物Aの分子式は［(ア)］である。化合物Aにヨウ素と水酸化ナトリウム水溶液を加えて温めると，特異臭をもつ黄色結晶である化合物Bが生じた。また，化合物Aを塩酸で加水分解すると，カルボキシ基を1つもつ芳香族化合物Cが得られた。化合物Cのカルボキシ基とカルボニル基を還元することで，分子量152で2つのヒドロキシ基をもつ芳香族化合物Dが生成した。次に，1molの化合物Dと1molの化合物Eを，酸触媒を用いて反応させたところ，七員環構造をもつ芳香族化合物Fと水が1molずつ得られた。なお，化合物Eは触媒を用いてアセチレンに水を付加することにより得られる。したがって，化合物Bの分子式は［(イ)］，化合物Aの構造式は［(ウ)］，化合物Eの化合物名は［(エ)］，化合物Fの構造式は［(オ)］である。

〔慶應大 改〕

## 113. 非等価な炭素原子 思考

図に示すように，2-メチルプロパンの4つの炭素原子のうち，①の番号を付した3つは，いずれも3つの水素原子と1つのイソプロピル基$(CH_3)_2CH-$と結合している。つまり，①の炭素原子3つは，いずれも結合している原子と原子団が同じであり，化学的に等価とみなせる。一方，②の番号を付した炭素原子は，1つの水素原子と3つのメチル基$CH_3-$と結合している。このことからわかるように，①と②の炭素原子は結合している原子と原子団が異なり，化学的に非等価である。すなわち，2-メチルプロパンは2種類の非等価な炭素原子をもつ。同様の考え方は，鎖状構造のみならず，環状構造にも適用できる。例えば，シクロヘキセンの6つの炭素原子のうち，③の番号を付した2つ，④の番号を付した2つ，⑤の番号を付した2つはそれぞれ等価とみなせる。すなわち，シクロヘキセンは3種類の非等価な炭素原子をもつ。有機化合物の構造決定において，非等価な炭素原子の数は，分子式や反応性とならび，重要な情報である。

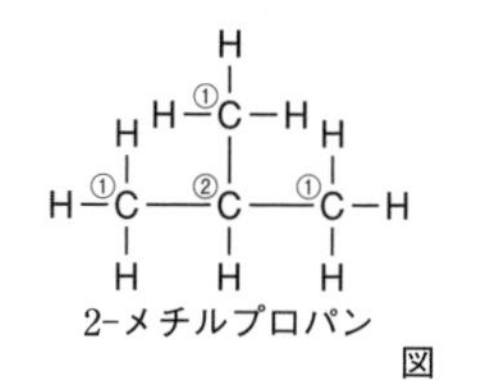


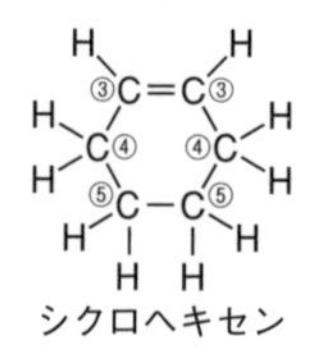


図

5種類の有機化合物(あ)～(お)の構造決定について考えてみよう。これらの化合物はそれぞれ構造異性体の関係にあり，以下の情報が得られている。

化合物(あ)は，炭素，水素，酸素の3種類の原子から構成されており，分子量は86.0であった。25.8mgの化合物(あ)を完全燃焼させると，27.0mgの水と66.0mgの二酸化炭素が生成した。

化合物(あ)と(い)は不斉炭素原子をもたないカルボニル化合物であった。化合物(あ)と(い)をそれぞれ還元し，脱水させたのちに水素分子 $H_2$ を付加させたところ，同一の飽和炭化水素を与えた。化合物(あ)をアンモニア性硝酸銀水溶液中で熱したところ，銀が析出した。一方，化合物(い)にヨウ素と水酸化ナトリウム水溶液を反応させたところ，黄色沈殿が生じた。

化合物(う)は炭素原子間の二重結合を１つもち，この二重結合を構成する炭素原子に酸素原子は結合していなかった。化合物(う)に水素を付加させたところ，非等価な炭素原子の種類が１つ減少した。この水素付加後の生成物を酸化したところ，化合物(い)が生成した。

化合物(え)と(お)は３種類の非等価な炭素原子をもっていた。化合物(え)は二重結合とメチル基をもたず，ナトリウムとは反応しなかった。一方，化合物(お)はナトリウムと反応して水素分子を発生した。また，化合物(お)を脱水させたのちに水素分子を付加させたところ，化合物(か)が生成した。化合物(か)のすべての炭素原子は等価であった。

(H＝1.00，C＝12.0，O＝16.0)

問１　化合物(あ)の分子式を求めよ。

問２　化合物(あ)～(お)の構造式を記せ。なお，ここでは鏡像異性体は考慮しない。

〔京都大〕

# 12 天然有機化合物

## A 114. フェーリング液の還元

グルコースとスクロースの混合物 7.20g に十分な量のフェーリング液を加えて加熱し，生じた酸化銅(Ⅰ) $Cu_2O$ の沈殿を集めて乾燥させ，その質量を測定したところ，2.88g であった。この混合物中のグルコースの質量百分率として最も適当なものはどれか。ただし，還元性の糖 1mol から酸化銅(Ⅰ) 1mol が生成する。

(H=1.0, C=12, O=16, Cu=64)

(1) 25.0%　(2) 34.5%　(3) 47.5%　(4) 50.0%　(5) 57.5%　〔防衛医大〕

## 115. セルロース由来の繊維

(ア)硫酸銅(Ⅱ)の水溶液に水酸化ナトリウム水溶液を加えると青白色の沈殿が生じる。(イ)この沈殿に濃アンモニア水を加えると，沈殿は溶けてシュバイツァー(シュワイツァー)試薬と呼ばれる［ A ］色の水溶液となる。シュバイツァー試薬はセルロースの加工に利用されている。

セルロースは熱水や有機溶媒に溶けないため，そのままでは成形などの加工ができないが，シュバイツァー試薬には溶解して粘性のあるコロイド溶液となる。このコロイド溶液を細孔から希硫酸中へ押し出すとセルロース繊維が再生する。このようにして得られた再生繊維は［ B ］レーヨンと呼ばれる。

また，セルロースを濃い水酸化ナトリウム水溶液で処理したのち，二硫化炭素と反応させると［ C ］と呼ばれる粘性の高いコロイド溶液となる。［ C ］を細孔から希硫酸中に押し出すと再生されるセルロース繊維は［ C ］レーヨンと呼ばれる。

一方，ヒドロキシ基の一部を化学変化させた半合成繊維も利用される。例えば，(ウ)セルロースのすべてのヒドロキシ基を無水酢酸と反応させた後，一部のエステル結合を加水分解させて紡糸するとアセテート繊維が得られる。アセテート繊維は人工透析に用いられる人工腎臓の中空糸膜として使われている。

(1) ［　］に当てはまる化合物名または語句を答えよ。

(2) 下線部(ア)および(イ)の反応をそれぞれ化学反応式で記せ。

記述 (3) デンプンはヨウ素デンプン反応を示すが，セルロースはヨウ素デンプン反応を示さない。その理由をデンプンとセルロースの構造の違いに基づいて答えよ。

(4) 下線部(ウ)の化学反応を示性式を用いた化学反応式で記せ。ただし，高分子の末端は無視できるものとし，セルロースの示性式は $[C_6H_7O_2(OH)_3]_n$ とする。

(5) 硫酸を触媒として，セルロース 162g を無水酢酸と反応させて完全にアセチル化した。これを加水分解してアセテート繊維を 267g 得た。このとき何%のエステル結合が加水分解されたか，有効数字 2 桁で求めよ。(H=1.0, C=12, O=16)　〔滋賀医大〕

## 116. ジペプチドの構造推定

あるタンパク質から得られたペプチドPは分子量 645 で表1に示すアミノ酸からなり，

酵素Yは塩基性アミノ酸のカルボキシ基側のペプチド結合を切断する酵素であるとする。ペプチドPと酵素Yを反応させたところ，ペプチドPが1箇所で切断され，ジペプチドと残りのペプチドが得られた。このジペプチドを希酸で処理することで得たアミノ酸をろ紙の中央線上に置き，pH6.0の緩衝液中で電気泳動した結果，図1に示すようにろ紙の中央線上(A)と陽極側(B)の2箇所にアミノ酸が検出された。

表1　ペプチドPを構成するアミノ酸

| 名称(略号) | 示性式 | 分子量 | 等電点 |
|---|---|---|---|
| アラニン (Ala) | $CH_3-CH(NH_2)-COOH$ | 89 | 6.0 |
| グルタミン酸 (Glu) | $HOOC-(CH_2)_2-CH(NH_2)-COOH$ | 147 | 3.2 |
| アルギニン (Arg) | $H_2N-C(=NH)-NH-(CH_2)_3-CH(NH_2)-COOH$ | 174 | 10.8 |

(1) 得られたジペプチドについて，構成する2種類のアミノ酸を答えよ。

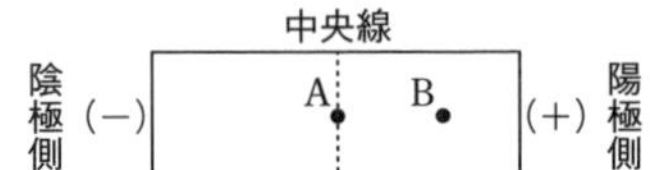

図1　電気泳動によるアミノ酸の検出結果

(2) このジペプチドを表1の示性式の表記にしたがって全て記せ。ただし，側鎖を介した結合は存在しないものとする。また，鏡像異性体は考慮しなくて良い。

記述 (3) 1分子のペプチドPにはいくつのアラニンが含まれるか。表1の分子量を用いて答えよ。理由についても説明すること。(H=1.0，O=16)　〔福井大 改〕

## 117. タンパク質

タンパク質に関するつぎの記述のうち，誤っているものはどれか。

1. タンパク質には，加水分解したときアミノ酸以外に糖類を生じるものがある。
2. 卵白水溶液に，少量の水酸化ナトリウム水溶液と少量の硫酸銅(Ⅱ)水溶液を加えると，赤紫色を呈する。
3. タンパク質が加熱により変性するのは，高次構造が変化するためである。
4. 毛髪をパーマするときに切断されたケラチン分子間のジスルフィド結合は，還元剤を作用させると再生する。
5. 酵素の中には，最適pHが2付近のものがある。
6. 過酸化水素水にカタラーゼを加えると，水素と酸素が発生する。　〔東京工大〕

## B 118. 単糖類の構造変化と立体構造 思考

単糖は$_{①}$分子式 $C_nH_{2n}O_n$ $(n \geqq 3)$ で表される化合物群であり，炭素原子数$n$の直鎖状飽和炭化水素の全ての炭素原子に1つずつヒドロキシ基が結合した分子が，酸化された構造をもつ。多くの生物の体内には，グルコースなどの$C_6H_{12}O_6$の分子式をもつ単糖が大量に存在する。しかし同じ$C_6H_{12}O_6$の分子式をもち，生体内で重要な役割を果たす分子であるイノシトールは，$_{②}$シクロヘキサンの全ての炭素原子に1つずつヒドロキシ基が付いた分子であり，単糖ではない。

単糖は，アルデヒド構造(ホルミル基)をもつアルドースと，ケトン構造(カルボニル基)をもつケトースに分類され，いずれも塩基性水溶液中で加熱すると徐々に構造が変化する。例えばグルコースからは，化学的に不安定で酸化されやすい中間体Aを経由して，フルクトースとマンノースが徐々に生成する(図1)。

グルコース(アルドース) → [中間体A] → フルクトース(ケトース)／マンノース(アルドース)

図1　グルコースの塩基性条件下での加熱による別の単糖の生成

一方，フルクトースの塩基性水溶液を加熱すると，中間体Aを経由してグルコースとマンノースが，また化学的に不安定で酸化されやすい別の中間体Bを経由して，③ケトースであるプシコースなどが徐々に生成する(図2)。

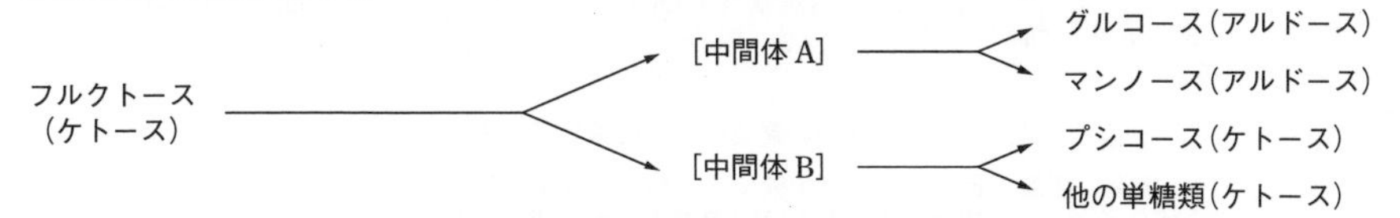


図2　フルクトースの塩基性条件下での加熱による別の単糖の生成

フルクトースはケトースであるが，フェーリング液と混合，加熱するとすぐに反応して赤褐色沈殿を生じる。また，次の実験結果1，2が知られている。

実験結果1　フルクトースがフェーリング液と反応して赤褐色沈殿を生じる速さは，アルドースであるグルコースとほぼ変わらない。

実験結果2　次の化合物C，D，Eそれぞれをフェーリング液と反応させると，C，Dからは赤褐色沈殿が生じるが，Eからは赤褐色沈殿はほとんど生じない。

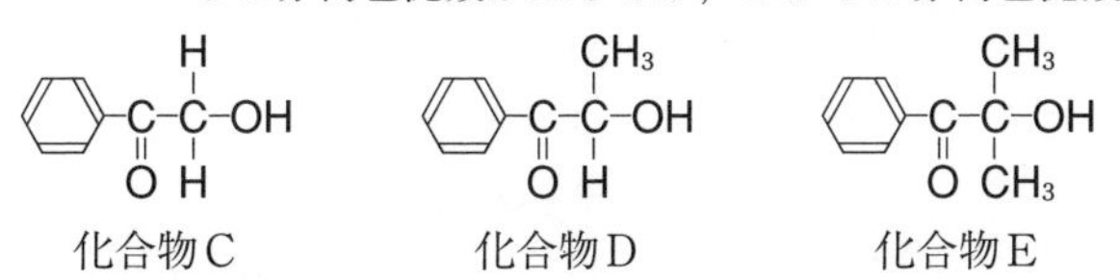

化合物C　　化合物D　　化合物E

ア　下線部①に関して，$C_3H_6O_3$ の分子式をもつ最小の単糖の構造式を，右の例にならって全て記せ。なお不斉炭素原子を含む場合には，その炭素原子に＊を付けて示すこと。

COOH
C=O
H−C*−CH3
CH2OH

イ　下線部②に関して，イノシトールには［ a ］種類の立体異性体が存在し，その中で鏡像の関係にある異性体は［ b ］組存在する。［　］にあてはまる数字をそれぞれ答えよ。なお，立体異性体の総数を数える際には，鏡像異性体はそれぞれ別の分子として数えよ。また，炭素–炭素単結合の回転により生じる異性体(配座異性体)については区別しないものとする。

記述 ウ 中間体A，Bは化学的に不安定で酸化されやすいという事実，及び実験結果1と2から，フェーリング液と反応して赤褐色沈殿を生じるために重要と考えられる単糖の化学構造(部分構造のみでよい)を記せ。また実験結果2で，化合物C，Dからは赤褐色沈殿が生じるが，化合物Eからは赤褐色沈殿がほとんど生じない理由を50字程度で説明せよ。なお，$C_6H_{12}O_6$ の分子式で表される単糖は，水溶液中で直鎖状分子と環状分子の平衡混合物として存在していることが知られているが，どの単糖も直鎖状分子として存在する比率は同じであるとする。

エ 下線部③に関して，プシコースの構造式を，図3(iii)に示した投影図にならって記せ。プシコースのカルボニル基の炭素原子の位置番号はフルクトースと同じである。

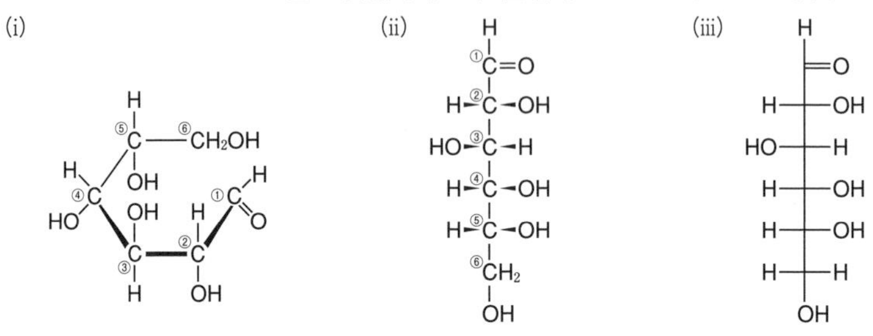

①〜⑥は，グルコース中の炭素原子の位置番号を表している。

(i) 3次元構造が認識できるように，手前にある結合を太線で表した構造式
(ii) 直鎖状分子として，紙面手前側に向かう結合を ◀ で表した構造式
(iii) (ii)の構造式を紙面に投影した図(投影図)

図3 グルコースの構造を表す方法 〔東京大〕

## 119. リンを含む生体中のさまざまな化合物

リンは生体を構成する元素の一つで，成人の体重の約1％を占めている。その約80％がリン酸カルシウム，リン酸マグネシウムとして骨や歯を構成し，残りがリン脂質，核酸，リンタンパク質，アデノシン三リン酸などとして，細胞や細胞外液に含まれる。

リン脂質とは，リン酸エステル構造をもつ脂質の総称である。図1に示すリン脂質は，脂肪酸，［ア］，リン酸，コリン［$HOC_2H_4N^+(CH_3)_3$］から構成され，セッケンと同様に分子内に［イ］基と［ウ］基をもつ。リン脂質は細胞膜の主成分で，［イ］性部分を膜の内側，［ウ］性部分を膜の外側に向けた脂質二重層を形成する。

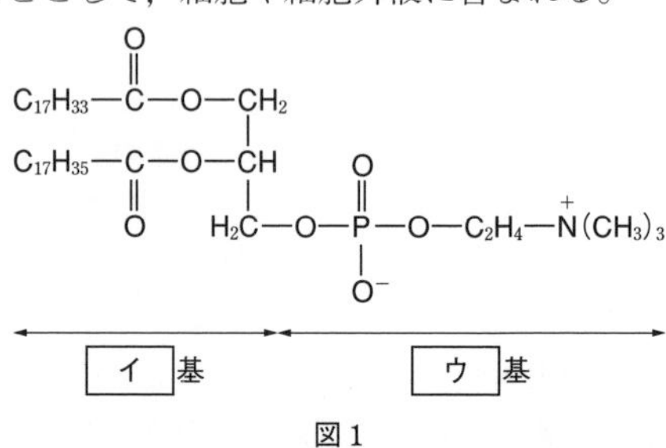


図1

核酸は，五炭糖，塩基，リン酸が結合した［エ］が［(1)］してできた鎖状の高分子化合物である。①五炭糖がリボースのものをリボ核酸(RNA)，デオキシリボースのものを

デオキシリボ核酸(DNA)という。RNA，DNA はそれぞれ 4 種類の②塩基から構成され，アデニン，シトシン，［オ］が両者に共通で，残り一つが RNA は［カ］，DNA は［キ］である。DNA は，二本のポリ［エ］鎖間で水素結合によって③相補的な塩基対をつくり，二重らせん構造を形成する。

リンタンパク質は，構成アミノ酸の一部にリン酸が結合した複合タンパク質である。リンタンパク質の代表的な例として牛乳に多く含まれる［ク］がある。

問1 ［ア］～［ク］にあてはまる語を書け。

問2 ［(1)］に入る語を次から選べ。

1 開環　2 会合　3 縮合　4 付加　5 付加縮合

問3 図1に示すリン脂質を加水分解して得られる飽和脂肪酸を次から選べ。

1 アジピン酸　2 オレイン酸　3 ステアリン酸　4 リノール酸
5 リノレン酸

問4 下線部①について，リボース，デオキシリボースを水に溶かすと，六員環構造，鎖状構造，五員環構造の平衡状態となる。図2のフルクトースの例にならって，リボースの(A)六員環構造と(B)五員環構造を書け。なお，$\alpha$ 型，$\beta$ 型どちらの構造でもよいものとする。

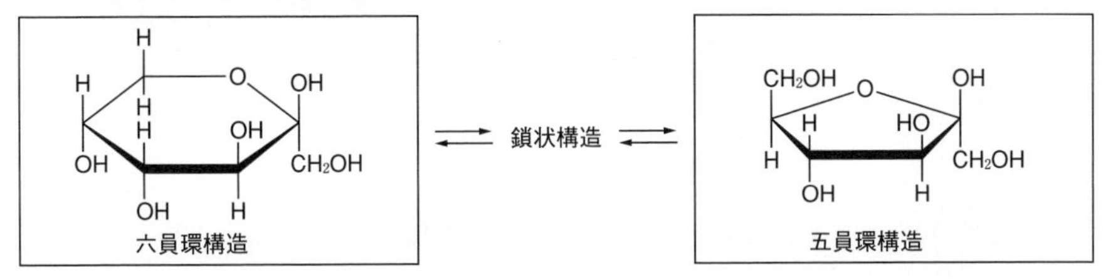


図2

問5 ［(2)］～［(4)］にあてはまる番号を次からそれぞれ選べ。

下線部②について，［オ］は［(2)］，シトシンは［(3)］，［カ］は［(4)］の構造をもつ。

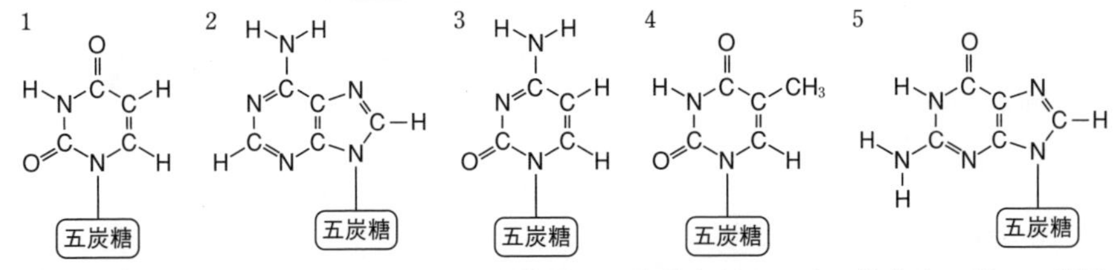


問6 下線部③について，問5に示す選択肢5の塩基と対をつくる塩基を，問5の選択肢から選べ。

問7 下線部③について，［オ］とシトシンの塩基対の方が，アデニンと［キ］の塩基対より塩基間の結合が強いとされている。その主な理由を15字以内で書け。

〔慶應大 改〕

## 120. アミノ酸・環状ペプチドの立体異性体 思考

生体内には，L 体の $\alpha$-アミノ酸だけでなく，その鏡像異性体であるD体の $\alpha$-アミノ酸も少量存在している。生体内では，D 体の $\alpha$-アミノ酸は，一般に酵素の働きによって，対応するL体の $\alpha$-アミノ酸からつくられる。この過程に関わる酵素の一種は，図 1 で示すアラニンの例のようにL体からD体への変換反応だけでなく，D 体からL体への変換反応も触媒する。なお，実線で表された結合は紙面と同一平面にあることを，くさび形の太線で表された結合は紙面の手前側にあることを，くさび形の破線で表された結合は紙面の奥側にあることを意味している。一方，この酵素を，図 2 で示す $\alpha$-アミノ酸の一種であるL体のトレオニンに作用させた場合，D 体のトレオニンは生じず，L 体のトレオニンの立体異性体である化合物Aが生じる。①これは，この変換反応がアミノ基とカルボキシ基がともに結合している炭素原子でのみ起こるためである。したがって，化合物AはL体およびD体のトレオニンのどちらとも鏡像関係にはならない。このように，複数の不斉炭素原子の存在により生じる立体異性体のうち，鏡像関係にないものはジアステレオ異性体の関係にある。また，この酵素はD体のトレオニンをそのジアステレオ異性体である化合物Bに変換する。

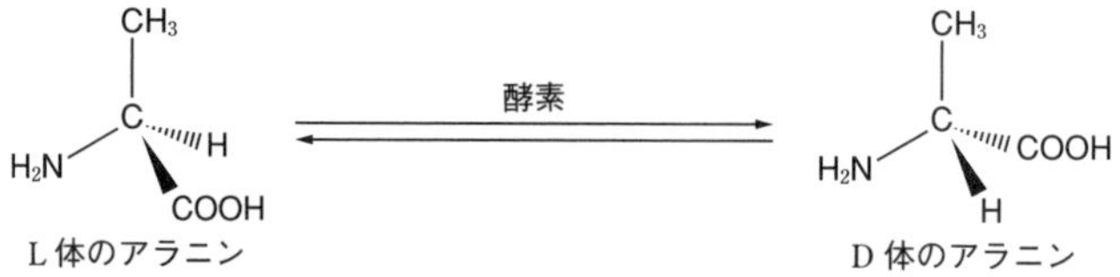

L 体のアラニン　酵素　D 体のアラニン

図 1 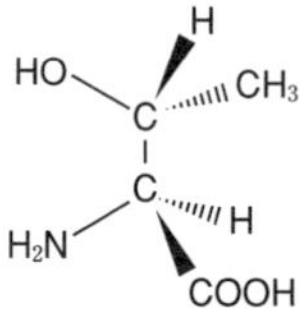　　　　図 2

(1) 下線①のように，酵素は特定の化合物の構造を認識し，作用する。このような酵素の性質を何というか。

(2) 化合物AおよびBの構造式の一部を図 3 に示す。化合物AおよびBの構造式中の ┆　┆ にあてはまる原子または原子団を化学式でそれぞれ記せ。

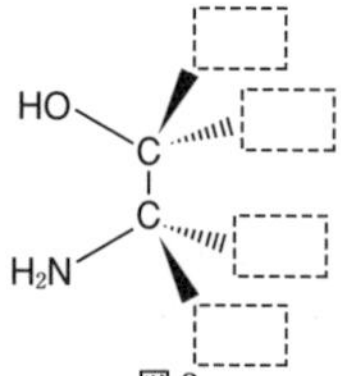

(3) 化合物Aと化合物Bはどのような異性体の関係にあるか。最も適切な用語を次から 1 つ選べ。

(あ) 構造異性体　(い) ジアステレオ異性体

(う) 鏡像異性体　(え) 幾何異性体

図 3

(4) 脱水縮合によりアラニン 2 分子が環状に結合したペプチドの立体異性体を図 4 に示す。このうちL体のアラニンのみからなる分子をここではLL体，D 体のアラニンのみからなる分子をDD 体，L 体とD体のアラニンからなる分子をLD 体およびDL 体と表す。DL 体は紙面上で 180° 水平に回転させることでLD 体と重なり合う同一の分子である。そのため，このペプチドの立体異性体は全部で 3 種類存在することになる。これらの環状ペプチドに関する次の記述のうち，誤っているものをすべて選べ。誤っているものがなければ「なし」と記せ。

(お) 3 種類の環状ペプチドはいずれもジアステレオ異性体の関係にある。

(か) LL 体と DD 体の融点は等しい。

(き) LD 体はその鏡像と同一の構造をしている。

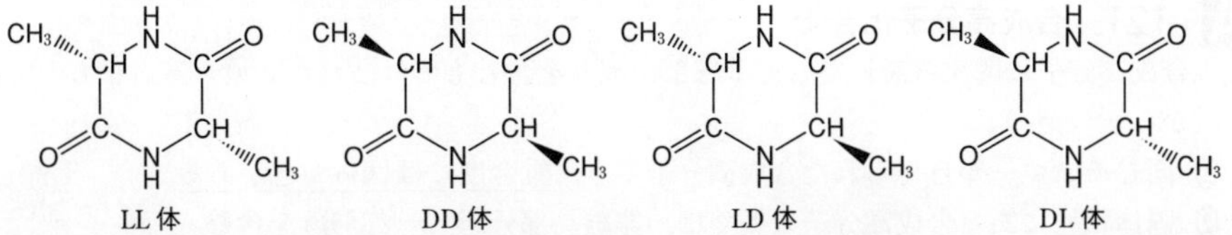

LL 体　　DD 体　　LD 体　　DL 体

図 4

(5) (4)をふまえて，脱水縮合によりアラニン 4 分子がすべて環状に結合したペプチドを考える。そのペプチドが任意の数のＬ体およびＤ体のアラニンからなる場合，立体異性体は全部で何種類存在するか，鏡像異性体を区別して答えよ。なお，不斉炭素原子の立体配置の違いに起因する異性体のみを考慮するものとする。

(6) (4)の環状ペプチドとアラニンを区別するために，ある検出反応を行った。アラニンを含む反応液が紫色に呈色したのに対し，環状ペプチドを含む反応液は呈色しなかった。この反応として最も適切なものを，次から 1 つ選べ。

(く) ニンヒドリン反応　(け) キサントプロテイン反応　(こ) 銀鏡反応

(さ) ビウレット反応

記述 (7) (6)において，アラニンが呈色したのに対して環状ペプチドが呈色しなかった理由を，それらに含まれる官能基の違いに基づき 40 字以内で記せ。〔名古屋大〕

# 13 合成高分子化合物

## A　121．合成高分子化合物

合成高分子に関する記述として下線部に誤りを含むものはどれか。最も適当なものを，次から一つ選べ。

① 同じモノマーから得られた合成高分子でも，重合度にはばらつきがある。
② 固体状態にある合成高分子の多くは，非結晶部分(無定形部分)を含む。
③ ポリメタクリル酸メチルは結晶化しにくく，透明度が高い。
④ イソプレン(2-メチル-1，3-ブタジエン)の1，4位(1番目と4番目)の炭素原子どうしで付加重合して得られるポリイソプレン分子中に，二重結合は存在しない。

〔共通テスト 化学(追試験)〕

## 122．付加重合による高分子化合物

酢酸ビニルを①付加重合させ，ポリ酢酸ビニルとする。ポリ酢酸ビニルを水酸化ナトリウム水溶液でけん化し，ポリビニルアルコールとする。ポリビニルアルコールはヒドロキシ基を多く含むので水に溶けやすく，耐久性に劣る。そこで，水に溶けにくくするために，ヒドロキシ基の一部をホルムアルデヒドでアセタール化したものがビニロンである。

(1) 酢酸ビニルおよびポリ酢酸ビニルの構造式をそれぞれ記せ。なお重合体については右の例にならい記せ。

例：$\left[ \begin{array}{c} H \\ | \\ N \end{array} -(CH_2)_5- \begin{array}{c} O \\ \| \\ C \end{array} \right]_n$

(2) 下線部①について，付加重合によってつくられる合成樹脂を次からすべて選べ。
a アクリル樹脂　b フェノール樹脂　c メラミン樹脂　d ポリエチレン
e ポリアミド系樹脂　f ポリカーボネート
g ポリエチレンテレフタラート

(3) ポリビニルアルコール100gを37％ホルムアルデヒド水溶液でアセタール化したところ，質量が5.30g増加した。アセタール化されたヒドロキシ基の割合〔%〕を求め，有効数字3桁で記せ。(H=1.00，C=12.0，O=16.0)

(4) (3)の反応で要した37％ホルムアルデヒド水溶液の質量を求め，有効数字3桁で記せ。

〔岡山大〕

## 123．有機ガラス

透明な固体材料として，無機化合物ではガラス，有機化合物ではポリカーボネートやポリメタクリル酸メチルなどが存在する。それらの化合物について，問いに答えよ。図1にポリカーボネート樹脂の構造を示す。(H=1.0，C=12，O=16)

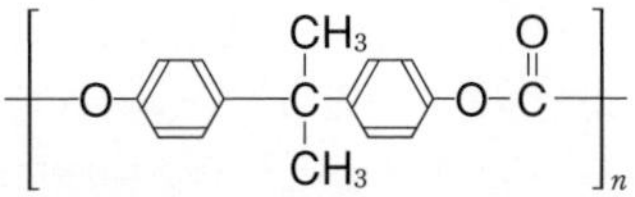

(1) 透明な固体材料は，(a)構成粒子の配列が不規則で，結晶化しにくいという性質を有している。下線部(a)のような状態の固体を何というか。

図1 ポリカーボネート樹脂の構造

(2) 窓や瓶などとして最もよく使われている無機化合物のガラスの主要原料を3つ記せ。

(3) ポリカーボネートやポリメタクリル酸メチルは熱を加えると軟化し，冷却すると再び硬化する性質を持つ。このような性質を持つ樹脂を何というか。

(4) ポリカーボネートとポリメタクリル酸メチルはそれぞれどのような方法で単量体から合成されるか，反応の名称を答えよ。

記述 (5) 高分子鎖の絡み合いが大きいポリカーボネートやポリメタクリル酸メチルで作られた透明材料は，有機ガラスとも呼ばれ，航空機の窓や眼鏡のレンズ，哺乳瓶などに使われている。これらに無機化合物のガラスではなく有機ガラスが使われている理由を2つ，それぞれ30字程度で説明せよ。

(6) コンタクトレンズの材料として，ポリメタクリル酸メチルと類似構造を持つポリメタクリル酸2-ヒドロキシエチルなどが使われている。その単量体であるメタクリル酸2-ヒドロキシエチルを図2に示す。ポリメタクリル酸2-ヒドロキシエチルの構造を，図1のポリカーボネート樹脂の構造を例にして示せ。

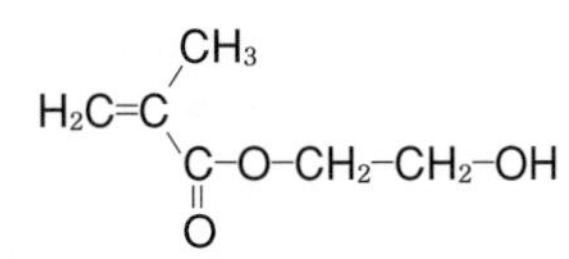

図2 メタクリル酸2-ヒドロキシエチル

(7) ポリメタクリル酸2-ヒドロキシエチルの分子量を測定したところ$9.1\times10^3$であった。この分子内に不斉炭素原子は理論上何個存在するか，有効数字2桁で答えよ。

〔富山県大〕

## 124. スチレン由来の高分子化合物

(1) ビニル基を有する単量体は容易に重合反応を起こすことから，多くの有用な合成高分子の原料となる。その1つであるスチレンを重合させると，硬くて加工しやすい合成高分子が得られる。

問1 スチレンおよびその重合体に関する記述として正しいものを，次からすべて選べ。

(A) スチレンは芳香族炭化水素で，水に溶けにくく，ベンゼンよりも沸点が高い。

(B) スチレンを付加重合すると，鎖状構造を持つポリスチレンとなる。ポリスチレンは耐薬品性や難燃性を有し，食品用ラップなどとして利用される。

(C) ポリスチレンには不斉炭素原子は存在しない。

(D) 気泡を含ませたポリスチレンは発泡スチロールと呼ばれ，断熱材や緩衝材として利用される。

(E) スチレンに*p*-ジビニルベンゼンを加えて共重合させた合成高分子は，立体網目構造を持つ。

(F) 自動車のタイヤなどに利用されるスチレン-ブタジエンゴムは，単量体であるスチレンとブタジエンが1分子ずつ交互に共重合した合成高分子である。

(2)　スチレンと $p$-ジビニルベンゼンを物質量比10：1で共重合させると，合成樹脂が得られた。この合成樹脂に濃硫酸を作用させると，樹脂中にスルホ基が導入され，陽イオン交換樹脂が得られた。生成した陽イオン交換樹脂の質量は，原料の合成樹脂の1.41倍に増加した。

問2　(2)で生成した陽イオン交換樹脂において，スチレンに由来する単位構造の何%がスルホン化されているか，最も近い整数値で答えよ。ただし，スチレン由来の単位構造あたりスルホ基は1つまでしか導入されないとする。
(H＝1.00，C＝12.0，O＝16.0，S＝32.1)　〔九州大〕

## B　125. 合成高分子化合物

次の文章を読み，問いに答えよ。(H＝1.0，C＝12)

1920年代にシュタウディンガーが高分子の存在を提唱してから100年が経過した。現在，様々な合成高分子が開発，製造され，色々な用途に用いられている。ほとんどの合成高分子は［ア］部分と［イ］部分を持つ。例えば，［ア］性のポリエチレンはかたくて引っ張りに強いため，ポリ容器などに利用されている。また，①ポリエチレンには高密度ポリエチレン(HDPE)と低密度ポリエチレン(LDPE)が存在する。一方，［イ］の高分子であるポリメタクリル酸メチルはアクリルガラスとして知られており，水族館の水槽や自動車のランプカバーなどに用いられている。

分子構造による分類としては，直鎖状高分子と架橋高分子などが存在する。このうち架橋高分子には，②ゴムのように直鎖状高分子を架橋させた高分子や，フェノール樹脂のように高温で架橋反応が生じる［ウ］性高分子がある。③フェノール樹脂は，フェノールとホルムアルデヒドの反応による中間生成物を経たあと，さらに加熱することで合成される。

高分子の側鎖にイオン性官能基を導入することで様々な機能性を発現する。例えば，④架橋したポリアクリル酸ナトリウムは高い吸水性を示し，紙おむつや土壌保水材などに利用されている。⑤架橋ポリスチレンにスルホ基やトリメチルアンモニウム基などを導入した高分子は［エ］として利用され，これら2種類の樹脂を詰めた円筒に塩類を含む水溶液を通すと純水が得られる。

問1　文中の［　］に当てはまる適切な語を記せ。

記述　問2　下線部①について，HDPEとLDPEのうち，透明性が高いのはどちらか。その理由と共に，50字以内で記せ。

問3　下線部②について，次の問いに答えよ。化学構造式は右の例にならって記せ。なお，トランス形とシス形は区別しなくてよい。

$$\left[\left(CH_2-CH_2\right)_x\left(CH_2-\underset{\substack{|\\Cl}}{CH}\right)_{1-x}\right]_n$$

(1)　架橋させる前の天然ゴムの主成分の高分子の名称と化学構造式を記せ。

(2)　人工的に合成されたゴムとして，スチレンと1,3-ブタジエンを共重合したスチレン－ブタジエンゴム(SBR)が知られている。SBRの化学構造式を記せ。

ただし，スチレンとブタジエンの繰り返し単位の数の比を $x:(1-x)$ とし，ブタジエンは1位と4位のみでつながっているものとする。
あるSBRについて元素分析を行ったところ，炭素：水素の質量比は0.9：0.1であることがわかった。この時の $x$ の値を求め，小数点以下第1位まで記せ。なお，末端の構造は無視してよい。

問4　下線部③について，フェノールとホルムアルデヒドの反応の際，触媒として酸または塩基を用いた場合に得られる中間生成物の名称をそれぞれ答えよ。また，フェノール樹脂を得る際，加熱とともに硬化剤の添加が必要なのは，どちらの中間生成物か。その名称を記せ。

記述 問5　下線部④について，架橋ポリアクリル酸は吸水性が低いが，ナトリウム塩である架橋ポリアクリル酸ナトリウムにすることで吸水性が非常に高くなり，自重の1000倍近い量の水の吸収が可能となる。ポリアクリル酸をナトリウム塩にすると吸水性が高くなる理由を50字以内で記せ。

問6　下線部⑤について，スルホ基を導入したポリスチレン樹脂を詰めた円筒に低濃度の塩化ナトリウム水溶液を少量通した後，純水で洗い流し，流出液を得た。その流出液に含まれる主なイオンを2つ記せ。〔名古屋工大〕

## 14 実験装置と操作

### A 126. 物質の取扱い

実験室で使用する化学物質の取扱いに関する記述として下線部に誤りを含むものを，次から二つ選べ。

① ナトリウムは空気中の酸素や水と反応するため，エタノール中に保存する。
② 水酸化ナトリウム水溶液を誤って皮膚に付着させたときは，ただちに多量の水で洗う。
③ 濃硫酸から希硫酸をつくるときは，濃硫酸に少しずつ水を加える。
④ 濃硝酸は光で分解するため，褐色びんに入れて保存する。
⑤ 硫化水素は有毒な気体なので，ドラフト内で取り扱う。〔共通テスト 化学(本試験)〕

### 127. 中和滴定の器具

□にあてはまるものの組合せを次の①～⑧から1つ選べ。ただし，食酢の成分のうち，水酸化ナトリウムと反応するものは酢酸のみとする。(H=1.0，C=12.0，O=16.0)

食酢中の酢酸の量を測定するために，次のような実験操作を行った。まず食酢10mLを器具［ア］の標線まで吸い上げてはかりとり，これを容量100mLの器具［イ］に移した。これに純水を加えながら混合し，液面を器具［イ］の標線に合わせて100 mLとした。この溶液10 mLを，別に用意した器具［ア］を用いて取り出し，0.100 mol/Lの水酸化ナトリウム水溶液で中和滴定したところ，中和点までに5.0 mLを要した。これから元の食酢10 mLには［ウ］gの酢酸が含まれていることが分かる。

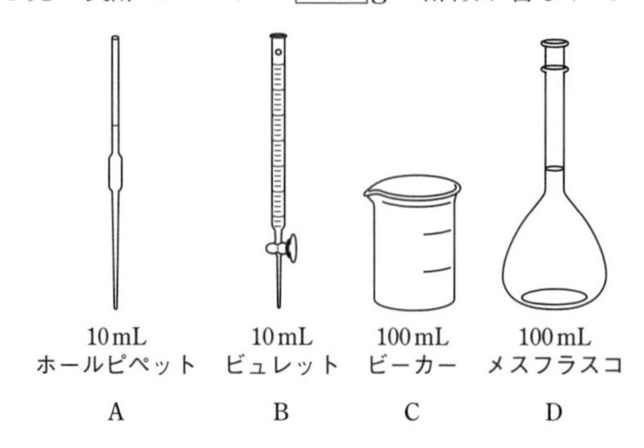


| | ア | イ | ウ |
|---|---|---|---|
| ① | A | C | 0.3 |
| ② | A | C | 0.6 |
| ③ | A | D | 0.3 |
| ④ | A | D | 0.6 |
| ⑤ | B | C | 0.3 |
| ⑥ | B | C | 0.6 |
| ⑦ | B | D | 0.3 |
| ⑧ | B | D | 0.6 |

〔東京都市大〕

## 128. キップの装置

二酸化炭素を得るために，図に示すキップの装置を用いた。この操作について，次の問いに答えよ。

(i)　炭酸カルシウムに塩酸を加えて二酸化炭素を発生させるときの化学反応式を書け。

(ii)　キップの装置を用いた操作に関する次の文章を読み，［　］にあてはまる図の位置の組合せとして最も適当なものを選択肢から選べ。

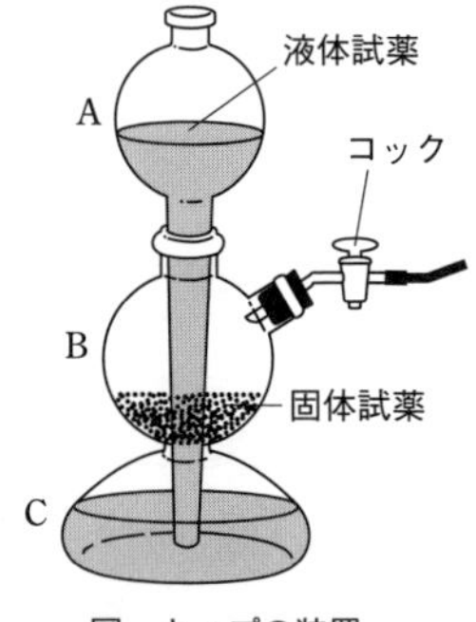


図　キップの装置

あらかじめ固体試薬をBに入れておき，Aから液体試薬を入れる。装置内のAとBの結合部は気密が保たれており，BとCは内部でつながっている。固体試薬と液体試薬の接触により発生する気体は，コックを通過して外部の装置によって捕集される。

気体を発生させるには，コックを開く。このとき［あ］にある液体試薬が［い］に達し，固体試薬と接触する。気体の発生を止めるには，コックを閉じる。このとき発生した気体によって［う］内の気圧が上昇し，液面を［え］まで押し下げ，その結果，液体試薬と固体試薬の接触がなくなる。

| 選択肢 | あ | い | う | え |
|---|---|---|---|---|
| ① | A | B | A | C |
| ② | A | C | B | A |
| ③ | B | A | B | A |
| ④ | B | C | C | B |
| ⑤ | C | B | B | C |
| ⑥ | C | A | C | A |

〔立命館大 改〕

## B 129. 蒸留装置

物質は非常に小さな粒子から構成されており，これらの粒子は，常に運動している。この運動のことを [ア] といい，温度が高くなるほど活発になる一方，[イ] °C では停止する。この [イ] °C は絶対零度とよばれ，0K に相当する。

物質の三態とは，固体，液体，気体の三つの状態のことをいう。[ア] により固体が液体になることを [ウ] といい，そのときの温度を [エ] という。また，[ア] により液体の表面から粒子が飛び出して気体になることを [オ] といい，液体内部からも [オ] が起こることを [カ] という。物質が [カ] するときの温度を [キ] といい，[エ] や [キ] は物質固有の値である。[オ] や [カ] で生じた気体を冷却するともとの液体に戻るため，[オ] や [カ] のような状態変化は [ク] 変化である。

蒸留は，複数の物質を含む液体を加熱して [カ] させた後，生じた気体を冷却して液体にする操作のことをいい，実験室では図1に示すようなガラス器具を用いる。蒸留は，固体と液体を分離できるほか，[キ] の差を利用して，液体どうしを分離することも可能である。このような操作を [ケ] といい，石油から灯油などを取り出す際にも利用されている。

[キ] は，圧力を下げると低下する。そこで，[キ] の高い物質に対しては，蒸留装置の内部の圧力を外部よりも低く保って蒸留を行うことがある。これを減圧蒸留といい，高温では [コ] 変化を起こして別の物質に変わってしまう不安定な物質の精製にも適している。

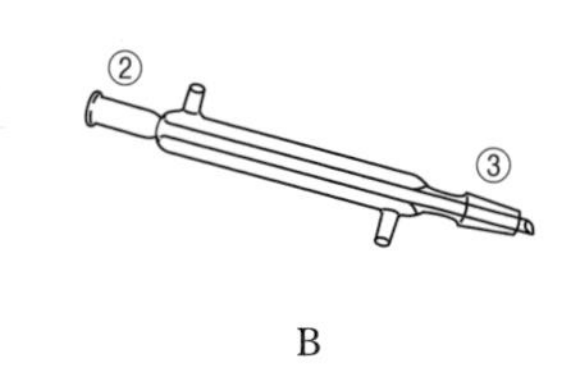


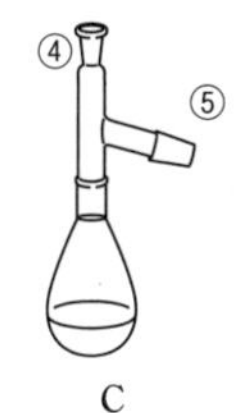

図1 蒸留に用いるガラス器具の例

問1 [　] に適する語句や数字を，必要ならば符号と共に答えよ。

問2 (i) 図1の器具Aの①に接続する部分を，②～⑦から一つ選べ。
(ii) 図1の器具Cの⑤に接続する部分を，①～③，⑥，⑦から一つ選べ。
(iii) 図1の器具Dの⑥に接続する部分を，①～⑤から一つ選べ。

問3 (i) 図1の器具Bに10°Cの冷却水を流し，表1に示す各物質の蒸留を大気圧で行うとき，液体として取り出すことのできないものを全て選べ。
(ii) 冷却水のように，物質を冷却する媒体を冷媒という。表1に示す物質を −50°C に冷却したとき，器具Bに流す液体の冷媒として用いることのできないものを全て選べ。

表1. 様々な物質の [エ] および [キ] の値

| 記号 | 物質名 | [エ]〔°C〕 | [キ]〔°C〕 |
| --- | --- | --- | --- |
| (a) | アンモニア | −78 | −33 |
| (b) | エタノール | −115 | 78 |
| (c) | 酢酸 | 17 | 118 |
| (d) | ベンゼン | 5.5 | 80 |
| (e) | メタン | −183 | −161 |

記述 問4 減圧蒸留では，図1の器具AおよびDを，図2の器具EおよびFにそれぞれ交換する。器具Fの⑩の部分は，真空ポンプと接続して蒸留装置の内部の圧力を低く保つために用いる。これ以外に，器具Fには，器具Dと異なる使い方がある。その使い方について，理由と共に50字以内で述べよ。〔東京慈恵医大 改〕

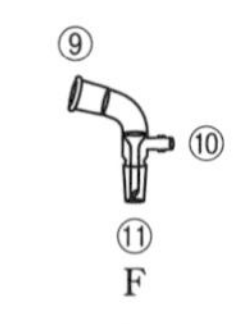


図2 減圧蒸留に用いるガラス器具の例

第1刷 2024年7月1日 発行

新課程 2024
**化学入試問題集**
**化学基礎・化学**

〔表紙デザイン〕
デザイン・プラス・プロフ
株式会社

ISBN978-4-410-27824-2

編 者 数研出版編集部
発行者 星野 泰也
発行所 **数研出版株式会社**
〒101-0052 東京都千代田区神田小川町2丁目3番地3
〔振替〕 00140-4-118431
〒604-0861 京都市中京区烏丸通竹屋町上る大倉町205番地
〔電話〕代表 (075)231-0161
ホームページ https://www.chart.co.jp
印刷 寿印刷株式会社

乱丁本・落丁本はお取り替えいたします。 240601

27824 A

# 新課程 2024
# 化学入試問題集　化学基礎・化学
## ■解答編　■数研出版

## 1 物質の構成粒子とその結合

**【1】** 問 1 ⑥　問 2 ①

問 2 石油は複数の炭化水素を含む混合物である。$^{12}C$ と $^{13}C$ は同じ元素なので，③は単体である。

**【2】** ⑦

ア，イ 電気陰性度の大きい原子(F，O，N)とH原子が結合した場合，電子が電気陰性度の大きい原子に引きつけられ，水素結合が生じる。

**【3】** 問 1 (b)，(d)　問 2 (a)，(d)

問 3 (1) $Ca + 2H_2O \longrightarrow Ca(OH)_2 + H_2$

(2) $3NO_2 + H_2O \longrightarrow 2HNO_3 + NO$

(3) $Cl_2 + H_2O \longrightarrow HCl + HClO$

水が酸化剤としてのみはたらくもの：(1)

問 2 (b) 1 気圧では，水は 4°C で体積が最小，密度が最大になる。

(c) 水の融解曲線は左に傾いており，圧力を高くすると融点は下がっていく(本冊 p.15 23 図 3 参照)。

(e) 水と二酸化硫黄が反応すると，亜硫酸が生成する。　$SO_2 + H_2O \rightleftarrows H_2SO_3$

問 3 $H_2O$ が酸化剤としてはたらくとき，$H_2O$ 自身は還元される。$H_2O$ 中のO原子はこれ以上還元されないため，H原子が還元されて $H_2$ が生じる反応を選べばよい。

**【4】** (A) (ア)　(B) (ウ)

A 無極性分子では，分子量が大きいほど分子間力(ファンデルワールス力)が強くなり，沸点は高くなる。

**【5】** 28.1

原子量は，相対質量と存在比の積の和なので，

$$28.0\times\frac{92.23}{100}+\underset{28.0+1.0}{\underline{29.0}}\times\frac{4.67}{100}+\underset{28.0+2.0}{\underline{30.0}}\times\frac{3.10}{100}$$

$$=28+1.0\times\frac{4.67}{100}+2.0\times\frac{3.10}{100}$$

$$\fallingdotseq 28.1$$

**【6】** b，c

a 誤り。同素体は同じ元素からなる単体であるが，酸素 $O_2$ とオゾン $O_3$ のように式量または分子量が等しくない同素体も存在する。

b 正しい。黒鉛は電気をよく通すが，ダイヤモンドは電気を通さない。

c 正しい。ゴム状硫黄は無定形の固体である。

d 誤り。黄リンは自然発火するが，赤リンは自然発火しない。

e 誤り。ケイ素には同素体は存在しない。また，水晶は二酸化ケイ素 $SiO_2$ の結晶である。

**【7】** 1 (ア) 12　(イ) 12　(ウ) 8　(エ) 4　(オ) 2

2 $\dfrac{32\sqrt{6}\,M_1 r_2^{\,3}}{9(2M_1+M_2)r_1^{\,3}}$

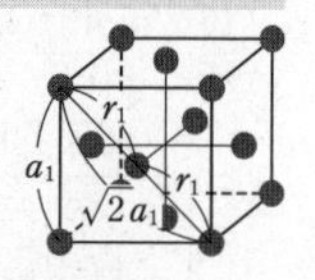


2 問題文より，Cu の結晶は面心立方格子である。Cu–Cu の結合距離が $r_1$ なので，単位格子の 1 辺の長さを $a_1$ とすると，$\sqrt{2}\,a_1=2r_1$ より，

$$a_1=\sqrt{2}\,r_1$$

Cu 原子(＝$M_1$)は面心立方格子に 4 個分含まれるので，アボガドロ定数を $N_A$ とすると，密度 $C_1$ は，

$$C_1=\frac{\dfrac{4}{N_A}\text{mol}\times M_1\,\text{g/mol}}{a^3}$$

$$=\frac{\dfrac{4}{N_A}\text{mol}\times M_1\,\text{g/mol}}{(\sqrt{2}\,r_1)^3}$$

$$=\frac{\sqrt{2}\,M_1}{N_A r_1^{\,3}}$$

$a_2$
●$O^{2-}$ ○$Cu^+$

$Cu^+$–$O^{2-}$ の結合距離が $r_2$ なので，単位格子の 1 辺の長さを $a_2$ とすると，

$$\frac{1}{2}\times\sqrt{3}\,a_2=2r_2 \text{ より，}$$

$$a_2=\frac{4}{\sqrt{3}}r_2$$

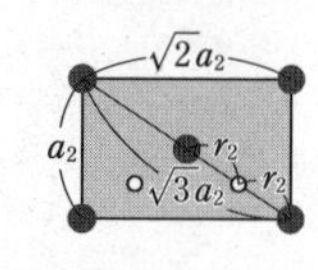


単位格子中には $Cu_2O$ (＝$2M_1+M_2$) が 2 個分含まれるので，密度 $C_2$ は，

$$C_2=\frac{\frac{2}{N_A}\text{mol}\times(2M_1+M_2)\,\text{g/mol}}{\left(\frac{4}{\sqrt{3}}r_2\right)^3}$$

$$=\frac{3\sqrt{3}(2M_1+M_2)}{32N_Ar_2{}^3}$$

したがって，

$$\frac{C_1}{C_2}=\frac{\frac{\sqrt{2}M_1}{N_Ar_1{}^3}}{\frac{3\sqrt{3}(2M_1+M_2)}{32N_Ar_2{}^3}}$$

$$=\frac{32\sqrt{6}M_1r_2{}^3}{9(2M_1+M_2)r_1{}^3}$$

**【8】** ②

混合気体中の気体アの物質量の割合を読み取るには，混合気体のモル質量がわかればよい。

同じ温度・圧力で同じ体積の密閉容器に入れているため，0.64 g の気体アと 1.36 g の混合気体の物質量は等しい。気体アのモル質量は，グラフの混合気体中の気体アの物質量の割合が 100% のときの値より 16 g/mol とわかる。したがって，混合気体のモル質量 $M$〔g/mol〕は，

$$\frac{0.64\,\text{g}}{16\,\text{g/mol}}=\frac{1.36\,\text{g}}{M\,[\text{g/mol}]}\qquad M=34$$

混合気体のモル質量が 34 g/mol のときの気体アの物質量の割合は，グラフより 25% とわかる。

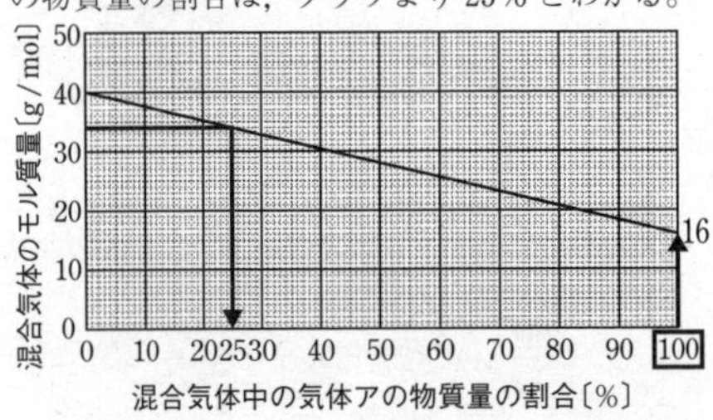


**【9】** 問1　(ア) $b$, $f$, $j$, $n$　(イ) $c$, $g$, $k$
(ウ) $a$, $e$, $i$, $m$

問2　同族の原子では，原子番号が大きくなるにつれ最も外側の電子殻と原子核の間の距離が離れ，原子核が最外殻電子を引きつける力が弱くなっていくから。

問3　$5.0\times10^2$ kJ/mol

問4　Na 原子は電子を 1 つ取り出すと $Na^+$，Mg 原子は電子を 2 つ取り出すと $Mg^{2+}$ になり，貴ガスの Ne 原子と同じ安定な電子配置をとる。このような安定な状態から電子を取り出すには，多量のエネルギーが必要となるから。

問5　Ne【理由】Ne，$Na^+$，$Mg^{2+}$ は電子配置が同じである一方，原子核の中の陽子の数は Ne，$Na^+$，$Mg^{2+}$ の順に増加している。これにより，原子核が最外殻電子を引きつける力もこの順に強くなり，電子 1 個を取り出しにくくなるから。

問1　各記号と元素の対応は以下のようになる。

| 記号 | $a$ | $b$ | $c$ | $d$ | $e$ | $f$ | $g$ | $h$ |
|---|---|---|---|---|---|---|---|---|
| 元素記号 | He | Li | Be | B | Ne | Na | Mg | Al |

| 記号 | $i$ | $j$ | $k$ | $l$ | $m$ | $n$ |
|---|---|---|---|---|---|---|
| 元素記号 | Ar | K | Ca | Zn | Kr | Rb |

問3　Na 原子 1 個あたり第一イオン化エネルギー $I_1$ は表より，

$0.83\,\text{aJ}=0.83\times10^{-18}\,\text{J}=0.83\times10^{-21}\,\text{kJ}$

したがって，求める Na 原子 1 mol あたりの第一イオン化エネルギーは，

$0.83\times10^{-21}\,\text{kJ}\times6.02\times10^{23}/\text{mol}$
$\fallingdotseq5.0\times10^2\,\text{kJ/mol}$

**【10】** 問1　(a) ②　(b) ③

問2　259 kJ/mol

問3　$F_B+I_B-(F_A+I_A)$ など　問4　$F+I$

問5　③>②>①【理由】原子間距離を同じと仮定しているので，H 原子との電気陰性度の差が大きいほど極性は大きくなる。表 2 より，それぞれの元素の電気陰性度は，F 原子が $19.5\times10^{-19}$ J，O 原子が $17.6\times10^{-19}$ J，C 原子が $12.8\times10^{-19}$ J となるため，電気陰性度の差は H–F>H–O>H–C となり，極性の大きさもこの順番になる。

問6　$3.7\times10^{-30}$ C·m　問7　(d) ④　(e) ⑧

問8　$o$-ジブロモベンゼン　：$\sqrt{3}\mu_1$
$m$-ジブロモベンゼン：$\mu_1$

問1　(a) 問題文に「A–B の結合エネルギーは，A–A の結合エネルギーと B–B の結合エネルギーの平均値と等しくなる」とあるため，$\Delta E=0$ と判断できる。

(b) 問題文に「共有結合に加えて，結合エネルギーの増加をもたらしている」とあるため，$\Delta E>0$ と判断できる。

問2　(1)式より，$E$(F–Cl) を求めるには $\Delta E$ がわかればよい。$E$(F–F) と $E$(Cl–Cl) は表 1 で与えられているので，(2)式より $\Delta E$ は，

$$\Delta E=96.5(x_A-x_B)^2$$
$$=96.5(4.00-3.20)^2$$
$$=61.76\,\text{kJ/mol}$$

したがって，(1)式より $E$(F–Cl) は，

$E$(F–Cl)

$$=\Delta E+\frac{E(\text{F–F})+E(\text{Cl–Cl})}{2}$$

$=61.76\,\mathrm{kJ/mol}+\dfrac{(153+242)\,\mathrm{kJ/mol}}{2}$

$\fallingdotseq 259\,\mathrm{kJ/mol}$

問３　(3)式と(4)式より，

$x_{AB}=D_{A^+B^-}-D_{A^-B^+}$
$=F_B-I_A+C-(F_A-I_B+C)$
$=F_B-I_A-F_A+I_B$
$=F_B+I_B-(F_A+I_A)$

各項とその符号が合致していれば，上記以外も正答である。

問４　問題文と問３より，$A^+B^-$ がより安定になるときは $x_{AB}=F_B+I_B-(F_A+I_A)>0$ となっている。すなわち，$F_B+I_B>F_A+I_A$ のときは，Bが負の電荷を帯びる。このことから，$F+I$ の値が大きいほうが負の電荷を帯びることがわかる。

問６　問題文よりHCl分子では電子が0.18個分，Cl原子に引き寄せられている。したがって，電子0.18個分の電荷をもとに電気双極子モーメントを求めればよい。(5)式より，HCl分子の電気双極子モーメントは，

$\mu=q\times r$
$=0.18\,\text{個}\times1.6\times10^{-19}\,\mathrm{C}/\text{個}\times1.3\times10^{-10}\,\mathrm{m}$
$\fallingdotseq 3.7\times10^{-30}\,\mathrm{C\cdot m}$

問７　分子内に対称性をもつ異性体は，互いの結合の極性を打ち消しあい，無極性分子となる。したがって，二置換体では1,4-ジブロモベンゼン，三置換体では1,3,5-トリブロモベンゼンが無極性分子となる。

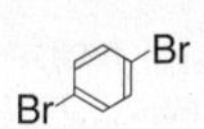

1,4-ジブロモベンゼン

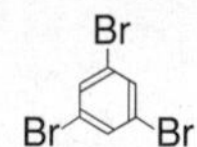

1,3,5-トリブロモベンゼン

問８　問題文でBrの電子親和力 $I$ と電気陰性度 $F$ は示されていないため，問題文からはC-Br結合において，どちらの原子に電子が引き寄せられるかは判断できない。そこで，C原子が正の電荷，Br原子が負の電荷を帯びていると仮定して考える。

問題文にあるように，電気双極子モーメントは正電荷(C原子)から負電荷(Br原子)への方向をもつベクトルと考えればよく，分子全体の電気双極子モーメントの大きさを求めるにはこれらのベクトルの和を考えればよい。問題文より，ジブロモベンゼンのC-C間を結ぶ図形が正六角形なので，$o$-ジブロモベンゼンの２つのC-Br結合がなす角度は60°である。したがって，これらの２つのベクトルの和は，

$\mu_1\cos30^\circ+\mu_1\cos30^\circ=\sqrt{3}\,\mu_1$

同様に，$m$-ジブロモベンゼンの２つのC-Br結合がなす角度は120°であるため，これらの２つのベクトルの和は，

$\mu_1\cos60^\circ+\mu_1\cos60^\circ=\mu_1$

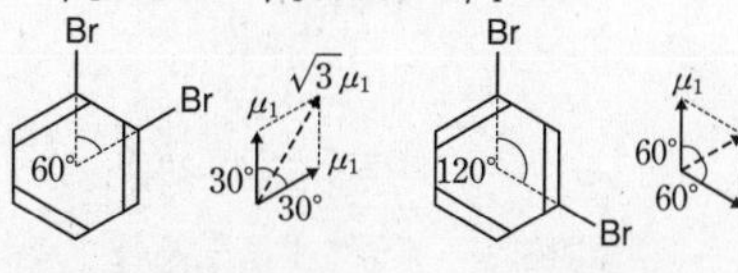

$o$-ジブロモベンゼン　　$m$-ジブロモベンゼン

**【11】** 問１　(I) 0.41　(II) 0.22　問２　(あ) 1　(い) 2
問３　(i) 0.50，0.71
(ii) (0.00，0.50)，(0.50，0.50)，(0.50，0.00)，(0.50，1.00)，(1.00，0.50)
(iii) (0.25，0.50)，(0.50，0.25)，(0.50，0.75)，(0.75，0.50)

問１　(I) 最近接Ti原子どうしは接しているため，八面体間隙は１辺の長さが $2r$ の正八面体である。ここで八面体間隙の４つのTi原子を含む平面について考える。隙間に入る原子の半径を $R$ とすると，図Aのようになる。正方形の対角線なので，

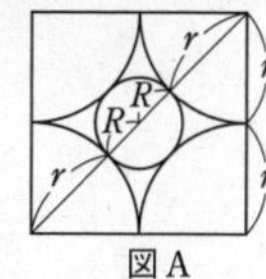

図A

$2r\times\sqrt{2}=2(r+R)$

これを整理すると，

$R=(\sqrt{2}-1)r=0.41r$

(II) 隣り合うTi原子どうしは接しているため，四面体は一辺 $2r$ の正四面体である。隙間に入る原子の中心は３つのTi原子の中心から等距離であることから，この正四面体の外接球の中心であるとわかる。そこで，１辺の長さが $2r$ の正四面体ABCDを考える。頂点Aから△BCDに垂線AHを下ろし，外接球の中心をOとすると，OはAH上にあり，AO＝BOとなる。

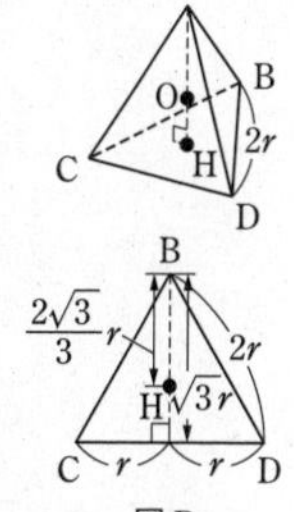

図B

Hは△BCDの重心より，図Bのように $\mathrm{BH}=\dfrac{2\sqrt{3}}{3}r$ なので，三平方の定理より，

$\mathrm{AH}=\sqrt{\mathrm{AB}^2-\mathrm{BH}^2}$
$=\sqrt{(2r)^2-\left(\dfrac{2\sqrt{3}}{3}r\right)^2}$
$=\dfrac{2\sqrt{6}}{3}r$

また，OH＝AH－AO＝AH－BO なので，BO＝$R$ とすると，三平方の定理より，

$$BO^2=BH^2+OH^2$$

$$R^2=\left(\frac{2\sqrt{3}}{3}r\right)^2+\left(\frac{2\sqrt{6}}{3}r-R\right)^2$$

$$r^2-\frac{\sqrt{6}}{3}rR=0 \qquad R=\frac{\sqrt{6}}{2}r$$

隙間に入る原子の半径を $R'$ とすると，$R'=R-r$ より，

$$R'=\frac{\sqrt{6}}{2}r-r=\left(\frac{\sqrt{6}}{2}-1\right)r$$

$$=\frac{0.4393}{2}r$$

$$\fallingdotseq 0.22r$$

問 2　六方最密構造では，図Cの(ア)層と(イ)層が交互に積み重なっている。六方最密構造には図Dのような六角柱中に原子が 6 個含まれる（頂点にある原子は $\frac{1}{6}$ 個分，面にある原子は $\frac{1}{2}$ 個分ずつ含まれる）。

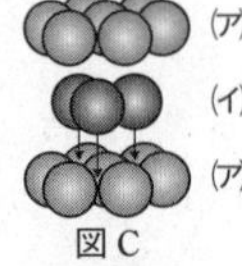

図C

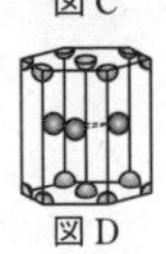
図D

八面体隙間は，図Eのような 6 個の原子に囲まれた隙間であり，六角柱中では図Fの位置になる。

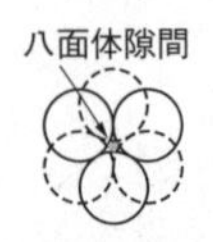

図E

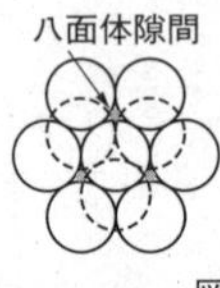

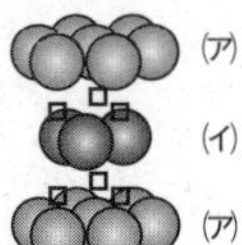

図F

したがって，六角柱中に八面体隙間は 6 個存在する。六角柱中に Ti 原子は 6 個含まれるので，Ti 原子 1 個あたり 1 個の八面体隙間が存在する。

四面体隙間は，図Gのような 4 個の原子に囲まれた隙間である。図Hのような，(イ)層→(ア)層→(イ)層と積み重なっている部分において，(ア)層の中央にある原子に着目すると，その原子の上下に四面体隙間ができることがわかる。したがって，Ti 原子 1 個あたり 2 個の四面体隙間が存在する。

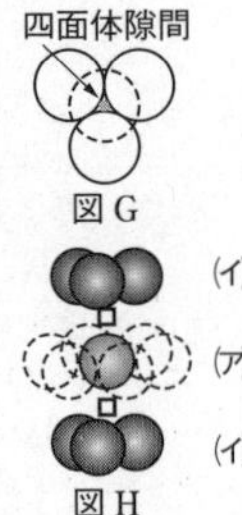

図G　図H

問 3　(i)　体心立方格子における八面体隙間は，図Iのように面の中心にできるものと，辺の中心にできるものの 2 種類がある。

面の中心　辺の中心

図I

これらの中心を問題の図 2 ⓐ中にまとめると，図Jのようになる。●はすべて体心立方格子の辺の中央にあるので，体心立方格子の中央の原子との距離は $\frac{\sqrt{2}}{2}=0.705$，頂点の原子との距離は 0.50 である。一方，○はすべて体心立方格子の面の中央にあるので，体心立方格子の中央の原子との距離は 0.50，頂点の原子との距離は，$\frac{\sqrt{2}}{2}=0.705$ である。したがって，$d_{\text{Ti-H}}$ の値は 0.50，0.71 の 2 つである。

$z$　$\left(\frac{1}{2},\frac{1}{2},\frac{1}{2}\right)$　1　0　0　$y$　$x$　(0,0,0)

図J

(ii)　八面体隙間の中心を問題の図 2 ⓑ中にまとめると，図Kのようになる。したがって，$xy$ 平面では，

$(x,\ y)$
＝(0.00，0.50)，
(0.50，0.50)，(0.50，0.00)，
(0.50，1.00)，(1.00，0.50)

の 5 か所が八面体隙間の中心位置となる。

$y$　(0,1)　(1,1)　$x$　(0,0)　(1,0)

図K

(iii)　体心立方格子における四面体隙間は，図Lのような面上の位置にできる。なお，この四面体は正四面体ではない。

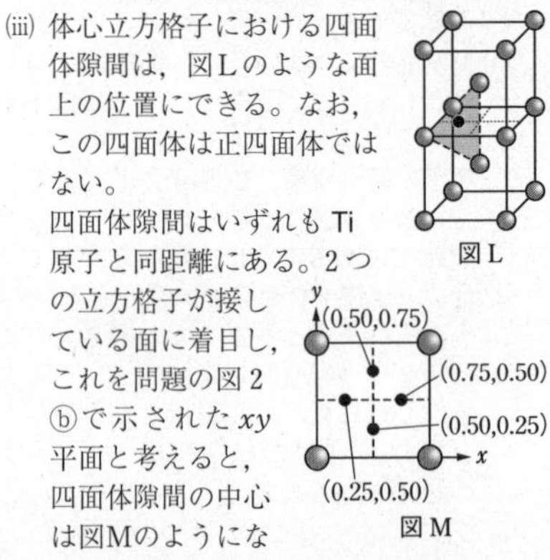

図L　図M

四面体隙間はいずれも Ti 原子と同距離にある。2 つの立方格子が接している面に着目し，これを問題の図 2 ⓑで示された $xy$ 平面と考えると，四面体隙間の中心は図Mのようになる。したがって，$xy$ 平面では，

$(x,\ y)$＝(0.25，0.50)，(0.50，0.25)，
(0.50，0.75)，(0.75，0.50)

の 4 か所が四面体隙間の中心位置となる。

## 2 物質の状態

**【12】** 問1 3 問2 3 問3 2 問4 2
問5 3

問1 気液平衡とは，気体と液体が共存している状態で，状態図の中では曲線CT(蒸気圧曲線)上の状態である。曲線CT上の温度95°Cのときの圧力を読み取れば，容器内の気体(水蒸気)の圧力を求めることができる。

問2 飽和蒸気圧の大きさが大気圧と等しくなる温度が，その大気圧における沸点である。富士山の山頂は大気圧が1気圧より低いので，曲線CT(蒸気圧曲線)より，沸点は100°Cよりも低くなることが読み取れる。そのため，100°Cよりも低い温度のお湯でしかご飯を炊くことができず，平地で炊くときよりも芯のあるご飯になりやすい。

問3 曲線BT(融解曲線)は，その圧力下での融点を表している。曲線BTの傾きより，圧力を大きくするほど，融点は低くなることが読み取れる。

問4 状態図より，$5.0\times10^2$ Paのもとで水は液体として存在することができず，温度を$-10$°Cから25°Cに上げると「固体→気体」の状態変化が起こることが読み取れる。

問5 1 誤り。曲線CTより，圧力が高いほど蒸発する温度(沸点)は高くなることが読み取れる。
2 誤り。二酸化炭素分子 O=C=O は無極性分子に分類される。
3 正しい。この状態を過冷却という。
4 誤り。$-273.15$°Cは絶対温度ではなく絶対零度とよばれる。
5 誤り。酸化カルシウムはイオン結晶，黄リンは分子結晶であり，一般に，イオン結晶のほうが分子結晶よりも融点が高い。

**【13】** A

水蒸気が凝縮し始める前の水蒸気の分圧は，「全圧×モル分率」より

$$1.0\times10^5\times\frac{1}{1+4}=0.20\times10^5\,(\mathrm{Pa})$$

この状態を保ちながら温度を下げていくと，蒸気圧曲線より，60°Cになったとき，水蒸気の凝縮が始まると読み取れる。

**【14】** (5)

気体の状態方程式 $PV=nRT$ より，1 molの理想気体では $V=\dfrac{RT}{P}$ が成り立つ。$R$は気体定数で常に一定なので，$P$が一定の条件下では$V$は$T$に比例する。また$T$が一定の条件下では$V$は$P$に反比例する。したがって，グラフの大まかな形としては(1)と(5)が正しい。

(1)は，圧力が$P_1$および$P_2$のときの $V=\dfrac{R}{P}T$ のグラフである。$P_2>P_1$ なので，傾き $\dfrac{R}{P}$ は圧力$P_1$のときのほうが大きくなる。よって，(1)のグラフは誤りである。

(5)は，温度が$T_1$および$T_2$のときの $V=\dfrac{RT}{P}$ のグラフである。$T_2>T_1$ なので，同じ圧力$P$のときの体積$V$は，温度$T_2$のときのほうが大きくなる。よって，(5)のグラフが正しい。

**【15】** (i) ③
(ii) (ア) ⑥ (イ) ⑤ (ウ) $2.5\times10^5$ Pa
(エ) 25

(i) 1分子中にC原子を$n$個含む有機化合物1 molを完全燃焼させると，$CO_2$が$n$〔mol〕生じる。したがって，1分子中に含まれるC原子の数が最も多い化合物を選べばよい。よって，C原子の数が3個である③が正解となる。

(ii) (ア) 酸素の分圧を$x$〔Pa〕とすると，ボイルの法則 $p_1V_1=p_2V_2$ より

$$3.0\times10^5\times55.4=x\times(55.4+27.7)$$
$$x=2.0\times10^5\,(\mathrm{Pa})$$

(イ) メタンの分圧を$y$〔Pa〕とすると，(ア)と同様にして，

$$1.5\times10^5\times27.7=y\times(55.4+27.7)$$
$$y=5.0\times10^4\,(\mathrm{Pa})$$

(ウ) 分圧比は係数比と等しくなるので，反応前後で各気体の分圧は次のように変化する。

| | $CH_4$ | + $2O_2$ | ⟶ $CO_2$ | + $2H_2O$ | |
|---|---|---|---|---|---|
| 反応前 | $5.0\times10^4$ | $2.0\times10^5$ | 0 | 0 | (Pa) |
| 変化量 | $-5.0\times10^4$ | $-1.0\times10^5$ | $+5.0\times10^4$ | $+1.0\times10^5$ | (Pa) |
| 反応後 | 0 | $1.0\times10^5$ | $5.0\times10^4$ | $1.0\times10^5$ | (Pa) |

よって，反応後の混合気体の圧力は

$$p_{O_2}+p_{CO_2}+p_{H_2O}=2.5\times10^5\,(\mathrm{Pa})$$

(エ) 気体の状態方程式 $pV=nRT$ より

$$a\times10^6\times(55.4+27.3)=n\times8.31\times10^3\times400$$
$$n\fallingdotseq25a\,〔\mathrm{mol}〕$$

**【16】** (ア) ① 溶媒 ② 溶質 ③ $Na^+$ ④ $Cl^-$
⑤ 静電気力またはクーロン力
⑥ 水和 ⑦ ヒドロキシ ⑧ 水素
⑨ 親水 ⑩ 疎水 ⑪ 界面活性剤
⑫ 合成洗剤
(イ) 溶解しやすい物質：(b)，(d)

溶解しにくい物質：(a)，(c)
(ウ) 27％

(イ) ヨウ素 $I_2$，ナフタレン $C_{10}H_8$ は無極性分子で，水に溶解しにくい。スクロース $C_{12}H_{22}O_{11}$ は分子内にヒドロキシ基が多数存在するので，水に溶解しやすい。アラニンはアミノ酸であり，分子内に親水性のアミノ基 $-NH_2$ とカルボキシ基 $-COOH$ が存在するので，水に溶解しやすい。

(ウ) 溶解度が 37.5 なので，水 100g に塩化アンモニウム 37.5g が溶解して飽和水溶液となる。よって，質量パーセント濃度は，

$$\frac{37.5}{100+37.5}\times 100 \fallingdotseq 27(\%)$$

**【17】** (1) イ　(2) カ　(3) ク　(4) カ　(5) カ
(6) イ　(7) $5.6\times10^{-4}$　(8) $3.0\times10^{-4}$
(9) $6.6\times10^{-3}$

(3) 物質量 $2n$ の気体の体積は圧力 $p$ のもとでは $2V$ となる。ただし，圧力 $2p$ のもとでは，体積は 2 分の 1 に圧縮されて $V$ となる(ボイルの法則)。

(7) 溶解度の圧力の条件は $1.0\times10^5$ Pa であり，$N_2$ は 80％ 含まれているので，$N_2$ の分圧は，$1.0\times10^5\times0.80$ Pa となる。ヘンリーの法則より，

$$7.0\times10^{-4}\times\frac{1.0\times10^5\times0.80}{1.0\times10^5}=5.6\times10^{-4}(\text{mol})$$

(8) (7)と同様に考えると，$O_2$ の分圧は，$1.0\times10^5\times0.20$ Pa となる。よって，

$$1.5\times10^{-3}\times\frac{1.0\times10^5\times0.20}{1.0\times10^5}=3.0\times10^{-4}(\text{mol})$$

(9) 分圧は(7)，(8)と変わらないので，40℃ で溶解する $N_2$ と $O_2$ の物質量はそれぞれ，

$N_2$：$5.5\times10^{-4}\times0.80=4.4\times10^{-4}(\text{mol})$

$O_2$：$1.0\times10^{-3}\times0.20=2.0\times10^{-4}(\text{mol})$

したがって，溶けきれずに出てくる $N_2$ と $O_2$ の質量の合計は，

$$(5.6\times10^{-4}-4.4\times10^{-4})\times28 +(3.0\times10^{-4}-2.0\times10^{-4})\times32 \fallingdotseq 6.6\times10^{-3}(\text{g})$$

**【18】** (1) ②　(2) ③

(1) 60℃ における電解質Aおよび電解質Bの溶解度は，グラフからそれぞれ 38g/100g 水および 110g/100g 水と読み取れる。したがって，60℃ の水 200g に溶けることができるAおよびBの質量は，

$$\text{A}：38\times\frac{200}{100}=76(\text{g})\quad \text{B}：110\times\frac{200}{100}=220(\text{g})$$

したがって，50g のAはすべて溶解しているが，240g のBは一部析出する。

(2) (1)より析出するBの質量は，

$$240-220=20(\text{g})$$

**【19】** (A) ④　(B) ⑩　(C) ⑫　(D) ⑭

ファントホッフの法則 $\Pi V=nRT$ より，

$$\Pi\times\frac{100}{1000}=\frac{0.90}{58.5}\times2\times8.31\times10^3\times310$$

$$\Pi\fallingdotseq7.9\times10^5(\text{Pa})$$

(D) 赤血球の内部の溶液の濃度は，生理食塩水(血液)の濃度とほぼ同じであり，その質量パーセント濃度は，生理食塩水 100mL が 100g と仮定すると，

$$\frac{0.90}{100}\times100=0.90(\%)$$

したがって，9.0％ の塩化ナトリウム水溶液に赤血球を入れると，浸透圧(濃度)が等しくなるまで水が半透膜を通過して，赤血球の内部から塩化ナトリウム水溶液へ出て行く。

**【20】** (1) $1.5\times10^{-1}$ mol/L　(2) チンダル現象
(3) ブラウン運動
(4) (a) 電気泳動　(b) ⑤　(5) 透析　(6) 4 回
(7) (c) $5.0\times10^{-6}$ mol　(d) $1.0\times10^3$ 個

(1) 最初の塩化鉄(Ⅲ) $FeCl_3$ 水溶液に含まれる塩化物イオン $Cl^-$ の物質量は，

$$5.00\times10^{-1}\times\frac{10.0}{1000}\times3=1.50\times10^{-2}(\text{mol})$$

$Cl^-$ はすべて 100mL の溶液中に溶けているので，その濃度は，

$$\frac{1.50\times10^{-2}}{\frac{100}{1000}}=1.5\times10^{-1}(\text{mol/L})$$

(4) (b) 電気泳動で陰極に向かって移動したので，水酸化鉄(Ⅲ)のコロイド粒子は正に帯電しているとわかる。凝析にはコロイド粒子のもつ電荷と反対符号で価数の大きなイオンほど有効なので，陰イオンの価数が大きい電解質を選べばよい。よって，3 価の陰イオンを含む⑤が正解である。

(6) 下線部ⅱ)の操作では，100mL のコロイド溶液に含まれていた $Cl^-$ が，900mL の純水と合わせて 1000mL の溶液中に拡散して均一な濃度になる。よって，1 回の操作で $Cl^-$ の濃度は $\frac{1}{10}$ になる。最初の $Cl^-$ の濃度は(1)より $1.5\times10^{-1}$ mol/L なので，3 回の操作で $Cl^-$ の濃度は，

$$1.5\times10^{-1}\times\left(\frac{1}{10}\right)^3=1.5\times10^{-4}(\text{mol/L})$$

4回の操作で $Cl^-$ の濃度は，

$$1.5\times10^{-1}\times\left(\frac{1}{10}\right)^4=1.5\times10^{-5}(\text{mol/L})$$

したがって，$2.0\times10^{-5}$ mol/L 以下にするには4回以上の操作が必要である。

(7) (c) ファントホッフの法則 $\Pi V=nRT$ より

$$1.24\times10^2\times0.100=n\times8.3\times10^3\times300$$
$$n=4.979\cdots\times10^{-6}\fallingdotseq5.0\times10^{-6}(\text{mol})$$

(d) 最初の塩化鉄(Ⅲ) $FeCl_3$ 水溶液に含まれる鉄(Ⅲ)イオン $Fe^{3+}$ の物質量は，

$$5.00\times10^{-1}\times\frac{10.0}{1000}=5.00\times10^{-3}(\text{mol})$$

これがすべて均一な大きさのコロイド粒子に含まれているので，コロイド粒子1個あたりに含まれる $Fe^{3+}$ の数は，

$$\frac{5.00\times10^{-3}}{4.98\times10^{-6}}\fallingdotseq1.0\times10^3(\text{個})$$

**【21】問ⅰ $3.8\times10^{-1}$ g　問ⅱ $4.0\times10^3$**

問ⅰ $\Delta t=K_f m$ より，

$$0.111=1.85m\quad m=0.0600(\text{mol/kg})$$

$m$ は右側の溶液の溶質粒子($Mg^{2+}$，$Cl^-\times2$)の質量モル濃度で，$MgCl_2$ の電離度は1なので，$MgCl_2$ の質量モル濃度は0.0200 mol/kg である。

$Mg^{2+}$，$Cl^-$ は半透膜Xを透過できるので，水溶液Sに溶解させた $MgCl_2$ は，左管と右管の溶液合わせて200 mL(溶媒 0.200 kg)中に均一に拡散していると考えられる。よって，水溶液Sに溶解している $MgCl_2$ の質量は，

$$0.0200\times0.200\times95.2=0.3808$$
$$\fallingdotseq3.8\times10^{-1}(\text{g})$$

問ⅱ 水溶液Sに溶解させた化合物Aの質量は，

$$0.481-0.3808=0.1002\fallingdotseq0.100(\text{g})$$

液面差 5.00 cm(=0.0500 m)による圧力は，

$$1.00\times10^5\times\frac{0.0500}{10.0}=5.00\times10^2(\text{Pa})$$

これは化合物Aのみによる浸透圧である。液面差が5.00 cmになったとき，左管の液面は2.50 cm上昇しているので，左管の水溶液の体積は，

$$100+2.50\times10.0=125(\text{cm}^3)=0.125(\text{L})$$

化合物A(分子量を $M$ とする)は半透膜Xを透過できず，すべて左管の水溶液に溶解しているので，ファントホッフの法則 $\Pi V=nRT$ より，

$$5.00\times10^2\times0.125=\frac{0.100}{M}\times2.50\times10^6$$
$$M=4.0\times10^3$$

**【22】問1〔ア〕蒸気圧降下　〔イ〕沸点上昇　〔ウ〕質量モル　〔エ〕モル沸点上昇**
**問2 A ⑩　B ③　C ④　D ③　E ④　F ⑩　G ⑥　H ④　I ⑧**
**問3 58　問4 1.5**

問2 溶媒のモル分率 $x$ は溶液に占める溶媒の物質量の割合なので，$x=\dfrac{n_S}{n_A+n_S}$

$$\Delta p=p_0-p=p_0-xp_0=(1-x)p_0$$
$$=\left(1-\frac{n_S}{n_A+n_S}\right)p_0=\frac{n_A}{n_A+n_S}p_0$$

$n_A\ll n_S$ なので $n_A+n_S\fallingdotseq n_S$ と近似すると，

$$\Delta p=\frac{n_A}{n_S}p_0$$

ここで，$n_S=\dfrac{1000W_S}{M_S}$ を代入すると，

$$\Delta p=\frac{n_A}{\dfrac{1000W_S}{M_S}}p_0=\frac{M_Sp_0}{1000}\times\frac{n_A}{W_S}$$

問3 水溶液Aの蒸気圧が1気圧($1.013\times10^5$ Pa)と等しくなる温度が沸点なので，グラフより，$t_A=100.05$〔°C〕と読み取れる。Aの式量を $M_A$ とすると，$\Delta t=K_bm$ より，

$$100.05-100=0.52\times\frac{\dfrac{2.8}{M_A}\times2}{\dfrac{1000}{1000}}\quad M_A\fallingdotseq58$$

問4 $\Delta t=K_bm$ における水溶液Aと水溶液Bの違いは，「電離して元の電解質の物質量の何倍の溶質粒子になるか」だけなので，

$$\frac{\Delta t_B}{\Delta t_A}=\frac{3}{2}=1.5$$

**【23】問1 (i) モル分率：0.28**
**分圧：$2.8\times10^4$ Pa　(ii) 36 °C**
**(iii) 分圧：$9.0\times10^4$ Pa　体積：24 L　(iv) 8.0 g**
**問2 (i) ア：ファンデルワールス**
**イ：電気陰性度　(ii) (1) $3.0\times10^3$ kJ**
**(2) 圧力 $p_A$：(い)　圧力 $p_B$：(う)　(iii) 16 g**

問1 (i) He の物質量は，

$$3.60\div4.00=0.900(\text{mol})$$

メタノール $CH_3OH$ の物質量は，

$$11.2\div32.0=0.350(\text{mol})$$

よってメタノールのモル分率は，

$$\frac{0.350}{0.900+0.350}=0.280$$

メタノールの分圧は，「全圧×モル分率」より，

$$1.00\times10^5\times0.280=2.8\times10^4(\text{Pa})$$

(iii) 17 °C でメタノールは気液平衡になっており，蒸気圧曲線より $1.0\times10^4$ Pa の分

圧を示す。よって，He の分圧は，

$1.00\times10^5-1.0\times10^4=9.0\times10^4$ (Pa)

He について気体の状態方程式

$pV=nRT$ より

$9.0\times10^4\times V=0.900\times8.31\times10^3\times290$

$V\fallingdotseq24$ (L)

(iv) 混合気体では「分圧の比＝物質量の比」なので，混合気体中のメタノールの物質量を $x$〔mol〕とすると，

$1.0\times10^4:9.0\times10^4=x:0.900$

$x=0.10$ (mol)

よって，液体として存在しているメタノールの質量は，

$(0.350-0.10)\times32.0=8.0$ (g)

問 2 (ii) (1) 融解と蒸発に必要な熱量は，

$$(6.0+40.7)\times\frac{1.0\times10^3}{18}$$

$\fallingdotseq2.59\times10^3$ (kJ)

水の温度を 0°C から 100°C に上昇させるのに必要な熱量は，

$4.2\times1.0\times10^3\times100=4.20\times10^5$ (J)

$=4.20\times10^2$ (kJ)

よって，必要な総熱量は，

$2.59\times10^3+4.20\times10^2$

$\fallingdotseq3.0\times10^3$ (kJ)

(2) 圧力 $p_A$ では，温度上昇にともない固体→液体→気体と変化するので，融解および沸騰の 2 回，温度一定の区間が現れるグラフとなる。また，氷の比熱＜水の比熱なので，温度上昇のときの傾きは，氷＞水になる。さらに，融解熱＜蒸発熱なので，温度一定の区間で与えられた熱量は，融解＜沸騰になる。よって，(い)が正しい。

圧力 $p_B$ では，図 3 より温度を上昇させると，固体から気体へ変化する。よって，昇華の 1 回のみ温度一定の区間が現れるグラフとなる(う)が正しい。

(iii) この水溶液中のすべての溶質粒子の物質量を $n$〔mol〕とすると，$\Delta t=K_b m$ より，

$$0.13=0.52\times\frac{n}{0.400}\quad n=0.100\ \text{(mol)}$$

グルコースの質量を $x$〔g〕とすると，

$$\frac{x}{180}+\frac{20.0-x}{342}=0.100\quad x\fallingdotseq16\ \text{(g)}$$

**【24】** 問 1 (1) A：分子間力　B：体積

(2) $Z=1$，$a=0$，$b=0$

問 2 $Z=\dfrac{V_m}{V_m-b}-\dfrac{a}{V_mRT}$

問 3 圧力：$8.37\times10^6$ Pa　圧縮率因子：0.839

問 4 (1) 64%

(2) 亜酸化窒素【理由】ファンデルワールス定数 $b$ は分子自身の体積の影響によるものであり，二酸化窒素分子の体積は，同じ三原子分子である亜酸化窒素に最も近いと考えられるから。

問 5 ヘリウムは分子間力が非常に弱く，分子自身の体積の影響によって $Z$ が増加するのに対し，メタンは分子間力の影響が強く表れるため $Z$ が減少する。

問 6 低圧側では，分子間力の影響が大きく，低温にするほど熱運動が穏やかになり分子間力が強くはたらいて，$Z$ は減少する。高圧側では，分子自身の体積の影響が大きく，低温にするほど気体の体積は小さくなり分子自身の体積の影響が大きくなって，$Z$ は増加する。

問 7 (1) キセノン　K：2　L：8　M：18　N：18　O：8

(2) 固体，液体，気体が共存している状態である。

(3) 気体と液体の中間的な性質をもつ超臨界状態となる。

(4) 貴ガスは原子番号が大きくなるほど原子量および原子半径が大きくなる。そのため，分子間力や分子自身の体積が大きくなって，$a$ と $b$ の値も大きくなる。

問 3 圧力は式③にそれぞれの値を代入し，

$$P=\frac{4.00\times8.31\times10^3\times300}{1.00-4.00\times0.0431}-2.30\times10^5\times\left(\frac{4.00}{1.00}\right)^2$$

$\fallingdotseq8.37\times10^6$ (Pa)

圧縮率因子は式④にそれぞれの値を代入し，

$$Z=\frac{1.00}{1.00-4.00\times0.0431}-\frac{2.30\times10^5\times4.00}{1.00\times8.31\times10^3\times300}$$

$\fallingdotseq0.839$

問 4 (1) 同じ質量の窒素と結合している酸素の質量が NO の 2 分の 1 なので，亜酸化窒素の分子式は $N_2O$ である。よって，窒素の質量含有量は，

$$\frac{14.0\times2}{14.0\times2+16.0}\times100\fallingdotseq64\ (\%)$$

# 3 化学反応とエネルギー

**【25】** 2，3

(1) 燃焼は物質が熱と光を発しながら激しく酸化される現象なので，燃焼エンタルピーは負の値になる。

(2) 生成エンタルピーは正の値，負の値どちらもある。

(3) 中和エンタルピーは，酸と塩基が中和して水1molができるときの反応エンタルピーで，負の値になる。

**【26】** (1) −111kJ/mol　(2) −56kJ/mol
(3) 30.1kJ
(4) $H_2O$(固) ⟶ $H_2O$(気)　$\Delta H = 51.0\,\text{kJ}$

(1) C(黒鉛)の燃焼は次式①で表される。

C(黒鉛) + $O_2$ ⟶ $CO_2$　$\Delta H = -394\,\text{kJ}$　…①

問題の式

C(黒鉛) + $CO_2$ ⟶ 2CO　$\Delta H = 172\,\text{kJ}$　…②

①+② より

2C(黒鉛) + $O_2$ ⟶ 2CO　$\Delta H = -222\,\text{kJ}$　…③

生成エンタルピーは，化合物1molが成分元素の単体から生じるときの反応エンタルピーであるから，$\dfrac{-222}{2} = -111$(kJ/mol)

(2) 与えられた反応エンタルピーは，次式④，⑤で表される。

NaOH(固) + aq
　⟶ NaOHaq　$\Delta H_1 = -45\,\text{kJ}$　…④

NaOH(固) + HClaq
　⟶ NaClaq + $H_2O$(液)　$\Delta H_2 = -101\,\text{kJ}$　…⑤

⑤−④ より

NaOHaq + HClaq
　⟶ NaClaq + $H_2O$(液)　$\Delta H = -56\,\text{kJ}$

(3) 全過程は 0℃の氷 → 0℃の水 → 100℃の水 → 100℃の水蒸気 に分けられるから，それぞれの過程で吸収される熱量を求め，加える。

(i) 0℃の氷 → 0℃の水

$Q_1 = 10.0\,\text{g} \times 0.334\,\text{kJ/g} = 3.34\,\text{kJ}$

(ii) 0℃の水 → 100℃の水

$Q_2$ = 質量×比熱×温度変化
$= 10.0\,\text{g} \times 4.18\,\text{J/(g·°C)} \times 100\,°\text{C}$
$= 4.18 \times 10^3\,\text{J} = 4.18\,\text{kJ}$

(iii) 100℃の水 → 100℃の水蒸気

$Q_3 = \dfrac{10.0\,\text{g}}{18.0\,\text{g/mol}} \times 40.7\,\text{kJ/mol} = 22.61\,\text{kJ}$

$Q = Q_1 + Q_2 + Q_3$
$= 3.34\,\text{kJ} + 4.18\,\text{kJ} + 22.61\,\text{kJ} = 30.13\,\text{kJ}$
$\fallingdotseq 30.1\,\text{kJ}$

(4) 反応エンタルピーの総和は，反応前の物質と反応後の物質の状態だけで決まり，途中の過程にはよらない(ヘスの法則)から，0℃の氷 → 0℃の水蒸気の反応エンタルピー(昇華エンタルピー)は，0℃の氷 → 0℃の水の反応エンタルピー(融解エンタルピー)$q_1$と，0℃の水 → 0℃の水蒸気の反応エンタルピー(蒸発エンタルピー)$q_2$の和である。

$q_1 = 18.0\,\text{g/mol} \times 0.334\,\text{kJ/g} \fallingdotseq 6.01\,\text{kJ/mol}$

$q_2$は45.0kJ/molであるから

$Q = q_1 + q_2 = 6.01\,\text{kJ} + 45.0\,\text{kJ} = 51.01\,\text{kJ}$
$\fallingdotseq 51.0\,\text{kJ}$

昇華エンタルピーは昇華において吸収される熱量であるから，正の値である。

**【27】** (1) (ア) 5　(イ) 1　(ウ) 3　(エ) 1　(オ) 4　(カ) 1
(2) −106kJ/mol　(3) $1.2 \times 10^2$ L　(4) 57℃

(2) プロパンの生成エンタルピーを$Q$〔kJ/mol〕とすると，「反応エンタルピー＝生成物の生成エンタルピーの総和−反応物の生成エンタルピーの総和」より，

$-2220 = \{3 \times (-394) + 4 \times (-286)\}$
$\qquad - \{1 \times Q + 5 \times 0\}$

$Q = -106$(kJ/mol)

(3) 8.80gのプロパンを燃焼させるのに必要な酸素の物質量は，$\dfrac{8.80}{44.0} \times 5 = 1.00$(mol) であり，その体積は303K，101kPaで$x$〔L〕とすると，

$\dfrac{x}{303} = \dfrac{22.4}{273}$　　$x = \dfrac{22.4 \times 303}{273}$(L)

空気の体積は，$\dfrac{22.4 \times 303}{273} \times 5 \fallingdotseq 1.2 \times 10^2$(L)

(4) 水の温度が$t$〔℃〕になったとすると，プロパンの燃焼によって放出される熱量の70.0％が水の温度上昇に使われるので，

$2.00 \times 4.20 \times (t - 20) = \dfrac{8.80}{44.0} \times 2220 \times \dfrac{70.0}{100}$

$t = 57$(℃)

**【28】** (1) 2.4kJ
(2) HClaq + NaOHaq
　⟶ NaClaq + $H_2O$(液)　$\Delta H = -58\,\text{kJ}$
(3) 0.52L　(4) 18kJ

(1) NaOH混合直後から溶液は冷却していると考え，時間240s〜480sの温度曲線を外挿(グラフを前後に伸ばし推定値を求める)して時間0sでの温度を求めると，31.0℃となるから，

NaOH の溶解による温度上昇は
$31.0-20.0=11.0$(℃), 水 50mL は 50g。
放出される熱量(J)=質量(g)×比熱(J/(g·℃))×温度上昇度(℃)
$=(50+2.0)\times4.2\times11.0$
$\fallingdotseq2.4$(kJ)

(2) 塩酸 75mL は 75g。放出される熱量は,
$(52+75)\times4.2\times5.4\fallingdotseq2.88$(kJ)

NaOH は $\dfrac{2.0}{40}=0.050$(mol)

HCl は $1.0\times\dfrac{75}{1000}=0.075$(mol)

NaOH がすべて反応して水が 0.050mol 生成するから, 水 1mol あたりの放出される熱量は,
$\dfrac{2.88}{0.050}=57.6\fallingdotseq58$(kJ/mol)
中和エンタルピーは, $-58$kJ/mol。

(3) pH=3.0 より $[H^+]=1.0\times10^{-3}$mol/L
HCl 0.075mol は, NaOH 0.050mol と中和後さらに $NH_3$ $x$〔mol〕と中和するから,
$\dfrac{0.075-0.050-x}{2.0}=1.0\times10^{-3}$
$x=0.023$(mol)
$22.4\times0.023=0.515\fallingdotseq0.52$(L)

(4) 濃硫酸の水への溶解で放出される熱量と中和で放出される熱量を求める。
実験 4 で濃硫酸 10mL は $1.8\times10=18$(g)
濃硫酸の水への溶解で放出される熱量
$=(18+100)\times4.2\times25=12390$(J)$\fallingdotseq12.4$(kJ)

$H_2SO_4$ は $18\times\dfrac{10}{1000}=0.18$(mol)

NaOH は $1.0\times\dfrac{100}{1000}=0.10$(mol)

よって NaOH がすべて反応し, 中和で放出される熱量は, $57.6\times0.10=5.76$(kJ)
実験 5 で放出される熱量は,
$Q=12.4+5.76\fallingdotseq18$(kJ)

**【29】** (1) 過程 2：ハロゲン分子 $X_2$ の結合エネルギー
過程 3：アルカリ金属 M の(第一)イオン化エネルギー
過程 4：ハロゲン X の電子親和力
(2) ヨウ素 (3) リチウム
(4) (a) 425kJ (b) $-355$kJ (c) $-436$kJ/mol

(1) 過程 2：ハロゲン分子の解離が起きており, 反応式は $\frac{1}{2}X_2$(気) ⟶ X(気)で表される。
過程 3：アルカリ金属原子のイオン化(または電離)が起きており, 反応式は M(気) ⟶ $M^+$(気) + $e^-$ で表される。
過程 4：ハロゲン原子が電子を受け取っており, 反応式は X(気) + $e^-$ ⟶ $X^-$(気)で表される。
なお, 過程 1 は M(固) ⟶ M(気)で M の昇華エンタルピー, 過程 5 は $M^+$(気) + $X^-$(気) ⟶ MX(固)で MX の格子エネルギーを表す反応式の逆反応を表している。

(2) $Cl_2\rightarrow Br_2\rightarrow I_2$ と原子が大きくなると X–X の結合エネルギーは小さくなる。

(3) Li → Na → K → Rb と原子が大きくなると, M のイオン化エネルギーは小さくなる。

(4) 与式を順に①〜⑤とする。
(a) ②−① より
K(気) ⟶ $K^+$(気) + $e^-$ $\Delta H=425$kJ …⑥
(b) ④−③ より
Cl(気) + $e^-$ ⟶ $Cl^-$(気)
$\Delta H=-355$kJ …⑦
(c) ヘスの法則より
KCl(固)の生成エンタルピー
=過程 1 〜 5 の反応エンタルピーの総和
=①+③+⑥+⑦+⑤の反応エンタルピーの総和
$=89+122+425+(-355)+(-717)$
$=-436$(kJ)

**【30】** (1) 1mol の共有結合を切り離して原子にするのに必要なエネルギー。
(2) 413kJ/mol (3) $CH_4+2O_2\longrightarrow CO_2+2H_2O$
(4) $-811$kJ (5) $-310$kJ

(2) $CH_4$(気) ⟶ C(気) + 4H(気)の反応エンタルピーは C–H 結合 4mol の結合エネルギーを表す。よって, ①+③×2−② より
$CH_4$(気) ⟶ C(気) + 4H(気)
$\Delta H=1653.5$kJ
1mol あたりの結合エネルギーは,
$\dfrac{1653.5}{4}\fallingdotseq413$(kJ/mol)

(4) $CO_2$ 1 分子は C=O 結合 2 個を含み, $H_2O$ 1 分子は O–H 結合 2 個を含むから,
$CH_4$(気) ⟶ C(気) + 4H(気)
$\Delta H=1653.5$kJ …④
$O_2$(気) ⟶ 2O(気) $\Delta H=498$kJ …⑤
$CO_2$(気) ⟶ C(気) + 2O(気)
$\Delta H=2\times804=1608$kJ …⑥
$H_2O$(気) ⟶ 2H(気) + O(気)
$\Delta H=2\times463=926$kJ …⑦
④+⑤×2−⑥−⑦×2 より
$CH_4$(気) + $2O_2$(気) ⟶ $CO_2$(気) + $2H_2O$(気) $\Delta H=-810.5$kJ

別解 気体反応においては，「反応エンタルピー＝反応物の結合エネルギーの総和－生成物の結合エネルギーの総和」より，

$$CH_4 + 2O_2 \longrightarrow CO_2 + 2H_2O(気) \quad \Delta H = Q\,[\mathrm{kJ}]$$

において

$$Q = (1653.5 + 498\times 2) - (1608 + 926\times 2) = -810.5\,(\mathrm{kJ})$$

(5) $CH{\equiv}CH + 2H_2 \longrightarrow CH_3CH_3$

$$\Delta H = (\underset{C\equiv C}{\underline{810}} + \underset{C-H}{\underline{413.3}}\times 2 + \underset{H-H}{\underline{432}}\times 2) - (\underset{C-H}{\underline{413.3}}\times 6 + \underset{C-C}{\underline{331}}) = -310.2\,(\mathrm{kJ})$$

**【31】** c, e, g, i

(a)〜(d) ルミノール反応は，ルミノール分子が鉄触媒(ヘキサシアニド鉄(Ⅲ)酸カリウム等)のもと，過酸化水素によって酸化されることによって起こる。このとき生成する 3-アミノフタル酸は励起状態であり，基底状態にもどるとき，安定化した際のエネルギーを青色の蛍光として発光する。

(e)〜(h) 光合成は次の化学反応式で表される。

$$6CO_2 + 6H_2O \longrightarrow C_6H_{12}O_6 + 6O_2 \quad \Delta H = Q(光エネルギー，Q>0)$$

光エネルギーを吸収する吸熱反応であり，水は酸素に変化して還元剤としてはたらく。

(i)，(j) 化学発光はエネルギーの高い励起状態を経て，エネルギーの低い基底状態にもどるときに生じる。

**【32】** (1) 温度上昇が終わったあとの温度低下の過程の 2 〜 5 分のグラフを 0 分に延長し，熱が逃げなかった場合の温度予想値を求める。(57 字)

(2) $\dfrac{285}{\Delta T} - 252$〔J/K〕 (3) $-0.22(252+C)$〔kJ/mol〕

(4) $-0.40(252+C) - \Delta H_1$〔kJ/mol〕
(または $-0.18(252+C)$〔kJ/mol〕)

(2) 塩酸の出す $H^+$ は，

$$1\times 0.10\times\frac{55}{1000} = 5.5\times 10^{-3}\,(\mathrm{mol})$$

水酸化ナトリウムの出す $OH^-$ は，

$$1\times 1.0\times\frac{5.0}{1000} = 5.0\times 10^{-3}\,(\mathrm{mol})$$

反応する $H^+$，$OH^-$ は，$5.0\times 10^{-3}$ mol である。
中和エンタルピーは $-57$ kJ/mol $=-57000$ J/mol なので，放出される熱量は，

$$5.0\times 10^{-3}\times 57000 = 285\,(\mathrm{J})$$

溶液は $55+5.0=60$(mL)$=60$(g) であるから，溶液の熱容量は，$60\times 4.2 = 252$(J/K)
溶液と容器の合計熱容量は，$(252+C)$〔J/K〕
よって，$(252+C)\times\Delta T = 285$

$$C = \frac{285}{\Delta T} - 252\,〔\mathrm{J/K}〕$$

(3) 硫酸の出す $H^+$ は，

$$0.050\times\frac{55}{1000}\times 2 = 5.5\times 10^{-3}\,(\mathrm{mol})$$

水酸化ナトリウムの出す $OH^-$ は，

$$1.0\times\frac{5.0}{1000}\times 1 = 5.0\times 10^{-3}\,(\mathrm{mol})$$

反応する $H^+$，$OH^-$ は，$5.0\times 10^{-3}$ mol である。
中和による発熱量〔J〕は，

$$-5.0\times 10^{-3}\Delta H_1〔\mathrm{kJ}〕 = -5\Delta H_1〔\mathrm{J}〕$$

であり，これが溶液と容器の受けとる熱量に等しいので，

$$-5\Delta H_1 = (252+C)\times 1.1$$
$$\Delta H_1 = -0.22(252+C)$$

(4) 実験 3 での発熱量は，水酸化ナトリウムの溶解エンタルピーと中和エンタルピーの和である。水酸化ナトリウム(式量 40) 0.20 g は $5.0\times 10^{-3}$ mol であるから，溶解によるエンタルピー変化は $5.0\times 10^{-3}\Delta H_2$〔kJ〕。用いた硫酸は(3)と同じであるから，中和によるエンタルピー変化は $5.0\times 10^{-3}\Delta H_1$〔kJ〕。水溶液は 60 mL なので，実験 3 での発熱量〔J〕は，

$$(-5.0\times 10^{-3}\Delta H_1 - 5.0\times 10^{-3}\Delta H_2)〔\mathrm{kJ}〕 = (-5\Delta H_1 - 5\Delta H_2)〔\mathrm{J}〕$$

よって，$-5\Delta H_1 - 5\Delta H_2 = (252+C)\times 2.0$

$$\Delta H_2 = -0.40(252+C) - \Delta H_1$$

もしくは，$\Delta H_2 = -0.18(252+C)$

**【33】** (1) $-2834$ kJ (2) (a) $-(E_{C-C} + 6E_{C-H})$
(b) $-2826$ (c) 436
(3) (d) $(E_{C=C} + E_{H-H}) - (E_{C-C} + E_{C-H}\times 2)$
(e) $-360$

(1) ③×2＋⑤×3＋⑥×3－②－④×2 より

$$2C + 6H \longrightarrow C_2H_6 \quad \Delta H = -2834\,\mathrm{kJ}$$

(2) (a) $C_2H_6$ 1 mol あたり C−C 結合 1 mol と C−H 結合 6 mol が生じるので，$E_{C-C} + 6\times E_{C-H}$ の熱量が放出される。

(b) $-(348 + 6\times 413) = -2826\,(\mathrm{kJ})$

(c) ⑥式の逆反応 $H{-}H \longrightarrow 2H \quad \Delta H = 436\,\mathrm{kJ}$ は H−H 結合の結合エネルギーを表す。

(3) (d) $CH_2\langle^{CH=CH}_{CH_2-CH_2}\rangle CH_2 + H_2 \longrightarrow CH_2\langle^{CH_2-CH_2}_{CH_2-CH_2}\rangle CH_2$

「反応エンタルピー＝反応物の結合エネルギーの総和－生成物の結合エネルギーの総和」より，

$$\Delta H = (5\times E_{C-C} + E_{C=C} + 10\times E_{C-H} + E_{H-H}) - (6\times E_{C-C} + 12\times E_{C-H})$$

$=(E_{C=C}+E_{H\text{-}H})-(E_{C\text{-}C}+2\times E_{C\text{-}H})$

$(E_{C=C}+436)-(348+2\times 413)=-120$

$E_{C=C}=618(\text{kJ/mol})$

同様にシクロヘキサジエンと水素の反応

$CH \overset{CH-CH}{\underset{CH_2-CH_2}{}} CH + 2H_2$

$\longrightarrow CH_2 \overset{CH_2-CH_2}{\underset{CH_2-CH_2}{}} CH_2$

$\Delta H=(4\times E_{C\text{-}C}+2\times E_{C=C}+8\times E_{C\text{-}H}+2E_{H\text{-}H})-(6E_{C\text{-}C}+12E_{C\text{-}H})$

$=2\{(E_{C=C}+E_{H\text{-}H})-(E_{C\text{-}C}+2\times E_{C\text{-}H})\}$

$=2\times(-120)=-240(\text{kJ})$

(e) (d)と同様にベンゼンと水素の反応

(ベンゼン) $+ 3H_2 \longrightarrow$ (シクロヘキサン)

$\Delta H=3\times(-120)=-360(\text{kJ})$

**【34】** (1) (ア) 生成エンタルピー
(イ) 昇華エンタルピー　(ウ) イオン化エネルギー
(エ) 結合エネルギー　(オ) 電子親和力
(カ) −489　(キ) 2644
(2) c
**【理由】** 電荷が同じイオンではイオン間の距離が短いほど結合力が強くなるから。(32字)

(1) (ア) 式(i)は $CaF_2$(固)の生成を表す。
(イ) 固体から気体への状態変化に必要なエネルギーは昇華エンタルピーである。
これらの変化を表すエネルギー図は次の通り。

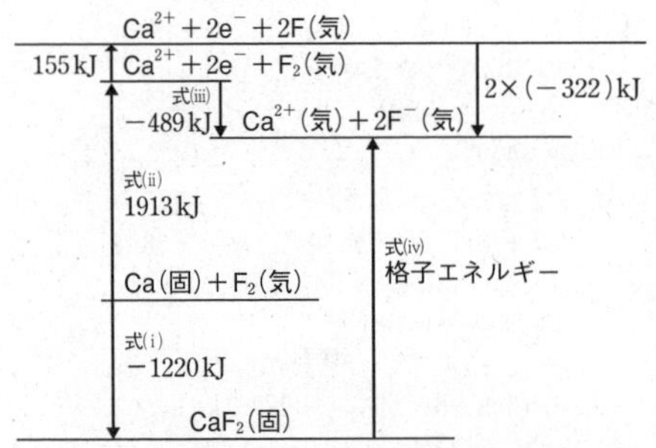


(カ) 気体状態のフッ素分子がフッ素原子になり，電子を受け取ってフッ化物イオンになるときのエンタルピー変化は，
$2\times(-322)+155=-489(\text{kJ})$
(キ) 格子エネルギーは，図より
$-(-1220)+1913+(-489)=2644(\text{kJ})$

(2) イオン半径が $Ba^{2+}>Sr^{2+}>Ca^{2+}$ の順に小さくなるため，イオン間にはたらくクーロン力は $BaF_2<SrF_2<CaF_2$ となり，格子エネルギーもこの順に大きくなる。

## 4 反応の速さと化学平衡

**【35】** ③

① 反応速度は2倍になる。
② 反応速度は $\sqrt{2}$ 倍になる。
③ 体積が $\frac{1}{2}$ 倍になるため，$[H_2]$，$[Br_2]$ ともに2倍になり，反応速度は $2\sqrt{2}$ 倍になる。
④ 反応速度は2倍になる。

よって，反応速度が最も大きくなる反応条件は③である。

**【36】** 問1 (1) (i) $\bar{c}_{0\text{-}1}=\dfrac{c_0+c_1}{2}$
(ii) $\bar{v}_1=-\dfrac{c_1-c_0}{t_1}$
(2) (i) $\bar{c}_{1\text{-}2}=\dfrac{c_1+c_2}{2}$
(ii) $\bar{v}_2=-\dfrac{c_2-c_1}{t_2-t_1}$
(3) $\bar{v}_2=\left(\dfrac{c_1+c_2}{c_0+c_1}\right)^2\bar{v}_1$
問2 (1) $K=\dfrac{[HI]^2}{[H_2][I_2]}$　(2) 64

問1 (1) 2点の濃度の平均値は，その中間値とする。平均反応速度は，濃度の変化量を経過時間で割る。
(3) 正反応の反応速度式は $v=k[H_2][I_2]$ と表され，$H_2$ と $I_2$ で同じ物質量を加えているので，$[H_2]=[I_2]$ となり，
$v=k[H_2]^2$ となる。温度が一定のとき，反応速度定数 $k$ は一定値になるので，

$$\frac{\bar{v}_2}{\left(\dfrac{c_1+c_2}{2}\right)^2}=\frac{\bar{v}_1}{\left(\dfrac{c_0+c_1}{2}\right)^2}$$

$$\bar{v}_2=\left(\frac{c_1+c_2}{c_0+c_1}\right)^2\bar{v}_1$$

問2 (2)

| | $H_2$ | + | $I_2$ | $\longrightarrow$ | $2HI$ | |
|---|---|---|---|---|---|---|
| 反応前 | 1.00 | | 1.00 | | 0 | (mol) |
| 変化量 | −0.80 | | −0.80 | | +1.60 | (mol) |
| 平衡時 | 0.20 | | 0.20 | | 1.60 | (mol) |

このとき体積を $V$(L)とすると，

$$K=\frac{\left(\dfrac{1.60}{V}\right)^2}{\dfrac{0.20}{V}\times\dfrac{0.20}{V}}=64$$

**【37】** 問1 (ア) 緩衝　(イ) 逆反応方向　(ウ) 低下
(エ) $CO_2$　(オ) 正反応方向　(カ) 上昇
問2 (a) 21.8　(b) 0.681　(c) (う)

問1 ルシャトリエの原理により，$H^+$ が増えると

平衡は左に移動し，pH の低下が抑制される。$OH^-$ が増加すると平衡は右に移動し，pH の増加が抑制される。

問 2 (a)

| | $H_2$ | + | $I_2$ | ⟶ | 2HI | |
|---|---|---|---|---|---|---|
| 反応前 | 1.00 | | 1.00 | | 0 | (mol) |
| 変化量 | −0.700 | | −0.700 | | +1.40 | (mol) |
| 平衡時 | 0.300 | | 0.300 | | 1.40 | (mol) |

このとき体積を $V$(L) とすると，

$$K=\frac{\left(\frac{1.40}{V}\right)^2}{\frac{0.30}{V}\times\frac{0.30}{V}}=\left(\frac{14}{3}\right)^2 \fallingdotseq 21.8$$

(b) 水素の物質量を 1.50 mol として平衡状態のときの物質量を考えると，

| | $H_2$ | + | $I_2$ | ⟶ | 2HI | |
|---|---|---|---|---|---|---|
| 反応前 | 1.50 | | 1.00 | | 0 | (mol) |
| 変化量 | $-x$ | | $-x$ | | $+2x$ | 〔mol〕 |
| 平衡時 | $1.50-x$ | | $1.00-x$ | | $2x$ | 〔mol〕 |

$$K=\frac{(2x)^2}{(1.50-x)(1.00-x)}=\left(\frac{14}{3}\right)^2$$

$$x=\frac{245\pm7\sqrt{265}}{160}$$

$16<\sqrt{265}<17$ より，

$0.7875<x<0.8312$

よって，$H_2$ の物質量は，

$0.669<1.50-x<0.713$

最も適する値は 0.681 mol である。

(c) この反応では反応物と生成物がともに気体で，その係数の合計が等しいので，平衡は圧力変化の影響を受けない。

**【38】** (1) $K_c=2.5\times10^6K_p$ (2) $6.0\times10^{-5}\,Pa^{-1}$

(3) (a) 増加する。加圧すると分子の数が減少する方向に移動するので，平衡が右に移動するから。

(b) 減少する。加温すると吸熱反応の方向に移動するので，平衡が左に移動するから。

(c) 変化しない。温度，体積一定でアルゴンを加えても，平衡状態にある $NO_2$，$N_2O_4$ の分圧は変化しないので，平衡も移動しないから。

(1) 状態方程式より，$P_{NO_2}=[NO_2]RT$，$P_{N_2O_4}=[N_2O_4]RT$ である。

$$K_p=\frac{P_{N_2O_4}}{(P_{NO_2})^2}=\frac{[N_2O_4]RT}{([NO_2RT])^2}=\frac{K_c}{RT}$$

$$K_c=K_pRT$$
$$=8.3\times10^3\times300K_p$$
$$\fallingdotseq 2.5\times10^6K_p$$

(2) 同温・同圧下での反応であり，(体積比)=(物質量の比) の関係が成り立つ。50 mL の NO と 25 mL の $O_2$ が過不足なく反応して，50 mL の $NO_2$ が発生する。その後，$NO_2$ の $x$〔mL〕が反応して平衡状態になったとすると，

| | $2NO_2$ | ⇄ | $N_2O_4$ | |
|---|---|---|---|---|
| 反応前 | 50 | | 0 | (mL) |
| 変化量 | $-2x$ | | $+x$ | 〔mL〕 |
| 平衡時 | $50-2x$ | | $x$ | 〔mL〕 |

平衡時の体積が 30 mL なので，

$50-x=30$

$x=20$

よって，平衡時の $NO_2$ は 10 mL，$N_2O_4$ は 20 mL である。このときそれぞれの気体の分圧は，全圧にモル分率をかけて求められる。

$$P_{NO_2}=1.0\times10^5\times\frac{1}{3}=\frac{1}{3}\times10^5\,(Pa)$$

$$P_{N_2O_4}=1.0\times10^5\times\frac{2}{3}=\frac{2}{3}\times10^5\,(Pa)$$

よって，

$$K_p=\frac{\frac{2}{3}\times10^5}{\left(\frac{1}{3}\times10^5\right)^2}=6.0\times10^{-5}\,(Pa^{-1})$$

**【39】** 問 i 2.8 問 ii 8.8

問 i $[H^+]=\sqrt{cK_a}$ より，

$$[H^+]=\sqrt{0.150\times2.00\times10^{-5}}$$
$$=\sqrt{3}\times10^{-3}$$
$$pH=-\log_{10}(\sqrt{3}\times10^{-3})$$
$$=3-\frac{1}{2}\times0.477$$
$$\fallingdotseq 2.8$$

問 ii 生じる酢酸ナトリウムのモル濃度 $C_s$〔mol/L〕は，

$$C_s=0.150\times\frac{50}{100}=\frac{0.150}{2}$$

弱酸の塩の水溶液において，

$[H^+]=\sqrt{\frac{K_aK_w}{C_s}}$ が成り立つので，

$$[H^+]=\sqrt{\frac{4\times10^{-19}}{0.15}}=2\sqrt{\frac{2}{3}}\times10^{-9}$$

$$pH=-\log_{10}\left(2\sqrt{\frac{2}{3}}\times10^{-9}\right)$$
$$=9-0.301-\frac{1}{2}\times0.301+\frac{1}{2}\times0.477$$
$$\fallingdotseq 8.8$$

**【40】** (a) (ア) ホールピペット (イ) ビュレット

(b) $Ag^+ + Cl^- \longrightarrow AgCl$

(c) $2Ag^+ + CrO_4^{2-} \longrightarrow Ag_2CrO_4$

(d) 塩化銀の沈殿が増え溶液中の塩化物イオンの濃度が減少していくと，銀イオン濃度が増加するため，銀イオンとクロム酸イオン

の濃度の積が溶解度積を上回るようになったため。

(e) 2.5 mol/L

(f) 生じない。水溶液中の銀イオンと塩化物イオンの濃度積が塩化銀の溶解度積を下回るため。

(e) 滴下した銀イオンの物質量は，試料中の塩化物イオンの物質量と等しいと近似できる。溶液Aのモル濃度を $x$〔mol/L〕とすると，実験に用いた溶液Bは 20 倍に希釈している。
よって，

$$\frac{x}{20}\times\frac{10}{1000}=1.0\times10^{-1}\times\frac{12.5}{1000}$$

$$x=2.5\,(\mathrm{mol/L})$$

(f) 混合溶液中の $[Cl^-]=1.0\times10^{-9}$ mol/L，$[Ag^+]=5.0\times10^{-2}$ mol/L より，

$$[Ag^+][Cl^-]=5.0\times10^{-11}<1.8\times10^{-10}$$

よって，沈殿は生成しない。

**【41】** 問1 ③　問2 ④　問3 ②　問4 ④
問5 ⑤

問1 反応開始から 30 分間に発生した酸素の物質量は，

$$\frac{1}{2}\times(0.80-0.28)\times\frac{100}{1000}$$
$$=2.6\times10^{-2}\,(\mathrm{mol})$$

27°C，$1.013\times10^5$ Pa における体積は，

$$\frac{22.4}{273}\times300\times2.6\times10^{-2}=0.64\,(\mathrm{L})$$

問2 反応速度は濃度の変化量を経過時間で割ると求められるので，

$$-\frac{0.20-0.56}{40-10}=1.2\times10^{-2}\,(\mathrm{mol/(L\cdot min)})$$

問3 いくつかの区間の平均反応速度，平均濃度，(平均分解速度)÷(平均濃度) の値を求めてみると，

0〜10 分　(平均分解速度)$=2.4\times10^{-2}$
(過酸化水素の平均濃度)$=0.68$
$\frac{(平均分解速度)}{(平均濃度)}=3.53\times10^{-2}$

10〜20 分　(平均分解速度)$=1.6\times10^{-2}$
(過酸化水素の平均濃度)$=0.48$
$\frac{(平均分解速度)}{(平均濃度)}=3.33\times10^{-2}$

20〜30 分　(平均分解速度)$=1.2\times10^{-2}$
(過酸化水素の平均濃度)$=0.34$
$\frac{(平均分解速度)}{(平均濃度)}=3.53\times10^{-2}$

これらの結果から，平均分解速度と平均濃度が比例するすることがわかる。

問4 問3より，反応速度定数は $3.4\times10^{-2}$/min になる。

問5 温度が 20°C から 50°C まで 30K 上昇するので，反応速度が $2^3=8$ 倍になる。

**【42】** 問1 (ア) 均一　(イ) 不均一　(ウ) 黄褐　(エ) 酸素

問2 ① 3　② 1　③ 1

問3 活性化エネルギーを超えるエネルギーをもつ粒子の割合が増加するため。(33 字)

問4 触媒が活性化エネルギーを低下させるため。(20 字)

問5 2 【理由】粉末状の酸化マンガン(Ⅳ)より，塊状のときの方が表面積が小さくなり反応速度が小さくなるため。(47 字)

問1 反応物と均一に混ざりあう触媒を均一触媒といい，混ざりあわないものを不均一触媒という。過酸化水素水に塩化鉄(Ⅲ)飽和水溶液を加えると，塩化鉄(Ⅲ)は触媒としてはたらくので，自らは変化せず，水溶液の色は $Fe^{3+}$ の黄褐色になる。このとき，過酸化水素の自己酸化還元反応により酸素が発生する。酸化マンガン(Ⅳ)のような固体触媒は，不均一触媒としてはたらく。

問2 ① 反応物の濃度を高くしても反応速度定数は変化しない。
② 温度を上げると，反応速度定数は大きくなる。
③ 触媒を加えると，反応速度定数は大きくなる。反応速度定数は，アレニウスの式に示されるように，温度と活性化エネルギーの影響を受けるが，反応物の濃度の影響は受けない。

問5 固体触媒は，触媒の表面で触媒作用が起こる。

**【43】** 問1 $K=\frac{[CH_3COOC_2H_5][H_2O]}{[CH_3COOH][C_2H_5OH]}$

問2 反応が平衡状態にあるとき，濃度，温度，圧力などの条件を変化させると，その影響を緩和する方向に平衡が移動する。(54 字)

問3 (a) 0.80 mol
(b)

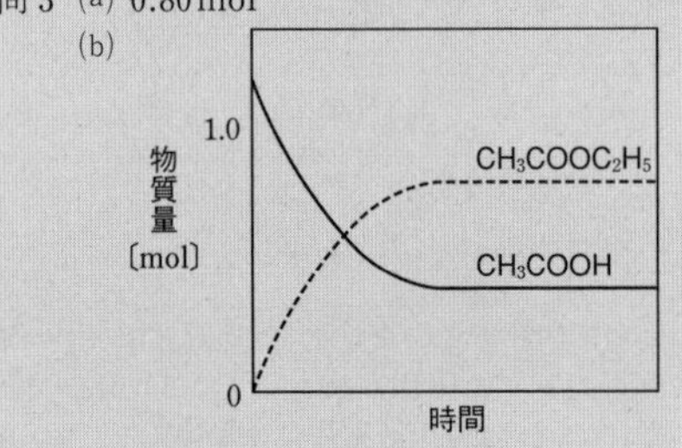

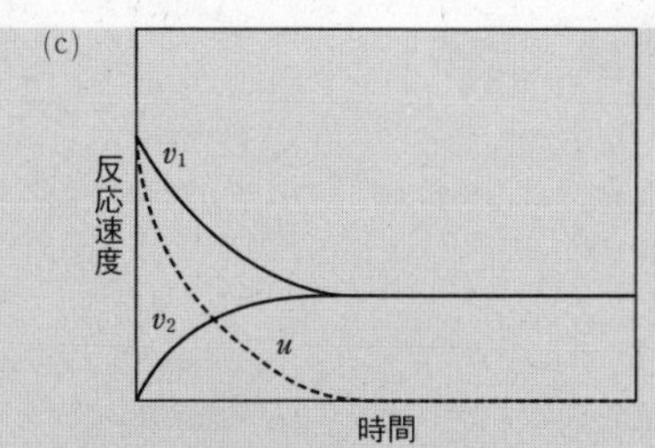


(d) 反応エンタルピー：$0.80Q$

(e) $K$ 変化なし，$t_e$ 減少，$Q$ 変化なし，$E_{a1}$ 減少，$v_1$ 増加，$v_2$ 増加

問4　$\bar{c}=0.34\,\mathrm{mol/L}$

$\bar{v}=2.0\times10^{-3}\,\mathrm{mol/(L\cdot min)}$

$k=6\times10^{-3}/\mathrm{min}$

問5　(お)

問3　(a)

| | $CH_3COOH$ + | $C_2H_5OH$ ⟶ | $CH_3COOC_2H_5$ + | $H_2O$ |
|---|---|---|---|---|
| 反応前 | 1.2 | 1.2 | 0 | 0 (mol) |
| 変化量 | $-x$ | $-x$ | $+x$ | $+x$〔mol〕 |
| 平衡時 | $1.2-x$ | $1.2-x$ | $x$ | $x$〔mol〕 |

容器の体積を $V$〔L〕とすると，

$$K=\frac{\left(\dfrac{x}{V}\right)^2}{\left(\dfrac{1.2-x}{V}\right)^2}=4.0$$

$x=0.80\,(\mathrm{mol})$

(b) $CH_3COOH$ の物質量は時間とともに減少し，$CH_3COOC_2H_5$ は増加する。

(d) 式(1)の正反応の反応エンタルピーが$Q$であり，これは$CH_3COOH$ が1mol 反応するときの反応エンタルピーである。20～30℃において$K$は変化せず，25℃における平衡状態に達するまでに0.80mol の $CH_3COOH$ が反応したので，そのときの反応エンタルピーは$0.80Q$と表せる。

(e) 触媒を用いても平衡定数$K$，反応エンタルピー$Q$は変化しない。反応速度 $v_1$，$v_2$ は増加し，平衡に達する時間 $t_e$ も短くなる。活性化エネルギー$E_{a1}$は減少する。

問4　反応時間の間に増加する NaOH 水溶液の滴下量は，その間に加水分解で生じた $CH_3COOH$ の中和に使われる。つまり，その分，$CH_3COOC_2H_5$ が分解された。0分から37分までに分解された $CH_3COOC_2H_5$ のモル濃度は，

$$0.50\times\frac{11.0-10.0}{1000}\times\frac{1000}{5.0}=0.10\,(\mathrm{mol/L})$$

37分から97分まででは，

$$0.50\times\frac{12.2-11.0}{1000}\times\frac{1000}{5.0}=0.12\,(\mathrm{mol/L})$$

よって，37分における $CH_3COOC_2H_5$ のモル濃度は，

$0.50-0.10=0.40\,(\mathrm{mol/L})$

97分における $CH_3COOC_2H_5$ のモル濃度は，

$0.40-0.12=0.28\,(\mathrm{mol/L})$

これより，37～97分における $CH_3COOC_2H_5$ の平均濃度は，

$$\bar{c}=\frac{0.40+0.28}{2}=0.34\,(\mathrm{mol/L})$$

この間の平均分解速度は，

$$\bar{v}=\frac{0.12}{97-37}=2.0\times10^{-3}\,(\mathrm{mol/(L\cdot min)})$$

これより，

$$\frac{\bar{v}}{\bar{c}}=\frac{2.0\times10^{-3}}{0.34}\fallingdotseq6\times10^{-3}\,(/\mathrm{min})$$

0～37分における $\bar{v}$，$\bar{c}$ の値を使っても同様の値が求まる。

問5　式(3)の両辺の自然対数をとると，

$$\log_e k=-\frac{E_a}{RT}+\log_e A$$

となり，縦軸に $\log_e k$，横軸に $\dfrac{1}{T}$ をとると，右下がりの直線となる。

**【44】** (A) ②　(B) ⑦　(C) ⑭

(A)，(B)：$\tau=(k[\mathrm{OH}])^{-1}$ より，

$$\tau=\frac{1}{6.4\times10^{-15}\times1.0\times10^6}=\frac{1}{64}\times10^{10}\,(\mathrm{sec})$$

$$=\frac{1}{64}\times10^{10}\times\frac{1}{3600}\fallingdotseq4\times10^4\,(\mathrm{hour})$$

(C)：$\dfrac{1}{64}\times10^{10}\times\dfrac{1}{3600}\times\dfrac{1}{12}\times\dfrac{1}{365}\fallingdotseq10$(年)

**【45】** 問1　(ア) ホールピペット　(イ) ビュレット
問2　23.9％　問3　$3.20\times10^{-2}\,\mathrm{mol/L}$
問4　46.7％　問5　1.40g

問2　実験Ⅰで生じた白色沈殿は硫酸バリウムであり，混合物X中の $Na_2SO_4$ 中の $SO_4^{2-}$ がすべて沈殿し，0.699gの硫酸バリウムが生じた。よって，X中の $Na_2SO_4$ の物質量は，

$$\frac{0.699}{233}=3.00\times10^{-3}\,(\mathrm{mol})$$

よって，混合物X中の硫酸ナトリウムの質量パーセントは，

$$\frac{3.00\times10^{-3}\times142}{1.78}\times100\fallingdotseq23.9\,(\%)$$

問3　実験Ⅱで生じる沈殿も硫酸バリウムである。そこへ硫酸カリウムを加えて，X中のすべての $Ba^{2+}$ を沈殿させた。その後250mLの溶液Aから50mLをとり，硝酸銀を加えて塩化物イオンをすべて沈殿させる。加えた

硝酸銀の全物質量は，

$0.120 \times \frac{50.0}{1000} = 6.00 \times 10^{-3}$(mol)

AgCl を取り除いたろ液中に含まれる $Ag^+$ の物質量は，AgSCN の沈殿が生じた時点でほぼすべての $Ag^+$ が沈殿したとみなすことができ，かつ $Ag^+$ と $SCN^-$ の物質量の比が 1：1 であることから，

$0.100 \times \frac{44}{1000} = 4.40 \times 10^{-3}$(mol)

この差が塩化物イオンと反応した $Ag^+$ の物質量であり，溶液A中の塩化物イオンのモル濃度は，

$(6.00 \times 10^{-3} - 4.40 \times 10^{-3}) \times \frac{1000}{50.0}$

$= 3.20 \times 10^{-2}$(mol/L)

問 4　250 mL の溶液Aに含まれる塩化物イオンの物質量は，

$(6.00 \times 10^{-3} - 4.40 \times 10^{-3}) \times \frac{250}{50.0}$

$= 8.00 \times 10^{-3}$(mol)

これは混合物X中の塩化バリウムに由来するので，塩化バリウムの物質量は $4.00 \times 10^{-3}$ mol である。混合物X中の塩化バリウムの質量パーセント濃度は，

$\frac{4.00 \times 10^{-3} \times 208}{1.78} \times 100 \fallingdotseq 46.7$(%)

問 5　混合物X中の硝酸バリウムを $x$〔mol〕とすると，

$208 \times 4.00 \times 10^{-3} + 142 \times 3.00 \times 10^{-3} + 261x = 1.78$

$x = 2.00 \times 10^{-3}$(mol)

混合物X中のバリウムイオンの総物質量は，

$4.00 \times 10^{-3} + 2.00 \times 10^{-3} = 6.00 \times 10^{-3}$(mol)

よって，下線部(i)で生じた $BaSO_4$ の質量は，

$6.00 \times 10^{-3} \times 233 \fallingdotseq 1.40$(g)

## 5　酸と塩基

**【46】** D

Dの $H_2O$ は相手に $H^+$ を与えたので酸，他の下線の化合物は $H^+$ を受け取ったので塩基である。

**【47】** ④

希硫酸の濃度を $x$〔mol/L〕，希塩酸の濃度を $y$〔mol/L〕とすると，中和の量的関係より，

$2 \times x \times \frac{20.0}{1000} + 1 \times y \times \frac{20.0}{1000} = 1 \times 0.10 \times \frac{40.0}{1000}$

$10x + 5y = 1$　…(1)

①，②は式(1)を満たさないので不適。式(1)から，$x = 0.10 - 0.50y$，$y > 0$ なので，$x < 0.10$(mol/L) となり③も不適。式(1)から $y = 0.20 - 2x$，$x > 0$ なので，$y < 0.20$(mol/L) となり④が正しい。

**【48】** (1) e　(2) c　(3) e　(4) e

(1) 濃硫酸 1 L＝1000 cm³ 中の物質量を求めると，

$\frac{1.84 \times 1000 \times \frac{96.0}{100}}{98.0} \fallingdotseq 18.02$(mol)

(2) 必要な濃硫酸を $x$〔mL〕とすると，うすめる前後で硫酸の物質量は等しいので，

$18.02 \times \frac{x}{1000} = 0.100 \times \frac{450}{1000}$

$x \fallingdotseq 2.50$(mL)

(3) 水酸化ナトリウム水溶液の濃度を $C$〔mol/L〕とすると，

$2 \times 0.100 \times \frac{40.0}{1000} = 1 \times C \times \frac{25.0}{1000}$

$C = 0.320$(mol/L)

(4) 強塩基の水溶液に強酸の水溶液を滴下しているので，メチルオレンジは中和点付近で黄色から赤色に変化する。

**【49】** (1) $BaCO_3$
(2) $Ba(OH)_2 + 2HCl \longrightarrow BaCl_2 + 2H_2O$
(3) $6.0 \times 10^{-3}$　(4) 5.0

起こった反応は，

$Ba(OH)_2 + CO_2 \longrightarrow BaCO_3 + H_2O$　…(a)

$Ba(OH)_2 + 2HCl \longrightarrow BaCl_2 + 2H_2O$　…(b)

吹き込んだ呼気中の $CO_2$ を $x$〔mol〕とすると，初めの $Ba(OH)_2$ を式(a)と式(b)の反応によって中和したので，

(酸からの $H^+$ の物質量)
＝(塩基からの $OH^-$ の物質量)

$2 \times x + 1 \times 0.10 \times \frac{8.0}{1000} \times \frac{500}{50} = 2 \times 0.10 \times \frac{100}{1000}$

$x = 6.0 \times 10^{-3}$(mol)

問題文の②式より，$CO_2$ の体積パーセント濃度は，

$$\frac{6.0\times10^{-3}\times25}{3.0}\times100=5.0(\%)$$

**【50】** (1) アンモニウムイオン
(2) (a) ② (b) ②
(3) (c) $\alpha=\sqrt{\dfrac{K_b}{c}}$ (d) $[OH^-]=\sqrt{cK_b}$
(4) (e) $1.0\times10^{-4}$ mol/L (f) 10
(5) $4.0\times10^{-2}$ mol (6) $2.0\times10^{-2}$ mol
(7) $1.0\times10^{-2}$ mol

(2) (a) $[NH_3]$ が増加するため，ルシャトリエの原理から式(i)の平衡は右に移動する。
(b) 水を加えると，式(iii)の $K_b$ の分母と分子にある化学種の濃度が同じ割合で減少し，二次式の分子の方が大きく減少する。$K_b$ は一定なので，平衡は式(iii)の分子の化学種の濃度が増加する方向，つまり式(i)の右に移動する。

(3) 平衡時には，$[NH_4^+]=[OH^-]=c\alpha$〔mol/L〕，$[NH_3]=c(1-\alpha)$〔mol/L〕となるので，式(iii)より，

$$K_b=\frac{c\alpha\times c\alpha}{c(1-\alpha)}=\frac{c\alpha^2}{1-\alpha}$$

$1-\alpha\fallingdotseq1$ と近似すると，$K_b\fallingdotseq c\alpha^2$

$$\alpha=\sqrt{\frac{K_b}{c}},\ [OH^-]=c\alpha=\sqrt{cK_b}\text{〔mol/L〕}$$

(4) $[OH^-]=$(価数)×(濃度)×(電離度)
$=1\times0.10\times1.0\times10^{-3}$
$=1.0\times10^{-4}$(mol/L)

$$[H^+]=\frac{K_w}{[OH^-]}=\frac{1.0\times10^{-14}}{1.0\times10^{-4}}$$
$=1.0\times10^{-10}$(mol/L)

pH=10

(5) 求める硫酸を $x$〔mol〕とすると，

$$2\times x=1\times1.00\times\frac{80.0}{1000}$$
$x=4.0\times10^{-2}$(mol)

(6) 初めの硫酸の物質量から(5)の物質量を引いたものが，アンモニアと反応した硫酸の物質量である。
$H_2SO_4+2NH_3\longrightarrow(NH_4)_2SO_4$ より，アンモニアの物質量は硫酸の物質量の2倍なので，

$$\left(1.00\times\frac{50.0}{1000}-4.0\times10^{-2}\right)\times2=2.0\times10^{-2}(\text{mol})$$

(7) $2NH_4Cl+Ca(OH)_2\longrightarrow CaCl_2+2H_2O+2NH_3$ より，発生したアンモニアの物質量の半分が反応した水酸化カルシウムの物質量なので，

$$2.0\times10^{-2}\times\frac{1}{2}=1.0\times10^{-2}(\text{mol})$$

**【51】** 問1 $K_a=\dfrac{[H^+][A^-]}{[HA]}$〔mol/L〕，$\alpha=\dfrac{[A^-]}{[HA]+[A^-]}$
問2 $[HA]=c(1-\alpha)$，$[H^+]=c\alpha$，$[A^-]=c\alpha$
問3 $K_a=\dfrac{c\alpha^2}{1-\alpha}$
問4 $\alpha=\dfrac{-K_a+\sqrt{K_a^2+4cK_a}}{2c}$
問5 $\alpha=\sqrt{\dfrac{K_a}{c}}$，$[H^+]=\sqrt{cK_a}$
問6 $pK_a=pH-\log_{10}\dfrac{\alpha}{1-\alpha}$
問7 $\alpha=\dfrac{K_a}{K_a+[H^+]}$ 問8 $\alpha=\dfrac{1}{2}$，$c=2K_a$

問1～4 $HA \rightleftarrows H^+ + A^-$
平衡時 $c(1-\alpha)$ $c\alpha$ $c\alpha$〔mol/L〕
ここで，溶かしたHAは分子のままか，電離して $A^-$ となっているので，
$c=[HA]+[A^-]$
これと $[A^-]=c\alpha$ より，
$[A^-]=([HA]+[A^-])\times\alpha$

$$\alpha=\frac{[A^-]}{[HA]+[A^-]}$$

$$K_a=\frac{[H^+][A^-]}{[HA]}=\frac{c\alpha\times c\alpha}{c(1-\alpha)}=\frac{c\alpha^2}{1-\alpha} \quad\cdots①$$

$$c\alpha^2+K_a\alpha-K_a=0 \quad\cdots②$$

これを $\alpha$ について解くと，$\alpha>0$ より，

$$\alpha=\frac{-K_a+\sqrt{K_a^2+4cK_a}}{2c}$$

問5 式①で，$1-\alpha\fallingdotseq1$ と近似すると，

$$K_a\fallingdotseq c\alpha^2 \qquad \alpha=\sqrt{\frac{K_a}{c}}$$
$$[H^+]=c\alpha\fallingdotseq\sqrt{cK_a}$$

問6 $K_a=\dfrac{[H^+][A^-]}{[HA]}=[H^+]\times\dfrac{c\alpha}{c(1-\alpha)}$
$=[H^+]\times\dfrac{\alpha}{1-\alpha}$

両辺の常用対数をとり，−1をかけると，

$$-\log_{10}K_a=-\log_{10}[H^+]-\log_{10}\frac{\alpha}{1-\alpha}$$

$$pK_a=pH-\log_{10}\frac{\alpha}{1-\alpha} \quad\cdots③$$

問7 問6より，$K_a=[H^+]\times\dfrac{\alpha}{1-\alpha}$
これを $\alpha$ について解くと，

$$\alpha=\frac{K_a}{K_a+[H^+]}$$

問8 式③で $pH=pK_a$ とすると，$\log_{10}\dfrac{\alpha}{1-\alpha}=0$

$$\frac{\alpha}{1-\alpha}=1 \qquad \alpha=\frac{1}{2}$$

これを式②に代入して,

$$\frac{1}{4}c+\frac{1}{2}K_a-K_a=0 \qquad c=2K_a$$

**【52】** 問1 $K=\frac{[H^+]^2[S^{2-}]}{[H_2S]}$, $K_{sp}=[Zn^{2+}][S^{2-}]$
問2 ③ 問3 pH1.00：③, pH4.00：①
問4 $1.8\times10^{-4}$ mol/L

問2 pHを高くすると, $[H^+]$ は小さくなるので, 式(1)の平衡は右に移動する。よって, $[S^{2-}]$ が増加して新しい平衡状態になる。

問3 題意より, pH1.00ではZnSの沈殿が生じていないので, 平衡状態での $[Zn^{2+}]$ と $[S^{2-}]$ は, $K_{sp}>[Zn^{2+}][S^{2-}]$ となる。一方, pH3.00を超えたところでZnSの沈殿が生じたので, pH4.00でZnSの沈殿は溶解平衡の状態になっており, 平衡状態での $[Zn^{2+}]$ と $[S^{2-}]$ は $K_{sp}=[Zn^{2+}][S^{2-}]$ となる。

問4 問1の電離定数 $K$ の変形式に, pH4.00より $[H^+]=1.0\times10^{-4}$ mol/L, また, $[H_2S]=0.10$ mol/L を代入して,

$$[S^{2-}]=K\times\frac{[H_2S]}{[H^+]^2}$$
$$=1.2\times10^{-21}\times\frac{0.10}{(1.0\times10^{-4})^2}$$
$$=1.2\times10^{-14}\text{(mol/L)}$$

問3の式から,

$$[Zn^{2+}]=\frac{K_{sp}}{[S^{2-}]}=\frac{2.2\times10^{-18}}{1.2\times10^{-14}}$$
$$\fallingdotseq1.8\times10^{-4}\text{(mol/L)}$$

**【53】** (1) $1.1\times10^{-1}$ g
(2) (あ) 1.8 (い) 14 (う) 16 (え) 12
(3) (ア)
(4) (ア) × (イ) × (ウ) ×

(1) 構造式よりクエン酸はカルボキシ基を3つもつ3価の酸である。滴定曲線のpHが急変した点(滴下量15mL)ではすべてのカルボキシ基が中和されたと考えられる。求めるクエン酸一水和物 ($C_6H_8O_7\cdot H_2O$(=210.0)) の質量を $x$〔g〕とすると,

$$3\times\frac{x}{210.0}=1\times0.10\times\frac{15}{1000}$$
$$x\fallingdotseq1.1\times10^{-1}\text{(g)}$$

(2) (あ) $[H^+]$=(価数)×(濃度)×(電離度)

$$=1\times0.015\times1=1.5\times10^{-2}\text{(mol/L)}$$
$$\text{pH}=-\log_{10}(15\times10^{-3})$$
$$=3-(\log_{10}3+\log_{10}5)$$
$$=3-(0.477+1-0.301)\fallingdotseq1.8$$

(い) $[H^+]=1.0\times10^{-3}$ mol/L であり, 強酸を強塩基で中和しているので, pH3.0では酸が中和されず残っている。滴下したNaOH水溶液の体積を $x$〔mL〕とすると,

($H^+$の物質量)
$=0.015\times100-0.10x$〔mmol〕,
(混合水溶液の体積) $100+x$〔mL〕

なので,

$$\frac{0.015\times100-0.10x}{100+x}=1.0\times10^{-3}$$
$$x\fallingdotseq14\text{(mL)}$$

(う) pH11では塩基が過剰となり, $[OH^-]=1.0\times10^{-3}$ mol/L である。滴下したNaOH水溶液の体積を $y$〔mL〕とすると,

$$\frac{0.10y-0.015\times100}{100+y}=1.0\times10^{-3}$$
$$y\fallingdotseq16\text{(mL)}$$

(え) 塩基が過剰なので,

$$[OH^-]=\frac{0.10\times25-0.015\times100}{100+25}$$
$$=8.0\times10^{-3}\text{(mol/L)}$$
$$[H^+]=\frac{K_w}{[OH^-]}=\frac{1.0\times10^{-14}}{8.0\times10^{-3}}$$
$$=8.0^{-1}\times10^{-11}\text{(mol/L)}$$
$$\text{pH}=-\log_{10}(8.0^{-1}\times10^{-11})$$
$$=11+3\log_{10}2$$
$$=11+3\times0.301\fallingdotseq12$$

(3) 滴定曲線でpHの変化が緩やかな領域から, クエン酸とNaOHの混合溶液はpH3から6程度で緩衝作用を示すことがわかる。pH8は中和点付近で不適, pH11ではすべてのカルボキシ基がイオンとなっているので不適である。

(4) (ア) 誤り。中和点が塩基性側にあるので, 酸性に変色域をもつメチルオレンジは指示薬として不適である。

(イ) 誤り。題意の状況では3つのカルボキシ基はすべて中和されイオンになっているが, ヒドロキシ基は電離しない。

(ウ) 誤り。NaOH(強塩基)との滴定曲線で, 中和点が塩基性側にあるので, クエン酸は弱酸である。

**【54】** ア 中性付近では $H_2PO_4^-$ と $HPO_4^{2-}$ が同程度の量で存在し, 少量の酸を加えても $H^+ + HPO_4^{2-} \longrightarrow H_2PO_4^-$ の反応が起こりpHはほとんど変化しない。また, 少量の塩基を加えても $OH^- + H_2PO_4^- \longrightarrow HPO_4^{2-} + H_2O$ の反応が起こりpHはほとんど変化しないから。
イ 9.4
ウ 弱酸HAとそのイオン $A^-$ が同量存在するときに緩衝作用が最も大きく, このとき水素

イオン濃度はHAの電離定数と等しいので，電離定数が約$1.0\times10^{-5}$ mol/L の酸を用いればよい。

エ 14

オ 冷却するとルシャトリエの原理より発熱方向，つまり$H_2PO_4^-$の電離が抑えられる方向に平衡が移動するので，水素イオン濃度は小さくなりpHは大きくなる。

イ $HPO_4^{2-}$の$PO_4^{3-}$への電離は考えなくてよいので，以下の加水分解のみを考えればよい。

$$HPO_4^{2-} + H_2O \rightleftarrows H_2PO_4^- + OH^- \quad \cdots(1)$$

この加水分解定数を$K_h$とすると，

$$K_h=\frac{[H_2PO_4^-][OH^-]}{[HPO_4^{2-}]}=\frac{[H_2PO_4^-][OH^-][H^+]}{[HPO_4^{2-}][H^+]}=\frac{K_w}{K_{a2}}$$

また，式(1)の加水分解の程度は小さく，

$$[HPO_4^{2-}]\fallingdotseq 0.0100\times\frac{10.0}{10.0+20.0}=\frac{0.0100}{3}\text{(mol/L)},$$

$[H_2PO_4^-]\fallingdotseq[OH^-]$と近似できるので，

$$[OH^-]=\sqrt{[HPO_4^{2-}]\times\frac{K_w}{K_{a2}}}=\sqrt{\frac{0.0100}{3}\times\frac{K_w}{K_{a2}}}$$

$$[H^+]=\frac{K_w}{[OH^-]}=\sqrt{\frac{3}{0.0100}\times K_{a2}K_w}=\sqrt{3\times10^{-12}\times K_{a2}}$$

$$\mathrm{pH}=-\log_{10}[H^+]=-\frac{1}{2}(\log_{10}3-12+\log_{10}K_{a2})=-\frac{1}{2}(0.477-12-7.20)\fallingdotseq 9.4$$

エ pH7.0より$[H^+]=1.00\times10^{-7}$ mol/L で，滴下した0.0100 mol/L NaOH水溶液の体積を$x$〔mL〕とすると，この緩衝液は第一中和点と第二中和点の間にあり，10 mL$<x<$20 mL
このとき，

$$\frac{[HPO_4^{2-}]}{[H_2PO_4^-]}=\frac{K_{a2}}{[H^+]}=\frac{6.30\times10^{-8}}{1.00\times10^{-7}}=0.630 \quad \cdots(2)$$

第一中和点ですべてのリン酸が$H_2PO_4^-$に変化し，第二中和点ですべての$H_2PO_4^-$が$HPO_4^{2-}$に変化する。この緩衝液では第一中和点以降に加えられたNaOHと反応した分が$HPO_4^{2-}$に変化したと考えられ，

$$[HPO_4^{2-}]\fallingdotseq 0.0100\times\frac{x-10.0}{10.0+x}\text{〔mol/L〕}$$

一方，第一中和点以降に加えられたNaOHと反応しない残りが$H_2PO_4^-$のままと考えられ，

$$[H_2PO_4^-]\fallingdotseq 0.0100\times\frac{20.0-x}{10.0+x}\text{〔mol/L〕}$$

これらと式(2)の関係から，

$$0.0100\times\frac{x-10.0}{10.0+x}=0.0100\times\frac{20.0-x}{10.0+x}\times0.630$$

$x\fallingdotseq 14$(mL)

**【55】** 問1 1 問2 1 問3 5 問4 6

問1 塩化水素は完全に電離するので，

$[H^+]=c$〔mol/L〕，

$\mathrm{pH}=-\log_{10}[H^+]=-\log_{10}c$

問2 非常にうすい塩酸において，水溶液中の電荷のつりあいを考えると，

$$[H^+]=[Cl^-]+[OH^-] \quad \cdots(1)$$

塩化水素は完全に電離するので，

$[Cl^-]=c$〔mol/L〕

これを式(1)に代入して，

$[OH^-]=[H^+]-c$

これを$[H^+][OH^-]=K_w$に代入して，

$[H^+]([H^+]-c)=K_w$

$[H^+]^2-c[H^+]-K_w=0$

これを$[H^+]$について解くと，$[H^+]>0$より，

$$[H^+]=\frac{c+\sqrt{c^2+4K_w}}{2} \quad \cdots(2)$$

$$\mathrm{pH}=-\log_{10}\frac{c+\sqrt{c^2+4K_w}}{2}$$

問3 $c=1.000\times10^{-7}$ mol/L を式(2)に代入して，

$$[H^+]=\frac{1+\sqrt{5}}{2}\times10^{-7}\fallingdotseq 1.62\times10^{-7}\text{ mol/L}$$

$$\mathrm{pH}=-\log_{10}[H^+]=-\log_{10}(162\times10^{-9})=9-\log_{10}(2\times3^4)=9-\log_{10}2-4\log_{10}3=9-0.3010-4\times0.4771\fallingdotseq 6.79$$

問4 溶けた酢酸は，$CH_3COOH$または$CH_3COO^-$として存在しているので，

$$[CH_3COOH]+[CH_3COO^-]=c\text{〔mol/L〕} \quad \cdots(3)$$

また，水の電離を無視するので，電荷のつりあいより，

$$[H^+]=[CH_3COO^-] \quad \cdots(4)$$

式(3)，式(4)より，

$$[CH_3COOH]=c-[CH_3COO^-]=c-[H^+] \quad \cdots(5)$$

式(4)，式(5)より，酢酸の電離定数$K_a$は，

$$K_a=\frac{[CH_3COO^-][H^+]}{[CH_3COOH]}=\frac{[H^+]^2}{c-[H^+]}$$

$[H^+]^2+K_a[H^+]-cK_a=0$

これを$[H^+]$について解くと，$[H^+]>0$より，

$$[H^+]=\frac{-K_a+\sqrt{K_a^2+4cK_a}}{2}$$

$$\mathrm{pH}=-\log_{10}\frac{-K_a+\sqrt{K_a^2+4cK_a}}{2}$$

**【56】** 問1 (ア) 指示薬 (イ) 試験紙 (ウ) メーター
(エ) 二酸化炭素 (オ) 硫酸 (カ) 硝酸
問2 (i) $CO_2 + H_2O \rightleftarrows H^+ + HCO_3^-$
(ii) 十分に排出できるときと比べて，血液中の二酸化炭素濃度が増加するため，血液のpHは小さくなる。
問3 (i) 3mol/L
(ii) 濃硫酸に水を加えると，溶解熱により水が急に沸騰して危険なので，容器を冷却しながら水に少しずつ濃硫酸を加えるようにする。
問4 (i) $2.00\times10^{-2}$mol/L (ii) (d) (iii) (a)，(c)
問5 12
問6 (i) 1.63g/L
(ii) $NaCl + H_2SO_4 \longrightarrow NaHSO_4 + HCl$
(iii) (b)

問3 (i) 濃硫酸6mLを蒸留水で希釈して36mLの希硫酸としたので，その濃度は，

$$18\times\frac{6}{36}=3\,(\text{mol/L})$$

問4 (i) フェノールフタレイン $C_{20}H_{14}O_4$(=318)溶液のモル濃度は，

$$\frac{636\times10^{-3}}{318}\times\frac{1000}{100}$$
$$=2.00\times10^{-2}\,(\text{mol/L})$$

(iii) 指示薬としてフェノールフタレインを用いることができるのは，強酸と強塩基の水溶液で滴定する(a)の場合か，弱酸と強塩基の水溶液で滴定する(c)の場合である。

問5 $[OH^-]$=(価数)×(濃度)×(電離度)

$$=2\times5.00\times10^{-3}\times1.0$$
$$=1.0\times10^{-2}\,(\text{mol/L})$$
$$[H^+]=1.0\times10^{-12}\,(\text{mol/L}) \qquad pH=12$$

問6 (i) 塩化水素(=36.5)の標準状態における密度は，

$$\frac{36.5}{22.4}\fallingdotseq1.63\,(\text{g/L})$$

(ii)，(iii) 不揮発性の濃硫酸により，揮発性の酸である塩化水素が遊離する。塩化水素の密度は空気より大きく，水に溶けやすいので，捕集するには下方置換が適している。

# 6 酸化・還元と電池・電気分解

**【57】** ①

①の化学反応式では，O原子の酸化数が増減している。

$$2H_2\underset{-1}{\underline{O}}_2 \longrightarrow 2H_2\underset{-2}{\underline{O}} + \underset{0}{\underline{O}}_2 \quad (\text{酸化数})$$

**【58】** ⑧

(ア) クロムの化合物の中で酸化数が +6 のものは毒性が強い。
(イ) クロム酸カリウム $K_2CrO_4$ のクロムCrの酸化数は +6 である。$CrO_4^{2-}$(黄色)を酸性にすると $Cr_2O_7^{2-}$(橙赤色)になる。

$$2CrO_4^{2-} + 2H^+ \longrightarrow Cr_2O_7^{2-} + H_2O$$

(ウ) $Cr_2O_7^{2-}$ は硫酸酸性条件で強い酸化剤として次のようにはたらく。

$$Cr_2O_7^{2-} + \underset{ウ}{\underline{14}}H^+ + \underset{a}{\underline{6}}e^- \longrightarrow 2Cr^{3+} + \underset{b}{\underline{7}}H_2O$$

**【59】** 問1 $2CuSO_4 + 4KI \longrightarrow 2CuI + 2K_2SO_4 + I_2$
問2 0.360mol/L 問3 $4.00\times10^{-2}$mol/L

問1 $Cu^{2+}$ が酸化剤，$I^-$ が還元剤としてはたらき，イオン反応式は次のようになる。

$$2Cu^{2+} + 2I^- \longrightarrow 2Cu^+ + I_2$$

$Cu^{2+}$ を $CuSO_4$，$I^-$ を KI，$Cu^+$ を CuI となるように化学反応式をつくる。

問2 問1の化学反応式より，物質量の比は，$CuSO_4 : I_2 = 2 : 1$ である。
また，問題文中の $I_2$ と $Na_2S_2O_3$ の化学反応式より，物質量の比は，$I_2 : Na_2S_2O_3 = 1 : 2$ であるので，$CuSO_4 : Na_2S_2O_3 = 1 : 1$ で反応する。したがって，$CuSO_4$ のモル濃度を $c$〔mol/L〕とすると，

$$c\times\frac{20.0}{1000}=0.200\times\frac{36.0}{1000}$$
$$c=0.360\,(\text{mol/L})$$

問3 ヨウ素とビタミンCの反応式より，ビタミンCが還元剤としてはたらくときのイオン反応式は，次のようになる。

$$C_6H_8O_6 \longrightarrow C_6H_6O_6 + 2H^+ + 2e^-$$

また，$KMnO_4$ 中の $MnO_4^-$ が酸性条件で酸化剤としてはたらくときのイオン反応式は，次のようになる。

$$MnO_4^- + 5e^- + 8H^+ \longrightarrow Mn^{2+} + 4H_2O$$

酸化剤と還元剤が過不足なく反応するとき，授受される電子の数は等しいので，ビタミンCのモル濃度を $x$〔mol/L〕とすると，

$$5\times0.020\times\frac{24.0}{1000}=2\times x\times\frac{30.0}{1000}$$

$x=4.00\times10^{-2}$(mol/L)

**【60】** (1) 空気側，$2Fe + O_2 + 2H_2O \longrightarrow 2Fe(OH)_2$
(2) +0.20g
(3) マグネシウム空気電池＞亜鉛空気電池＞鉄空気電池

(1) 鉄と空気が電池の材料なので，金属である鉄が電子を出す負極となり，空気中の酸素が電子を受け取る正極となる。

負極(金属側)：$Fe \longrightarrow Fe^{2+} + 2e^-$
正極(空気側)：$O_2 + 4e^- + 2H_2O \longrightarrow 4OH^-$

負極と正極の反応で授受される電子の数が等しくなるように組み合わせ，電池全体の化学反応式にする。

(2) (1)の化学反応式の反応物のうち，$Fe$ と $H_2O$ は電池内部から供給され，生成物の $Fe(OH)_2$ は電池内部にとどまる。このため，反応に必要な酸素が外部から取り込まれ，その分だけ重くなる。(1)の化学反応式で移動した電子は $4e^-$ なので，その質量は，

$$\frac{1.0\times10^{-2}\times(67\times60\times60)}{9.65\times10^4}\times\frac{1}{4}\times32$$

≒0.20(g)

(3) 金属は電子を放出することができるので，金属空気電池の負極活物質は金属である。正極活物質は空気中の酸素と同じなので，負極の金属はイオン化傾向が大きいものほど電子を出しやすくなり，起電力が大きくなる。

**【61】** (a) (8)　(b) (5)　(c) (4)
(d) ① (8)　② 2　③ (2)　④ 4

(a) 水素吸蔵合金 1L が吸収できる水素は標準状態で 1000L なので，その物質量は，

$$\frac{1000}{22.4}≒44.6=4.46\times10\text{(mol)}$$

(b) リン酸形燃料電池の負極では水素が酸化されて電子を放出し，正極では空気中の酸素が還元されて電子を受け取る。

負極：$H_2 \longrightarrow 2H^+ + 2e^-$
正極　$O_2 + 4H^+ + 4e^- \longrightarrow 2H_2O$

(c) 水は正極でのみ生じるので，(b)の正極の化学反応式の量的関係より，電流値を $x$〔A〕とすると，

$$\frac{x\times(1\times60\times60)}{9.65\times10^4}=\frac{0.80}{18}\times\frac{4}{2}$$

$x$≒2.4(A)

(d) 燃料電池の正極で反応するのは $O_2$ なので，①には $O_2$ が入る。生成物に $H_2O$ があるので，③にはC原子を含む分子が入る(イオンは入らない)。

$2CH_3OH + 3O_2 \longrightarrow$ ②(③Cを含む分子)+④$H_2O$

次に，化学反応式の左辺(反応物側)は決まっているので，C，H，O の原子の数がわかり，C 原子の数から②の係数が 2 と決まる。残りの原子の数から，③が $CO_2$，④の係数が 4 と決まる。これを満たすのは次の反応となる。

$2CH_3OH + 3O_2 \longrightarrow 2CO_2 + 4H_2O$

**【62】** 問 1 (ア) 電解精錬　(イ) 陽極泥
問 2 純銅板
問 3 (1) ⑤　(2) イオン化傾向が Cu より大きく，低電圧では陰極で還元されないため。

問 2 銅の電解精錬では，陽極の $Cu$ が $Cu^{2+}$ となって溶解し，陰極で $Cu$ のみが析出する。

陽極(粗銅板)：$Cu \longrightarrow Cu^{2+} + 2e^-$
陰極(純銅板)：$Cu^{2+} + 2e^- \longrightarrow Cu$

問 3 粗銅に不純物として含まれる金属のうち，銅よりイオン化傾向が小さい金と銀は，低電圧の電気分解では陽イオンとならず陽極泥として下にたまる。銅よりイオン化傾向の大きい亜鉛，鉄，ニッケルは銅とともにイオンになって溶液中に溶けだす。

**【63】** (1) (ア) 水素　(イ) 酸素
(2) 電極 X：$2H^+ + 2e^- \longrightarrow H_2$
電極 Y：$2H_2O \longrightarrow O_2 + 4H^+ + 4e^-$
(3) 電極 X：$Ag^+ + e^- \longrightarrow Ag$
電極 Y：$2H_2O \longrightarrow O_2 + 4H^+ + 4e^-$
(4) 銀の質量：$1.08\times10^2$g，気体の体積：5.60L

(1) 下線部(b)より，(B)の硝酸銀水溶液の電気分解において，電極Xで銀が生じたことから，電極Xは陰極，電極Yは陽極である。(A)の希硝酸水溶液の電気分解では，陰極(電極X)に水素，陽極(電極Y)に酸素が発生する。

(4) (3)の電極Xの化学反応式より，電極Xで生じる銀は，

$$\frac{1.00\times(26.8\times60\times60)}{9.65\times10^4}\times\frac{1}{1}\times107.9$$

≒108(g)

同様に，(3)の電極Yの化学反応式より，電極Yで生じる酸素の標準状態での体積は，

$$\frac{1.00\times(26.8\times60\times60)}{9.65\times10^4}\times\frac{1}{4}\times22.4$$

≒5.60(L)

**【64】** 1 d　2 8.5mol

3 硫酸酸性条件で赤紫色の過マンガン酸カリウム水溶液に還元剤であるシュウ酸ナトリウム水溶液を加えて反応させると，コニカルビーカー内の溶液は無色になる。余剰のシュウ酸イオンを過マンガン酸カリウム水溶液で滴定すると，終点でコニカルビーカー内の溶液が無色から淡桃色に変化するため，終点を判別しやすいから。(147字)

4 滴定で使用する過マンガン酸カリウム水溶液でビュレットの内部を2～3回共洗いしてから用いる。(45字)

5 19mg/L　　6 71%

1 a 誤り。$Cr_2O_7^{2-}$ の水溶液は赤橙色である。

b 誤り。$MnO_2$ はアルカリマンガン乾電池の正極活物質であり，負極活物質は Zn である。

c 誤り。$PbCrO_4$ は黄色の沈殿である。

d 正しい。Cr と Mn はM殻に13個の電子を有する。

e 誤り。$Mn^{2+}$ は中性～塩基性条件下では $S^{2-}$ と MnS の淡桃色の沈殿を形成する。

2 *p*-クレゾールの酸化分解は完全燃焼と同じであり，次の化学反応式で表される。

$$2C_7H_8O + 17O_2 \longrightarrow 14CO_2 + 8H_2O$$

5 試料水に含まれる有機化合物を $KMnO_4$ で酸化し，残った $KMnO_4$ に過剰量の $Na_2C_2O_4$ を加えて還元し，残った $Na_2C_2O_4$ を $KMnO_4$ で酸化還元滴定している。したがって，この滴定で滴下した $KMnO_4$ が受け取る電子の物質量と，有機物が放出する電子の物質量が等しくなる。

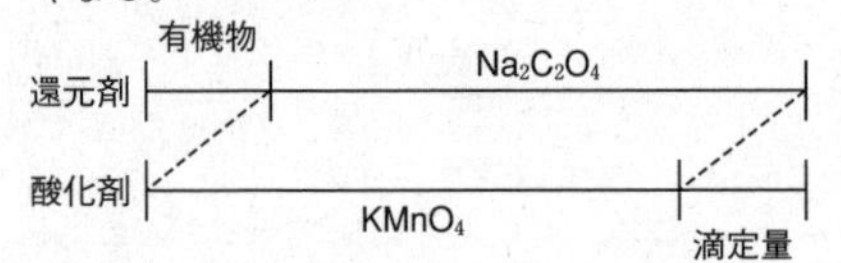


また，COD は試料水1Lあたりに含まれる有機化合物を分解するのに必要な $KMnO_4$ を，酸素の質量に換算したものである。

ここで，試料水10mLに含まれる有機物を酸化するのに必要な酸素の質量を $x$〔g〕とすると，

$$5\times5.00\times10^{-3}\times\frac{0.96}{1000}=4\times\frac{x}{32}$$

$$x=1.92\times10^{-4}\text{(g)}$$

よって，COD は試料水1Lを酸化するのに必要な $O_2$ の質量〔mg〕なので，

$$1.92\times10^{-4}\times\frac{1000}{10}\times10^3\fallingdotseq19\text{(mg)}$$

6 試料水1Lに含まれる *p*-クレゾールを理論上酸化分解するのに必要な酸素の質量は，問2より，

$$1.0\times10^{-4}\times32\times8.5\times10^3=27.2\text{(mg)}$$

よって，*p*-クレゾールの分解率は，

$$\frac{19.2}{27.2}\times100\fallingdotseq71\text{(\%)}$$

**【65】** 問1 $LiC_6$　問2 8.9h

問3 0.58A　問4 (*y*) +3　(*z*) +4

問5 0.14　問6 $a=2,\ b=4,\ c=4,\ d=2$

問1 リチウムイオン電池の放電における負極は電子を放出する電極Aであり，その反応は式(1)である。また，正極は電極Bであり，その反応は式(2)である。

問2 式(1)の化学反応式より，放電に必要な時間を $t$〔h〕とすると，

$$\frac{26.3\times0.500}{78.9}\times\frac{1}{1}=\frac{500\times10^{-3}\times(t\times60\times60)}{9.65\times10^4}$$

$$t\fallingdotseq8.9\text{(h)}$$

問3 電極Aでは放電により $Li^+$ が抜け，電子が生じる。図2より，120分の放電で0.300g減少する。求める電流を $x$〔A〕とすると，

$$\frac{0.300}{6.9}=\frac{x\times(120\times60)}{9.65\times10^4}\qquad x\fallingdotseq0.58\text{(A)}$$

問4 式(4)の反応では，コバルト(Ⅲ)酸リチウム $LiCoO_2$ の一部が酸化コバルト(Ⅳ) $CoO_2$ に変化する。

$LiCoO_2$ ($\longrightarrow$ $Li^+ + CoO_2^-$) における Co の酸化数 $y$ は +3，$CoO_2$ における Co の酸化数 $z$ は +4 である。

問5 $m_y$ は酸化されていない $LiCoO_2$ の物質量，$m_z$ は酸化された $LiCoO_2$ の物質量，$m_y+m_z$ は全体の物質量である。したがって，

$$m_y+m_z=\frac{9.79}{97.9}=0.100\text{(mol)}$$

$$m_z=\frac{0.100\times(3.86\times60\times60)}{9.65\times10^4}=0.0144\text{(mol)}$$

よって，

$$\frac{m_z}{m_y+m_z}=\frac{0.0144}{0.100}\fallingdotseq0.14$$

問6 与えられた化学反応式において，

$$a Li_2O_3 + b CoO + O_2 \longrightarrow c LiCoO_2 + d CO_2$$

反応物と生成物の各原子の数が等しいので，

Li について，$2a=c$
C について，$a=d$
O について，$3a+b+2=2c+2d$
Co について，$b=c$
これらより，$a=2$, $b=4$, $c=4$, $d=2$ となる。
よって，化学反応式は次のようになる。

$$2Li_2O_3 + 4CoO + O_2 \longrightarrow 4LiCoO_2 + 2CO_2$$

**【66】** 問 i 7.3g 問 ii 3.2g

$CuSO_4$ 水溶液と $AgNO_3$ 水溶液の電気分解で金属が析出するのは陰極であり，その反応式は次のようになる。

$CuSO_4$ 水溶液：$Cu^{2+} + 2e^- \longrightarrow Cu$
$AgNO_3$ 水溶液：$Ag^+ + e^- \longrightarrow Ag$

上記の反応式より，同じ濃度で同じ体積の水溶液から電気分解ですべての金属を析出させるとき，$CuSO_4$ は $AgNO_3$ の 2 倍の電気量が必要である。実験アと実験エで流した電気量の和が，実験イと実験ウで流した電気量の和より大きいことから，水溶液Aは $AgNO_3$，水溶液Bは $CuSO_4$ である。

問 i 実験エで陰極に析出した Cu の質量は，

$$0.100\times\frac{300}{1000}\times64=1.92\,(g)$$

実験オで陰極に析出した Ag の質量は，

$$0.100\times\frac{500}{1000}\times108=5.40\,(g)$$

よって，陰極に析出した金属の質量の和は，

$$1.92+5.40\fallingdotseq7.3\,(g)$$

問 ii 実験ウと実験エで流れた電子の物質量は，

$$0.100\times\frac{100}{1000}\times\frac{2}{1}+0.100\times\frac{300}{1000}\times\frac{2}{1}=0.0800\,(mol)$$

実験カで流れた電子の物質量を $a$〔mol〕，実験キで流れた電子の物質量を $b$〔mol〕とすると，

$$\begin{cases} a+b=0.0800 \\ a\times1\times108+b\times\frac{1}{2}\times64=4.84 \end{cases}$$

これらを解いて，

$a=0.0300\,(mol)$, $b=0.0500\,(mol)$

よって，実験カで陰極に析出した金属の質量は，

$$0.0300\times1\times108\fallingdotseq3.2\,(g)$$

**【67】** (1) (お)，ブロモチモールブルー(BTB)
(2) (き)　(3) $5.7\times10^{-2}$ mol/L
(4) $Cl_2 + H_2O \longrightarrow HCl + HClO$

NaCl 水溶液の電気分解における陰極と陽極の反応は次のようになる。

陰極：$2H_2O + 2e^- \longrightarrow H_2 + 2OH^-$
陽極：$2Cl^- \longrightarrow Cl_2 + 2e^-$

(1) この中和滴定実験は，塩基である NaOH 水溶液を，酸である HCl で滴定している。ブロモチモールブルー(BTB)は塩基性で青色，酸性で黄色を示す。

(2) 0.100 mol/L の塩酸 10 mL に含まれる $H^+$ の物質量は，

$$1\times0.100\times\frac{10}{1000}=1.0\times10^{-3}\,(mol)$$

電気分解の時間を $h$〔時間〕とすると，NaCl 水溶液の電気分解の陰極の反応式より，流れる $e^-$ と生じる $OH^-$ の物質量は等しい。ここで塩酸の滴下量が 10 mL 以上になるとき，

$$1.0\times10^{-3}\leqq\frac{1.00}{1000}\times\frac{10.0\times(h\times60\times60)}{9.65\times10^4}$$

$h\geqq2.6\cdots$(時間)

よって，3 時間となる。

(3) NaCl 水溶液の陰極と陽極の反応式から，電子 $e^-$ を消去して，$2Na^+$ を両辺に加えると，次のような電気分解全体を示す化学反応式になる。なお，陰極室で生成する NaOH の $Na^+$ は，陽イオン交換膜を通って陽極室側からくるものも含まれる。

$$2NaCl + 2H_2O \longrightarrow H_2 + Cl_2 + 2NaOH$$

このとき，電子は $2e^-$ 流れる。180 秒間電気分解したときに生じた NaOH の物質量は，流れた $e^-$ の物質量に等しいので，

$$\frac{10.0\times180}{9.65\times10^4}=0.0186\cdots\,(mol)$$

陰極室の溶液の体積は 1L であり，もともと陰極室には 0.0100 mol/L の NaCl が溶解しているので，1L の陰極室の溶液に含まれるすべてのイオンの物質量は，

$$0.0186\times2+0.0100\times2=0.0572\,(mol)$$

よって，陰極室の溶液と同じ浸透圧を示す非電解質のグルコースのモル濃度は，陰極室の溶液に含まれるすべてのイオンの合計のモル濃度と等しくなり，

$$\frac{0.0572}{1}\fallingdotseq0.057\,(mol/L)$$

(4) コックを閉じると生じた塩素が水に溶け，塩化水素と次亜塩素酸が生じる。

$$Cl_2 + H_2O \rightleftarrows HCl + HClO$$

# 7 元素の周期律，非金属元素とその化合物

**【68】** 問 1 (ア) 原子核　(イ) 陽子　(ウ) 質量数
(エ) 周期律　(オ) 族
問 2 $^{13}_{6}C$
問 3 $1.4\times10^4$ 年前　　問 4 69%
問 5 (1) i　(2) b　(3) h
(4) a, b, c, d, f, g, h, i
(5) a, g, h, i

問 3 放射性同位体 Z($^{14}C$) は半減期が 5730 年であり，$\beta$ 線を出しながら壊変し，窒素になる。

$^{14}_{6}C \longrightarrow ^{14}_{7}N + e^-$

遺跡で発掘された木の実に含まれる放射性同位体 Z の量が，枝になっている木の実に含まれる放射性同位体 Z の量と比較して減少している割合から，半減期の $n$ 倍として表すと，

$$\left(\frac{1}{2}\right)^n=\frac{2.16\times10^{-13}}{1.20\times10^{-12}}=\frac{18}{100}$$

両辺の対数をとって整理すると，

$$-n\log_{10}2=2\log_{10}3+\log_{10}2-2$$

$$n=-\frac{2\times0.477+0.301-2}{0.301}=2.47\cdots$$

よって，遺跡で発掘された木の実が生きていた年代は，

$5730\times2.47\fallingdotseq1.4\times10^4$ (年前)

問 4 相対質量 62.93 の銅原子の割合を $x$ とすると，

$62.93\times x+64.93\times(1-x)=63.55$

$x=0.69$

よって，69% である。

問 5 (4) 元素は典型元素と遷移元素に分けられ，周期表で遷移元素を示す部分は e であり，それ以外は典型元素である。

**【69】** ④

(ア) 宇宙に最も多く存在する元素は水素，次いでヘリウムである。
(イ) ヘリウムはあらゆる物質の中で最も沸点が低く，$1.013\times10^5$ Pa (大気圧) における沸点は $-269$ °C である。
(ウ) 水素は水に溶けにくい気体であり，水上置換で捕集する。

**【70】** (1) (あ) (a)　(い) (d)　(う) (g)　(え) (j)　(お) (m)
(2) $F_2>Cl_2>Br_2>I_2$
(3) $2KI + Cl_2 \longrightarrow 2KCl + I_2$
(4) (A) (a)　(B) (b)　(C) (c)
(5) (D) (b)　(E) (b)
(6) +1
(7) (i) $CaF_2 + H_2SO_4 \longrightarrow CaSO_4 + 2HF$
(ii) $SiO_2 + 6HF \longrightarrow H_2SiF_6 + 2H_2O$

(1) ハロゲン元素の単体は全て酸化力をもち，ほかの物質から電子を奪い，1 価の陰イオンになる。実験室で塩素を発生させる化学反応式は次のようになる。

$MnO_2 + 4HCl \longrightarrow MnCl_2+Cl_2 + 2H_2O$

このとき，未反応の HCl は水に通して吸収させ，水蒸気は濃硫酸に通して吸収させる。不純物を取り除いた塩素は下方置換で捕集する。

(2) ハロゲン元素の単体の酸化力は原子番号が小さいほど強い。

(3) (2)より，酸化力の強さは $Cl_2>Br_2>I_2$ であり，ハロゲン化物イオンにそれより強い酸化力をもつ別のハロゲンを加えると，加えたハロゲンがイオンになる。

$2I^- + Cl_2 \longrightarrow I_2 + 2Cl^-$

化学反応式として表すと，次のようになる。

$2KI + Cl_2 \longrightarrow I_2 + 2KCl$

(4) ハロゲンは非金属元素であり，非金属元素の原子とは共有結合をつくり，金属元素の原子とはイオン結合をつくる。また，フッ化水素 HF は分子間で水素結合を形成するため，他のハロゲン化水素に比べて沸点が高い。

(5) HF の水溶液をフッ化水素酸といい，電離度が小さいため弱酸である。なお，他のハロゲン化水素 (HCl, HBr, HI) の水溶液は強酸である。

(6) 次亜塩素酸 HClO の塩素の酸化数を $x$ とすると，

$(+1)\times1+x\times1+(-2)\times1=0$

$x=+1$

(7) (ii) フッ化水素酸は二酸化ケイ素を溶かし，ヘキサフルオロケイ酸 $H_2SiF_6$ を生じる。

**【71】** A : 4　B : 5　C : 1　D : 7　E : 2
F : 6　G : 0　H : 9

(1) 硝酸銀水溶液に通して生じる白色沈殿は塩化銀 AgCl であるので，A・B は塩素が含まれる。

$Ag^+ + Cl^- \longrightarrow AgCl\downarrow$

(2) 有色の気体である A は黄緑色の塩素 $Cl_2$ または赤褐色の二酸化窒素 $NO_2$ である。(1)より，A が塩素 $Cl_2$，B が塩化水素 HCl と決まる。

(3) A($Cl_2$) と C が反応すると B(HCl) ができるので，C は水素 $H_2$ と決まる。

$Cl_2 + H_2 \longrightarrow 2HCl$

(4) 水に溶けにくい気体である E は，一酸化窒素 NO または窒素 $N_2$ である。なお，C($H_2$) も水に溶けにくい。これ以外の気体は水に溶け，それらの水溶液は酸性を示す。

(5) 無臭の気体である E・H は，一酸化窒素 NO,

窒素 $N_2$，二酸化炭素 $CO_2$ であり，(4)より水に溶けることから，Hが二酸化炭素 $CO_2$ と決まる。なお，C($H_2$) も無臭である。これ以外の気体は，刺激臭や悪臭をもつ。

(6) (4)，(5)より，Eは一酸化窒素 NO または窒素 $N_2$ であり，空気中ですみやかに酸化されるので，Eは一酸化窒素 NO と決まる。

$2NO + O_2 \longrightarrow 2NO_2$

(7) 硫酸酸性の $KMnO_4$ 水溶液で酸化されてできる白濁は硫黄Sであるので，Dは硫化水素 $H_2S$ と決まる。

$2KMnO_4 + 5H_2S + 3H_2SO_4$
$\longrightarrow 2MnSO_4 + K_2SO_4 + 5S + 8H_2O$

(8) 硫酸酸性の $KMnO_4$ 水溶液で酸化され，$H_2S$ 以外で還元剤としてはたらくことができる気体Gは，二酸化硫黄 $SO_2$ である。なお，溶液は $MnO_4^-$ の赤紫色が消えて $Mn^{2+}$ の淡桃色(ほぼ無色)に変化する。

$4KMnO_4 + 5SO_2 + 6H_2SO_4$
$\longrightarrow 4MnSO_4 + 2K_2SO_4 + 6H_2O$

Fについて，(2)より無色，(4)より水に溶ける，(5)より刺激臭(悪臭)がある。これらより，残りの気体でFにあてはまるものは，フッ化水素 HF である。

**【72】** ③

単体の硫黄の生成について，与えられた化学反応式は次のとおりである。

$2H_2S + 3O_2 \longrightarrow 2SO_2 + 2H_2O$ …(1)

$2H_2S + SO_2 \longrightarrow 3S + 2H_2O$ …(2)

式(1)より，$x$〔mol〕の $H_2S$ を反応させたときに生じる $SO_2$ は $x$〔mol〕である。したがって，3mol の $H_2S$ がすべてSに変化する場合に式(1)で使用される $H_2S$ の物質量は，式(2)の $H_2S$ と $SO_2$ の係数より，

$(3-x):x=2:1$　　$x=1\text{mol}$

つまり，式(1)で $H_2S$ が1mol 反応したとき，Sが最大量の3mol 生じる。また，式(1)で $H_2S$ が3mol すべて反応したとき，式(2)の反応は起こらないので，Sはまったく生じない。

よって，$H_2S$ が1mol のときSが最大量の3mol 生じ，3mol のときSが0mol となっているグラフであり，③となる。

(補足)　式(1)で $H_2S$ が1mol 反応したとき，Sが最大量の3mol 生じることがわかれば，図の硫黄の生成のグラフは次のように作成できる。

(a) 式(2)において $H_2S$ の物質量が多い場合 $(0\leqq x\leqq 1)$，

| | $2H_2S$ + | $SO_2$ ⟶ | $3S$ + | $2H_2O$ |
|---|---|---|---|---|
| 反応前 | $3-x$ | $x$ | 0 | 0 |
| 反応量 | $-2x$ | $-x$ | $+3x$ | $+2x$ |
| 反応後 | $3-3x$ | 0 | $3x$ | $2x$ |

つまり，$0\leqq x\leqq 1$ のとき，生じるSを $y$〔mol〕とすると，$y=3x$ となる。

(b) 式(2)において $SO_2$ の物質量が多い場合 $(1\leqq x\leqq 3)$，

| | $2H_2S$ + | $SO_2$ ⟶ | $3S$ + | $2H_2O$ |
|---|---|---|---|---|
| 反応前 | $3-x$ | $x$ | 0 | 0 |
| 反応量 | $-(3-x)$ | $-\frac{1}{2}(3-x)$ | $+\frac{3}{2}(3-x)$ | $+(3-x)$ |
| 反応後 | 0 | $\frac{3}{2}(x-1)$ | $\frac{3}{2}(3-x)$ | $3-x$ |

つまり，$1\leqq x\leqq 3$ のとき，生じるSを $y$〔mol〕とすると，$y=-\frac{3}{2}x+\frac{9}{2}$ となる。

**【73】** (1) (ア) 15　(イ) 5　(ウ) 共有　(エ) 無
(オ) 無　(カ) 濃塩酸(または HCl)
(キ) ハーバー・ボッシュ(または ハーバー)
(ク) 黄　(ケ) 赤　(コ) 同素　(サ) 白　(シ) 吸湿
(2) ① とぼしい　② 軽い
(3) $2NH_4Cl + Ca(OH)_2$
$\longrightarrow CaCl_2 + 2NH_3 + 2H_2O$
(4) 上方　(5) $N_2 + 3H_2 \longrightarrow 2NH_3$
(6) $4P + 5O_2 \longrightarrow P_4O_{10}$
(7) $P_4O_{10} + 6H_2O \longrightarrow 4H_3PO_4$

単体のリンには黄リン(白リン)と赤リンの同素体があり，黄リンを窒素中，250℃付近で長時間加熱すると赤リンになる。黄リンは空気中で自然発火するため水中に保管する。また，黄リンは毒性が強いが，赤リンは毒性が弱い。

**【74】** 問1 (ア) 14　(イ) 4　(ウ) 12　(エ) 8
問2 $X_A$ Br　$X_B$ F　$X_C$ Hg　$X_D$ Fe
問3 (a) (う)<(え)<(あ)<(お)<(い)
(b) アンモニウムイオン，正四面体構造，

$$\left[\begin{array}{c}\text{H}\\ \text{H:}\ddot{\underset{..}{\text{N}}}\text{:H}\\ \text{H}\end{array}\right]^+$$

問4 (1)，(3)，(4)
問5 $SiO_2 + Na_2CO_3 \longrightarrow Na_2SiO_3 + CO_2$
問6 アモルファス
問7 (a) $\frac{2a^3}{b^3}$　(b) $\sqrt{\frac{32}{27}}$　(c) 小さくなる

問2 常温・常圧で単体が液体の物質は，非金属元素の臭素 $Br_2$ と金属元素の水銀 Hg の2つである。

問3 それぞれの電子式と非共有電子対の数は次

の通りである。

(あ) 2個　(い) 4個　(う) 0個

$H:\ddot{\underset{..}{O}}:H$　　$\ddot{O}::C::\ddot{O}$　　$\left[\begin{array}{c} H \\ H:\ddot{N}:H \\ H \end{array}\right]^+$

(え) 1個　(お) 3個

$\left[\begin{array}{c} H:\ddot{O}:H \\ H \end{array}\right]^+$　$\left[:\ddot{\underset{..}{O}}:H\right]^-$

問4 (1) 正しい。ともに kJ/mol で表される。

(2) 誤り。電気陰性度は18族を除いて，周期表の右上の元素ほど大きく，左下ほど小さくなる。

(3) 正しい。電子親和力は，原子が電子を1個受け取って，1価の陰イオンになるときに放出されるエネルギーである。そのため，ある元素の1価の陰イオンから電子を1個取り去って，その元素の原子にするためには，電子親和力と等しいエネルギーが必要である。

(4) 正しい。1価の陽イオンになりやすい1族元素の原子は，その周期の中でイオン化エネルギーが最小になる。

問7 (a) $X_D$ の原子1個の質量を $w$ とする。単位格子中に体心立方格子は2個，面心立方格子は4個の原子が含まれる。よって，密度 $d$ は，

体心立方格子：$d_{体心}=\dfrac{w\times2}{a^3}$

面心立方格子：$d_{面心}=\dfrac{w\times4}{b^3}$

したがって，$X_D$ の単体の密度変化の割合 $x$ は，

$$x=\frac{d_{面心}}{d_{体心}}=\frac{2a^3}{b^3}$$

(b) $X_D$ 原子の半径 $r$ と単位格子の一辺の長さ $a$，$b$ の関係は，次のようになる。

体心立方格子：$\sqrt{3}\,a=4r$

面心立方格子：$\sqrt{2}\,b=4r$

よって，$\sqrt{3}\,a=\sqrt{2}\,b \iff \dfrac{a}{b}=\sqrt{\dfrac{2}{3}}$

したがって，

$$x=\frac{2a^3}{b^3}=2\left(\frac{a}{b}\right)^3=\sqrt{\frac{32}{27}}$$

(c) 1mol あたりの体積を $V$，質量を $W$，密度を $d$ とすると，

$$V=\frac{W}{d}$$

ここで，1mol あたりの質量は等しく，体心立方格子が面心立方格子に変化したとき，(b)で $x\geqq1$ より密度は大きくなるので，単体1mol あたりの体積は小さくなる。

なお，その体積減少の割合を $x_V$ とすると，

$$x_V=\frac{V_{面心}}{V_{体心}}=\frac{d_{体心}}{d_{面心}}=\frac{1}{x}=\sqrt{\frac{27}{32}}$$

**【75】** (1) (あ) 3　(い) 不対電子　(う) 陰　(え) $I_2$

(お) $F_2$　(か) 昇華　(き) 分子　(く) 小さい

(け) AgF

(2) (ア) $2KBr + Cl_2 \longrightarrow 2KCl + Br_2$

(イ) 反応しない

(3) (a) $Cl_2 + H_2O \longrightarrow HCl + HClO$

(b) $SiO_2 + 6HF \longrightarrow H_2SiF_6 + 2H_2O$

(4) $ClO^- + 2H^+ + 2e^- \longrightarrow Cl^- + H_2O$

(5) (i) $2.0\times10^{-5}$ mol/L　(ii) $1.0\times10^{-5}$ mol/L

(iii) $8.0\times10^{-2}$ mol/L

(iv) $AgCl + 2Na_2S_2O_3 \longrightarrow Na_3[Ag(S_2O_3)_2] + NaCl$

(6) (i) 0.87　(ii) 0.73　(iii) 4.4 g/cm³

(2) ハロゲンの酸化力の強さは $Cl_2>Br_2>I_2$ であり，ハロゲン化物イオンにそれより強い酸化力をもつ別のハロゲンを加えると，加えたハロゲンがイオンになる。

(3) (b) フッ化水素酸はガラスの主成分である二酸化ケイ素 $SiO_2$ を溶かし，ヘキサフルオロケイ酸 $H_2SiF_6$ になる。

(4) 次亜塩素酸イオン $ClO^-$ は酸化力があり，自身は還元され $Cl^-$ になる。

(5) $Cl^-$ を含む溶液に $K_2CrO_4$ 水溶液を少量加え，$AgNO_3$ 水溶液を滴下すると，AgCl の白色沈殿が生じる。

$Ag^+ + Cl^- \longrightarrow AgCl\downarrow$

溶液中の $Cl^-$ がなくなると $Ag_2CrO_4$ の赤褐色沈殿が生じる。

$2Ag^+ + CrO_4^{2-} \longrightarrow Ag_2CrO_4\downarrow$

赤褐色沈殿が生じ始めたところを滴定終点と判断する。このような方法をモール法という。

(i) 滴定終点での $CrO_4^{2-}$ のモル濃度を用いて溶解度積を計算すると，

$$[Ag^+]^2[CrO_4^{2-}]=2.0\times10^{-12}$$

$$[Ag^+]^2=\frac{2.0\times10^{-12}}{0.0050}=4.0\times10^{-10}$$

$$[Ag^+]=2.0\times10^{-5}\,\text{mol/L}$$

(ii) (i)の滴定終点における $Ag^+$ のモル濃度を用いて溶解度積を計算すると，

$$[Ag^+][Cl^-]=2.0\times10^{-10}$$

$$[Cl^-]=\frac{2.0\times10^{-10}}{2.0\times10^{-5}}=1.0\times10^{-5}\,\text{mol/L}$$

(iii) $Cl^-$ を含む水溶液のモル濃度を $c$〔mol/L〕

とすると，

$$c\times\frac{10}{1000}=0.020\times\frac{40}{1000}$$

$$c=0.080=8.0\times10^{-2}(\mathrm{mol/L})$$

(iv) 塩化銀にチオ硫酸ナトリウム水溶液を加えると，ビス(チオスルファト)銀(Ⅰ)酸イオン $[Ag(S_2O_3)_2]^{3-}$ が生じ，無色の溶液になる。

$$AgCl + 2S_2O_3^{2-} \longrightarrow [Ag(S_2O_3)_2]^{3-} + Cl^-$$

(6) (i) 塩化セシウム型のイオン結晶の断面より，

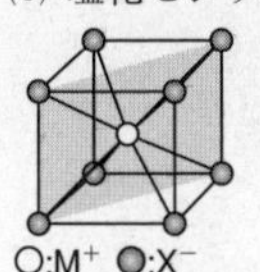


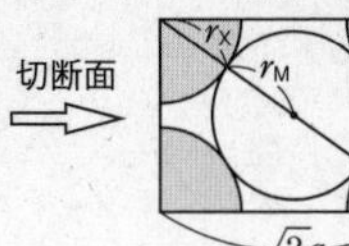


$$\sqrt{3}\,a=(r_M+r_X)\times2$$

$$\frac{r_M+r_X}{a}=\frac{\sqrt{3}}{2}\fallingdotseq0.87$$

(ii) $M^+$ と $X^-$ が接するので，

$$\sqrt{3}\,a=(r_M+r_X)\times2$$

$X^-$ と $X^-$ が接するので，

$$a=2r_X$$

これらより，

$$r_X=\frac{1}{2}a,\quad r_M=\frac{\sqrt{3}-1}{2}a$$

よって，

$$\frac{r_M}{r_X}=\sqrt{3}-1=0.73$$

(iii) (ii)より，

$$a=2r_X=4.0\times10^{-10}\,\mathrm{m}=4.0\times10^{-8}\,\mathrm{cm}$$

単位格子中に MX が1個あるので，密度は，

$$\frac{\dfrac{170}{6.0\times10^{23}}}{(4.0\times10^{-8})^3}\fallingdotseq4.4(\mathrm{g/cm^3})$$

**【76】** 問1 (ア) ハーバー・ボッシュ(または ハーバー)
(イ) 上方　(ウ) 緩衝　(エ) 褐

問2

```
  ‥
H:N:H
  ‥
  H
```

問3 $2NH_4Cl + Ca(OH)_2 \longrightarrow CaCl_2 + 2NH_3 + 2H_2O$

問4 9.4

問5 $Ag_2O + H_2O + 4NH_3 \longrightarrow 2[Ag(NH_3)_2]OH$

問6 $4.48\times10^{-2}$ L　　問7 17.5%

問8 メチルオレンジ

問4 混合した後のアンモニア水と塩化アンモニウム水溶液のモル濃度は，

$$[NH_3]=[NH_4Cl]=[NH_4^+]=\frac{0.100\times\dfrac{500}{1000}}{1}$$

$$=5.00\times10^{-2}(\mathrm{mol/L})$$

アンモニア $NH_3$ の電離定数 $K$ に，上記のモル濃度を代入して，

$$K=\frac{[NH_4^+][OH^-]}{[NH_3]}=2.3\times10^{-5}$$

$$[OH^-]=2.3\times10^{-5}\,\mathrm{mol/L}$$

水のイオン積 $K_w$ を用いると，pH は，

$$\mathrm{pH}=-\log_{10}[H^+]=-\log_{10}\frac{K_w}{[OH^-]}$$

$$=-\log_{10}\frac{1.0\times10^{-14}}{2.3\times10^{-5}}\fallingdotseq9.4$$

問6 $NH_3$ の物質量を $x$〔mol〕とすると，

$$1\times x+1\times0.200\times\frac{18.0}{1000}\times\frac{100}{20}$$

$$=2\times0.500\times\frac{20.0}{1000}$$

$$x=2.00\times10^{-3}\,\mathrm{mol}$$

したがって，標準状態でのアンモニアの体積は，

$$2.00\times10^{-3}\times22.4=4.48\times10^{-2}(\mathrm{L})$$

問7 $NH_3$ に含まれる窒素原子の物質量から窒素の質量を計算し，タンパク質の質量を求めると，

$$2.00\times10^{-3}\times14\times\frac{100}{16.0}=0.175(\mathrm{g})$$

食品A 1.00 g にタンパク質が 0.175 g 含まれているので，タンパク質の割合は，

$$\frac{0.175}{1.00}\times100=17.5(\%)$$

問8 中和滴定した酸は硫酸(強酸)，塩基は水酸化ナトリウム(強塩基)とアンモニア(弱塩基)なので，中和点は酸性側になる。したがって，酸性側に変色域をもつメチルオレンジを使用する。

# 8 金属元素(Ⅰ)-典型元素-

【77】(1) (ア) 鍾乳洞
(イ) 酸化カルシウム(または$CaO$，生石灰)
(ウ) 水酸化カルシウム(または$Ca(OH)_2$，消石灰)
(エ) 石灰水
(2) (a) $CaCO_3 + CO_2 + H_2O \longrightarrow Ca(HCO_3)_2$
(b) $CaCO_3 \longrightarrow CaO + CO_2$
(c) $CaO + H_2O \longrightarrow Ca(OH)_2$
(d) $Ca(OH)_2 + CO_2 \longrightarrow CaCO_3 + H_2O$
(3) 59kg

(3) 求める$CO_2$の質量を$x$〔kg〕とする。下線部(d)の反応式より，$Ca(OH)_2$(=74)と$CO_2$(=44)の量的関係は次のようになる。
($CO_2$の物質量)=($Ca(OH)_2$の物質量)
$$\frac{x\text{〔kg〕}}{44\,\mathrm{g/mol}} = \frac{100\,\mathrm{kg}}{74\,\mathrm{g/mol}}$$
$$x \fallingdotseq 59\,\mathrm{kg}$$

【78】A ④　B ②

化合物Aは以下の反応で生じる$CaCO_3$である。
$Ca(OH)_2 + CO_2 \longrightarrow CaCO_3 + H_2O$
$CaCO_3$は貝殻や大理石の主成分である。
化合物Bは以下の反応で生じる$NaCl$である。
$NaOH + HCl \longrightarrow NaCl + H_2O$
$NaCl$は$NaOH$の原料として用いられる。

【79】④

④ 陰極と陽極の反応はそれぞれ次のようになる。
陰極：$Na^+ + e^- \longrightarrow Na$
陽極：$2Cl^- \longrightarrow Cl_2 + 2e^-$
よって，全体の式は次のようになる。
全体：$2Na^+ + 2Cl^- \longrightarrow 2Na + Cl_2$
この式からわかるように，$Na$の単体が1molの生成するとき，気体の塩素が0.50mol生成する。

【80】(1) (ア) 白　(イ) 炭酸ナトリウム　(ウ) 塩素
(エ) 水素　(オ) ナトリウム　(カ) 水酸化物
(キ) 水酸化物　(ク) ナトリウム
(2) 潮解
(3) ① 陰極：$2H_2O + 2e^- \longrightarrow H_2 + 2OH^-$
陽極：$2Cl^- \longrightarrow Cl_2 + 2e^-$
② 0.20mol

(1) (イ) $NaOH$は空気中の$CO_2$と反応して，$Na_2CO_3$を生じる。
$2NaOH + CO_2 \longrightarrow Na_2CO_3 + H_2O$

(3) ② 陰極での反応式から，生じる$OH^-$($NaOH$)と回路に流れる電子$e^-$の物質量は等しくなることがわかる。よって，
($NaOH$の物質量)=(電子$e^-$の物質量)
$$=\frac{2.0\,\mathrm{A}\times(2\times3600+40\times60+50)\,\mathrm{s}}{9.65\times10^4\,\mathrm{C/mol}}$$
$$=0.20\,\mathrm{mol}$$

【81】問1 (ア) 2　(イ) 4　(ウ) +4　(エ) +2
(オ) 還元
問2 $Pb$が$HCl$や$H_2SO_4$と反応して生じる$PbCl_2$や$PbSO_4$は水に難溶性であり，これらが酸化被膜となって内部が保護され，反応が進まなくなってしまうから。
問3 $Zn + 2HCl \longrightarrow ZnCl_2 + H_2$
$Zn + 2H_2O + 2NaOH \longrightarrow Na_2[Zn(OH)_4] + H_2$
問4 $Zn(OH)_2 + 2HCl \longrightarrow ZnCl_2 + 2H_2O$
$Zn(OH)_2 + 2NaOH \longrightarrow Na_2[Zn(OH)_4]$
問5 A：⑤　B：④　C：③　D：①
問6 重金属である鉛は生物にとって有害であり，自然環境に悪影響を与えるから。
問7 (1) ブリキを構成する$Fe$と$Sn$のイオン化傾向が$Fe>Sn$であるため，$Fe$が露出すると$Fe$の腐食が促進されてしまうから。
(2) トタンを構成する$Fe$と$Zn$のイオン化傾向が$Zn>Fe$であるため，$Zn$が先に腐食されて内部の$Fe$が保護されるから。
(3) トタンの表面の$Zn$がさびると酸化被膜のようになって，内部の$Fe$が酸化するのを防ぐから。
問8 (1) 7.4g/cm³　(2) 1.3倍

問5 (1) 黒色の沈殿が生じたことから，$H_2S$を作用させ，$PbS$が生じたことがわかる。
$Pb^{2+} + S^{2-} \longrightarrow PbS$(黒)
(2) 黄色の沈殿が生じたことから，$K_2CrO_4$を作用させ，$PbCrO_4$が生じたことがわかる。
$Pb^{2+} + CrO_4^{2-} \longrightarrow PbCrO_4$(黄)
(3) 過剰量を加えて沈殿が溶けたことから，強塩基である$NaOH$を作用させたことがわかる。
$Pb^{2+} + 4OH^- \longrightarrow [Pb(OH)_4]^{2-}$
(4) 生じた沈殿を加熱して沈殿が溶けたことから，$HCl$を作用させ，$PbCl_2$が生じたことがわかる。
$Pb^{2+} + 2Cl^- \longrightarrow PbCl_2$(白)
問8 (1) 白色スズの単位格子中には$Sn$原子

(=119)が4個含まれるので，その密度は，

$$\frac{119\,\mathrm{g/mol}\times\frac{4}{6.0\times10^{23}}\,\mathrm{mol}}{5.8\times10^{-8}\,\mathrm{cm}\times5.8\times10^{-8}\,\mathrm{cm}\times3.2\times10^{-8}\,\mathrm{cm}}$$
$\fallingdotseq 7.4\,\mathrm{g/cm^3}$

(2) Snが1molあると考える。その質量は119gになるので，密度が$7.36\,\mathrm{g/cm^3}$の白色スズの体積は$\frac{119\,\mathrm{g}}{7.36\,\mathrm{g/cm^3}}$，密度が$5.8\,\mathrm{g/cm^3}$の灰色スズの体積は$\frac{119\,\mathrm{g}}{5.8\,\mathrm{g/cm^3}}$となる。よって，白色スズが灰色スズに同素変態するときにその体積変化の割合は，

$$\frac{\frac{119\,\mathrm{g}}{5.8\,\mathrm{g/cm^3}}}{\frac{119\,\mathrm{g}}{7.36\,\mathrm{g/cm^3}}}=\frac{7.36\,\mathrm{g/cm^3}}{5.8\,\mathrm{g/cm^3}}\fallingdotseq 1.3(\text{倍})$$

**【82】** 問1 (1) 3 (2) 13

問2 (ア) ボーキサイト
(イ) 水酸化アルミニウム
(ウ) 溶融塩電解(または融解塩電解)
(エ) 酸化物イオン (オ) 一酸化炭素
(カ) 二酸化炭素 (キ) テルミット
(ク) 両性 (ケ) 不動態 (コ) アルマイト

問3 アルミニウムはイオン化傾向が大きいため，水溶液を電気分解すると水が先に還元され，水素が発生するから。(50字)

問4 $Al_2O_3 + 3H_2O + 2NaOH \longrightarrow 2Na[Al(OH)_4]$

問5 $2Al(OH)_3 \longrightarrow Al_2O_3 + 3H_2O$

問6 $Na_3AlF_6$

問7 (3) $2.0\times10^3$ (4) $1.1\times10^3$

問8 $2Al + Fe_2O_3 \longrightarrow 2Fe + Al_2O_3$

問9 アルミニウムの表面にち密な酸化被膜が形成されることで，濃硝酸とはそれ以上反応しなくなるから。(46字)

問7 流れた電子$e^-$の物質量は，

$$\frac{1.0\times10^5\,\mathrm{A}\times60\times3600\,\mathrm{s}}{9.65\times10^4\,\mathrm{C/mol}}=2.23\times10^5\,\mathrm{mol}$$

陰極での反応は $Al^{3+} + 3e^- \longrightarrow Al$ なので，得られるAl(=27)の質量は，

(Alの質量)$=27\,\mathrm{g/mol}\times$(Alの物質量)

$=27\,\mathrm{g/mol}\times(e^-\text{の物質量})\times\frac{1}{3}$

$=27\,\mathrm{g/mol}\times2.23\times10^5\,\mathrm{mol}\times\frac{1}{3}$

$\fallingdotseq 2.0\times10^6\,\mathrm{g}=2.0\times10^3\,\mathrm{kg}$

陽極での反応では，COと$CO_2$が5：1の物質量の比で生成する。生成する$CO_2$の物質量を$n$〔mol〕とするとCOの物質量は$5n$〔mol〕となり，さらにそれぞれの反応における量的関係は次のようになる。

$$\begin{array}{lllll} C & + \; O^{2-} & \longrightarrow & CO & + \; 2e^- \\ 5n & & & 5n & \;\; 10n \text{〔mol〕} \\ C & + \; 2O^{2-} & \longrightarrow & CO_2 & + \; 4e^- \\ n & & & n & \;\; 4n \text{〔mol〕} \end{array}$$

ここで流れた電子$e^-$の物質量に着目すると，

$(10n+4n)$〔mol〕$=2.23\times10^5\,\mathrm{mol}$

$n=1.59\times10^4\,\mathrm{mol}$

陽極で消費されたCは$6n$〔mol〕なので，その質量は，

(Cの質量)$=12\,\mathrm{g/mol}\times6n$〔mol〕

$=12\times6\times1.59\times10^4\,\mathrm{g}$

$\fallingdotseq 1.1\times10^6\,\mathrm{g}=1.1\times10^3\,\mathrm{kg}$

# 9 金属元素(II)-遷移元素-, 陽イオン分析

**【83】** (5)

㋒ 塩素発生の際, $MnO_2$ は反応物(酸化剤)として用いられる。

$$MnO_2 + 4HCl \longrightarrow MnCl_2 + 2H_2O + Cl_2$$

㋔ $MnO_4^-$ は, 塩基性条件下では以下のようにはたらく。

$$MnO_4^- + 2H_2O + 3e^- \longrightarrow MnO_2 + 4OH^-$$

**【84】** (1) (a) CuS (b) 操作Bで残った硫化水素を追い出すため。 (c) 操作Bで硫化水素により鉄(III)イオンが鉄(II)イオンに還元されており, それをふたたび酸化して鉄(III)イオンにするため。 (d) 水酸化鉄(III)

(2) (a) (イ) $Cu \longrightarrow Cu^{2+} + 2e^-$
$Pb \longrightarrow Pb^{2+} + 2e^-$
(ウ) $Cu^{2+} + 2e^- \longrightarrow Cu$

(b) Ag, Au【理由】Ag：銅よりイオン化傾向が小さく低電圧では酸化されないため。Au：イオン化傾向が小さく電気分解では酸化されないため。

(c) (i) 5.1g (ii) 94% (iii) 0.14g

(1) (a) 操作Aで硝酸により水溶液は酸性になっているため, 沈殿するのは CuS のみである。

(2) (c) (i) 流れた電子の物質量は,

$$\frac{2.0\times(128\times60)}{9.6\times10^4}=0.16(\text{mol})$$

であり, 陰極ではすべての電子が銅の還元に使われるので, 生じた銅の質量は,

$$0.16\times\frac{1}{2}\times64=5.12\fallingdotseq5.1(\text{g})$$

(ii) 水溶液中の $Cu^{2+}$ の濃度が 0.0020 mol/L 減少したことから, 陽極から溶出した $Cu^{2+}$ の物質量は,

$$0.16\times\frac{1}{2}-0.0020\times0.50=0.079(\text{mol})$$

したがって, 銅の質量パーセント濃度は,

$$\frac{0.079\times64}{5.40}\times100\fallingdotseq94(\%)$$

(iii) (ii)より, 溶出した $Pb^{2+}$ は,

$$0.080-0.079=0.001(\text{mol})$$

であるから, 金と銀の質量は,

$$5.40-(0.079\times64+0.001\times207)\fallingdotseq0.14(\text{g})$$

**【85】** 問1 希硝酸：$3Cu + 8HNO_3 \longrightarrow 3Cu(NO_3)_2 + 4H_2O + 2NO$
濃硝酸：$Cu + 4HNO_3 \longrightarrow Cu(NO_3)_2 + 2H_2O + 2NO_2$
熱濃硫酸：$Cu + 2H_2SO_4 \longrightarrow CuSO_4 + 2H_2O + SO_2$

問2 溶解前：0 溶解後：+2 酸化された。

問3 $Cu(OH)_2 + 4NH_3 \longrightarrow [Cu(NH_3)_4](OH)_2$

問4 (ア) 陽極 (イ) 陰極 (ウ) 電解精錬

問5 銅のほうがイオン化傾向が小さいため。

問6 陽極泥 問7 3.2g

問1 希硝酸, 濃硝酸, 熱濃硫酸は, 酸化剤として以下のようにはたらく。

希硝酸：$HNO_3 + 3H^+ + 3e^- \longrightarrow NO + 2H_2O$

濃硝酸：$HNO_3 + H^+ + e^- \longrightarrow NO_2 + H_2O$

熱濃硫酸：$H_2SO_4 + 2H^+ + 2e^- \longrightarrow SO_2 + 2H_2O$

問3 銅(II)イオンはアンモニアと錯イオンを形成する。

問7 陰極で起こる反応は, $Cu^{2+} + 2e^- \longrightarrow Cu$ であるから, 析出する銅の質量は,

$$\frac{5.0\times(32\times60+10)}{9.65\times10^4}\times\frac{1}{2}\times63.6\fallingdotseq3.2(\text{g})$$

**【86】** (1) (ア) CO (イ) $CO_2$ (ウ) C (エ) $O_2$
(A) 3 (B) 3

(2) $SiO_2$ や $Al_2O_3$ などの不純物を取り除くため。(19字)

(3) Cr, Ni

(3) クロムは不動態を形成するためさびにくくすることができる。

**【87】** 5, 7

アより, A, CはAgまたはPb。
イより, A～DはAg, Fe, Pb, Znのいずれか。
ウより, A, BはPbまたはFe, C, DはAgまたはZn。
したがって, A：Pb, B：Fe, C：Ag, D：Znである。

1 誤り。Pbは常温の水とは反応しない。
2 誤り。Pbは14族の典型元素。
3 誤り。熱伝導性が最大なのはAg。
4 誤り。イオン化傾向は, D>B>A>C。
5 正しい。原子番号は ${}_{26}Fe$, ${}_{30}Zn$, ${}_{47}Ag$, ${}_{82}Pb$ の順に大きくなる。およその原子番号の大小は原子量で考えてもよい。
6 誤り。Agは濃硝酸に溶ける。

7 正しい。$Zn^{2+}$ は塩基性条件下では硫化水素により ZnS の白色沈殿を生じる。

**【88】** (1) (オ) (2) (ウ) (3) (イ) (4) (エ)
(5) (ア) (6) $[Cu(NH_3)_4]^{2+}$ (7) $[Al(OH)_4]^-$
(8) $(mol/L)^2$ (9) $1.7\times10^{-24}$

(1) $Ag^+$ は $Cl^-$ と AgCl の白色沈殿を生じる。また，アンモニア水には錯イオン $[Ag(NH_3)_2]^+$ をつくって溶ける。

(2),(6) $Cu^{2+}$ は硫化水素により CuS の黒色沈殿を生じる。また，アンモニア水には錯イオン $[Cu(NH_3)_4]^{2+}$ をつくって溶ける。

(3),(7) $Al^{3+}$ はアンモニア水とは $Al(OH)_3$ の白色沈殿を生じる。また，過剰の水酸化ナトリウム水溶液には $[Al(OH)_4]^-$ をつくって溶ける。

(4),(8),(9) $Zn^{2+}$ は塩基性条件下では硫化水素により ZnS の白色沈殿を生じる。このときの溶解平衡は，

$$ZnS(固) \rightleftarrows Zn^{2+} + S^{2-}$$
$$K_{sp}=[Zn^{2+}][S^{2-}]=(1.3\times10^{-12})^2$$
$$\fallingdotseq 1.7\times10^{-24}((mol/L)^2)$$

**【89】** ア (a) 面心立方格子 (b) イオン化傾向
イ C：$2Au + I_3^- + I^- \longrightarrow 2[AuI_2]^-$
D：$2Au + 3I_3^- \longrightarrow 2[AuI_4]^- + I^-$
ウ $K_1$ (い) $K_2$ (え)
エ AgCl オ 58 秒

ア (a) 単位格子中の原子の数が 4 であることから面心立方格子とわかる。

イ C $I_3^-$ と Au のそれぞれのはたらき方は，

$$I_3^- + 2e^- \longrightarrow 3I^- \quad \cdots①$$
$$Au \longrightarrow Au^+ + e^- \quad \cdots②$$

$Au^+$ が錯イオンを形成する反応は，

$$Au^+ + 2I^- \longrightarrow [AuI_2]^- \quad \cdots③$$

したがって，①+②×2+③×2 より，

$$2Au + I_3^- + I^- \longrightarrow 2[AuI_2]^-$$

となる。

D Au のはたらき方は $Au \longrightarrow Au^{3+} + 3e^-$ …④

であり，$Au^{3+}$ が錯イオンを形成する反応は，

$$Au^{3+} + 4I^- \longrightarrow [AuI_4]^- \quad \cdots⑤$$

したがって，①×3+④×2+⑤×2 より，

$$2Au + 3I_3^- \longrightarrow 2[AuI_4]^- + I^-$$

となる。

ウ グラフより，$[NH_3]=10^{-3.5}$ mol/L のとき，
$[Ag^+]:[[Ag(NH_3)]^+]:[[Ag(NH_3)_2]^+]$
$=2:1:2$
したがって，

$$K_1=\frac{[[Ag(NH_3)]^+]}{[Ag^+][NH_3]}=\frac{1}{2\times10^{-3.5}}\fallingdotseq 1.7\times10^3$$
$$K_2=\frac{[[Ag(NH_3)_2]^+]}{[[Ag(NH_3)]^+][NH_3]}=\frac{2}{1\times10^{-3.5}}$$
$$\fallingdotseq 6.7\times10^3$$

エ 溶液中の金はすべて回収されているので，沈殿は銀 7.00 mg を含む化合物である。
これを $AgX_y$（X の原子量 $x$）とすると，

$$\frac{7.00}{107.9}=\frac{9.30}{107.9+x\times y}$$

となり，$x\times y=35.45\cdots$
与えられている原子量から，適する $x$，$y$ は $x=35.5$，$y=1$ であり，X=Cl である。

オ Au のはたらき方は $Au \longrightarrow Au^{3+} + 3e^-$ であるから，亜硫酸ナトリウム $3.00\times10^{-4}$ mol と反応する Au は，

$$3.00\times10^{-4}\times\frac{2}{3}=2.00\times10^{-4}(mol)$$

この Au を電気分解で得られればよいので，必要な時間は，

$$\frac{2.00\times10^{-4}\times3\times9.65\times10^4}{1.00}\fallingdotseq 58(s)$$

**【90】** 問1 (ア) 典型 (イ) 遷移 (ウ) 遷移
(エ) 不動
問2 $Fe_2O_3 + 3CO \longrightarrow 2Fe + 3CO_2$
問3 (1) $5Fe^{2+} + MnO_4^- + 8H^+ \longrightarrow 5Fe^{3+} + Mn^{2+} + 4H_2O$
(2) $5.00\times10^{-4}$ mol (3) $4.6\times10^2$ g/mol

問3 (2) 調整した水溶液中の $[Fe^{2+}]$ を $x$〔mol/L〕とすると，滴定結果より，

$$x\times\frac{10.0}{1000}\times1=0.00400\times\frac{12.5}{1000}\times5$$
$$x=0.025(mol/L)$$

したがって，含まれていた $Fe^{2+}$ の物質量は，

$$0.025\times\frac{20.0}{1000}=5.00\times10^{-4}(mol)$$

(3) 含まれていた $Fe^{2+}$ と $Fe^{3+}$ の合計の物質量を求めると，

$$\frac{0.0250}{159.8}\times2\times\frac{20.0}{10.0}$$
$$\fallingdotseq 6.258\times10^{-4}(mol)$$

したがって，$Fe^{3+}$ の物質量は，

$$6.258\times10^{-4}-5.00\times10^{-4}$$
$$=1.258\times10^{-4}(mol)$$

よって，硫酸鉄(III)水和物の物質量は，

$$1.258\times10^{-4}\times\frac{1}{2}=0.629\times10^{-4}(mol)$$

また，試料中の硫酸鉄(II)七水和物の質量は，

$5.00\times10^{-4}\times278=0.139$(g)
なので，硫酸鉄(Ⅲ)水和物の質量は，
$0.168-0.139=0.029$(g)
したがって，硫酸鉄(Ⅲ)水和物のモル質量は，
$$\frac{0.029}{0.629\times10^{-4}}\fallingdotseq4.6\times10^2\text{(g/mol)}$$

**【91】** (1) ②，④ (2) 11.0
(3) EDTA：$5.06\times10^{-3}$ mol/L
$Ca^{2+}$：21.1 mg/L

(2) $Mg(OH)_2$ の溶解度積 $K_{sp}$ は，
$K_{sp}=[Mg^{2+}][OH^-]^2=9.0\times10^{-12}$ (mol/L)$^3$
$Mg^{2+}$ の 99.9% が沈殿するので，溶液中の $Mg^{2+}$ の濃度は，
$0.0100\times10^{-3}=1.00\times10^{-5}$ (mol/L)
したがって，
$[OH^-]=3.0\times10^{-3.5}$ mol/L
$$pH=-\log_{10}\frac{1.0\times10^{-14}}{3.0\times10^{-3.5}}\fallingdotseq11.0$$
(3) EDTA 標準溶液のモル濃度を $x$〔mol/L〕とおくと，EDTA と $Ca^{2+}$ は 1：1 で反応することから，滴定結果より
$$x\times\frac{9.88}{1000}=5.00\times10^{-3}\times\frac{10}{1000}$$
$x\fallingdotseq5.06\times10^{-3}$ (mol/L)
試料の $Ca^{2+}$ のモル濃度を $y$〔mol/L〕とおくと，
$$5.060\times10^{-3}\times\frac{5.21}{1000}=y\times\frac{50}{1000}$$
$y=0.5272\cdots\times10^{-3}$ mol/L
したがって，$Ca^{2+}$ の濃度〔mg/L〕は，
$0.5272\times10^{-3}\times40.1\times10^3\fallingdotseq21.1$ (mg/L)

**【92】** (i) $2Al+2NaOH+6H_2O \longrightarrow 2Na[Al(OH)_4]+3H_2$
(ii) $BaSO_4$，$4.0\times10^{-2}$ mol (iii) 0.24 mol
(iv) $Al(OH)_3$，$2.0\times10^{-2}$ mol (v) $2.0\times10^{-2}$ mol
(vi) 39 g

(ii) $BaSO_4=233$ より，物質量は，
$$\frac{9.32}{233}=0.0400\text{(mol)}$$
(iv) アンモニアの電離によって生じた $OH^-$ は $NH_4^+$ と同じ 0.060 mol であり，これが $Al(OH)_3$ になったので，得られた $Al(OH)_3$ は，
$$0.060\times\frac{1}{3}=0.020\text{(mol)}$$
(v) (ii)より A に含まれる $SO_4^{2-}$ は 0.040 mol，(iv)より A に含まれる $Al^{3+}$ は 0.020 mol であるから，1 価の陽イオンの物質量を $x$〔mol〕とすると，
$0.020\times3+x\times1=0.040\times2$ $x=0.020$ mol
(vi) 実験 2 で得られた無水物 5.16 g のうち，1 価の陽イオンの質量は，
$5.16-0.020\times27.0-0.040\times96.0=0.78$ (g)
これが 0.020 mol に相当するので，1 mol あたりの質量は，
$$\frac{0.78}{0.020}=39\text{(g)}$$

## 10 脂肪族化合物と芳香族化合物

**【93】** (1) (ウ) (2) (オ) (3) (ウ)
(4) $C_3H_8+5O_2 \longrightarrow 3CO_2+4H_2O$ (5) (オ)
(6) $CH_4+Cl_2 \longrightarrow CH_3Cl+HCl$ (7) (イ)
(8) 60

(1) $n=5$ のアルカン $C_5H_{12}$ には，次の 3 種類の構造異性体が存在する。
$CH_3-CH_2-CH_2-CH_2-CH_3$
$CH_3-CH(CH_3)-CH_2-CH_3$
$CH_3-C(CH_3)_2-CH_3$
(7) クロロブタン $C_4H_9Cl$ には，次の 2 種類の構造異性体が存在する。
$CH_3-CH_2-CH_2-CH_2-Cl$　$CH_3-CH_2-CH(Cl)-CH_3$
(8) ブタンの塩素による置換は次の式で表される。
$C_4H_{10}+Cl_2 \longrightarrow C_4H_9Cl+HCl$
ブタン 5.80 g の物質量は，
$$\frac{5.80\text{ g}}{58\text{ g/mol}}=0.10\text{ mol}$$
$C_4H_{10}$(分子量 58) 1 mol から $C_4H_9Cl$(分子量 92.5) 1 mol が生成するため，ブタンのうち，$x$〔%〕が反応したとすると，
$$0.10\times\left(1-\frac{x}{100}\right)\times58+0.10\times\frac{x}{100}\times92.5=7.87$$
$x=60$ (%)

**【94】** 問 1 (1) 原料：(b) 酸：(d) 反応温度：(i)
(2) (c)【理由】エチレンは無極性分子であり，水に溶けにくいため。
問 2 【理由】炭素原子間の二重結合を軸とした分子内の回転ができないため。
【名称】シス-トランス異性体
問 3 (1) 1-ブテン $(H)_2C=CH-CH_2-CH_3$
(2) 2-メチルプロペン $(H_3C)_2C=C(H)_2$

(3) 酢酸 $CH_3-\underset{\underset{\displaystyle O}{\|}}{C}-OH$

問 4 (1) $CaC_2 + 2H_2O \longrightarrow CH{\equiv}CH + Ca(OH)_2$

(2) $CH{\equiv}CH + H_2O \longrightarrow CH_3-\underset{\underset{\displaystyle O}{\|}}{C}-H$

不安定な化合物 $\begin{matrix}H & & OH\\ & C{=}C & \\ H & & H\end{matrix}$

問 5 $CH_3-\underset{\underset{\displaystyle O}{\|}}{C}-CH_3$

問 1 (1) エチレンはエタノールを 160～170℃ で濃硫酸とともに加熱し，分子内脱水することで得られる。

問 3 異性体A～Dは次のうちいずれかである。

$\begin{matrix}H_3C & & CH_3\\ & C{=}C & \\ H & & H\end{matrix}$ シス-2-ブテン

$\begin{matrix}H & & CH_3\\ & C{=}C & \\ H_3C & & H\end{matrix}$ トランス-2-ブテン

$\begin{matrix}H_3C & & H\\ & C{=}C & \\ H_3C & & H\end{matrix}$ 2-メチルプロペン

$\begin{matrix}H & & CH_2-CH_3\\ & C{=}C & \\ H & & H\end{matrix}$ 1-ブテン

(1) 四種類の化合物に臭素を付加すると次の化合物が得られる。

シス-2-ブテン，トランス-2-ブテンに付加

$CH_3-\underset{\underset{\displaystyle Br}{|}}{C^*}H-\underset{\underset{\displaystyle Br}{|}}{C^*}H-CH_3$

2-メチルプロペンに付加

$CH_3-\overset{\overset{\displaystyle Br}{|}}{\underset{\underset{\displaystyle CH_3}{|}}{C}}-CH_2-Br$

1-ブテンに付加

$\underset{\underset{\displaystyle Br}{|}}{CH_2}-\underset{\underset{\displaystyle Br}{|}}{C^*}H-CH_2-CH_3$

不斉炭素原子を 1 つもつのは，1-ブテンに臭素を付加させたものである。

(2) 不斉炭素原子をもたないのは，2-メチルプロペンに臭素を付加させたものである。

(3) アルケンに硫酸酸性の過マンガン酸カリウム水溶液を作用させると，二重結合が開裂してケトンまたはカルボン酸が生成する。

$\begin{matrix}H_3C & & CH_3\\ & C{=}C & \\ H & & H\end{matrix} \xrightarrow[\text{酸化}]{} 2\,CH_3-\underset{\underset{\displaystyle O}{\|}}{C}-OH$

問 5 プロピンに水を付加させると，不安定な化合物を経て次の化合物が生成する。

$H-C{\equiv}C-CH_3 + H_2O$

$\longrightarrow H-\underset{\underset{\displaystyle H}{|}}{C}{=}\underset{\underset{\displaystyle OH}{|}}{C}-CH_3 \longrightarrow CH_3-\underset{\underset{\displaystyle O}{\|}}{C}-CH_3$

$\longrightarrow H-\underset{\underset{\displaystyle HO}{|}}{C}{=}\underset{\underset{\displaystyle H}{|}}{C}-CH_3 \longrightarrow H-\underset{\underset{\displaystyle O}{\|}}{C}-CH_2-CH_3$

考えられる 2 種類の生成物のうち，第二級アルコールの酸化によっても得られるのは，ケトンであるアセトンである。

【95】 問 1 (ア) ① カルボニル　② ケトン　③ カルボキシ　④ カルボン酸　⑤ エチレン　⑥ 氷酢酸

(イ) (c)　(ウ) $CH_3-\underset{\underset{\displaystyle O}{\|}}{C}-H$　(エ) (a)

問 2 (ア) (c)

(イ) 化合物B $CH_3-CH_2-CH_2-CH_2-\underset{\underset{\displaystyle O}{\|}}{C}-OH$

化合物C

$CH_3-CH_2-CH_2-CH_2-\underset{\underset{\displaystyle O}{\|}}{C}-O-CH_2-CH_2-CH_2-CH_2-CH_3$

(ウ) 3.44 g

問 1 (エ) 触媒を用いてアセチレンに 1 分子の水を付加させると，不安定なビニルアルコールを経て，アセトアルデヒドが生成する。

$H-C{\equiv}C-H + H_2O$

$\longrightarrow \begin{matrix}H & & OH\\ & C{=}C & \\ H & & H\end{matrix} \longrightarrow CH_3-\underset{\underset{\displaystyle O}{\|}}{C}-H$

問 2 (ア) 酢酸ペンチルを加水分解すると酢酸とペンタノール(化合物A)が得られる。

$CH_3COOCH_2CH_2CH_2CH_2CH_3 + H_2O$
$\longrightarrow CH_3COOH + CH_3CH_2CH_2CH_2CH_2OH$

(イ) 第一級アルコールを酸化するとカルボン酸である化合物Bが得られる。

化合物Aのヒドロキシ基と化合物Bのカルボキシ基が脱水縮合するとエステルである化合物Cが得られる。

(ウ) 酢酸ペンチル 5.20 g の物質量は，

$$\frac{5.20\,\mathrm{g}}{130\,\mathrm{g/mol}} = 4.00 \times 10^{-2}\,\mathrm{mol}$$

酢酸ペンチル 1 mol から化合物 A が 1 mol 得られ，その半量を酸化した化合物 B 0.5 mol と残りの化合物 A 0.5 mol を反応させると，0.5 mol の化合物 C が得られる。化合物 C の分子量は 172 であるため，

$$4.00 \times 10^{-2}\,\mathrm{mol} \times \frac{1}{2} \times 172\,\mathrm{g/mol} = 3.44\,\mathrm{g}$$

【96】 (1) $CH_3-CH_2-OH$　$CH_3-\underset{\underset{\displaystyle O}{\|}}{C}-OH$

(2) $CH_3-CH_2-CH_2-CH_2-CH_2-CH_3$

$CH_3-\underset{\underset{\displaystyle CH_3}{|}}{CH}-\underset{\underset{\displaystyle CH_3}{|}}{CH}-CH_3$　$CH_3-\underset{\underset{\displaystyle CH_3}{|}}{CH}-CH_2-CH_2-CH_3$

$CH_3-CH_2-\underset{\underset{\displaystyle CH_3}{|}}{CH}-CH_2-CH_3$　$CH_3-\overset{\overset{\displaystyle CH_3}{|}}{\underset{\underset{\displaystyle CH_3}{|}}{C}}-CH_2-CH_3$

(3) 極性の大きな O−H 結合をもち分子間で水素結合を形成するため。(30 字)

(4) $CH_3COOH + C_2H_5OH$
$\longrightarrow CH_3COOC_2H_5 + H_2O$

(5) 0.75 mol

(6) $CH_3-C(=O\cdots H-O)(-O-H\cdots O=)C-CH_3$ （…は水素結合）

(1) 親水基をもつ化合物は，水とよく溶け合う。

(5) (4)の反応の平衡定数は次のように表される。

$$K=\frac{[CH_3COOC_2H_5][H_2O]}{[CH_3COOH][C_2H_5OH]}$$

溶液の体積を $V$〔L〕，$x$〔mol〕の酢酸エチルが生成したとすると，

$$K=\frac{\frac{x}{V}\times\frac{x}{V}}{\frac{1.0-x}{V}\times\frac{1.0-x}{V}}=9.0$$

$0<x<1.0$ より $x=0.75$(mol)

**【97】** 問1 (a)，(d)
問2 (ア) 硬化油 (イ) 弱塩基 (ウ) 内側 (エ) 外側 (オ) 界面活性剤 (カ) 乳化 (キ) 乳濁液
問3 グリセリン：92 mg
脂肪酸ナトリウム塩：834 mg
問4 〔a〕10 〔b〕21

問1 (a) 正しい。二重結合の数が多いほうが，より折れ曲がった分子となり，結晶化しにくくなるため，油脂Bの方が融点が低い。
(b) 誤り。炭素の数が多い脂肪酸のほうが，分子量が大きく，分子間力が強いため，油脂Dの方が融点が高い。
(c) 誤り。二重結合の数が多いほうが，油脂100 gに付加しうるヨウ素の質量が大きくなるため，油脂Fの方がヨウ素価が高い。
(d) 正しい。炭素の数が多い脂肪酸のほうが，油脂100 gあたりの二重結合の数が少なくなるため，油脂Hの方がヨウ素価が低い。

問3 油脂1 molからグリセリンは1 mol生成するため，生じるグリセリンの質量は，
$92\,g/mol\times1\,mmol=92\,mg$
油脂1 molから脂肪酸ナトリウム塩は3 mol生成するため，生じる脂肪酸ナトリウム塩の質量は，
$278\,g/mol\times1\,mmol\times3=834\,mg$

問4 この油脂298 mgに含まれる元素の質量は，

C：$792\,mg\times\frac{12}{44}=216\,mg$

H：$306\,mg\times\frac{2.0}{18}=34\,mg$

O：$298\,mg-(216\,mg+34\,mg)=48\,mg$

各元素の原子数の比は

$$C:H:O=\frac{216}{12}:\frac{34}{1.0}:\frac{48}{16}=18:34:3$$

組成式は $C_{18}H_{34}O_3$ であるが，油脂の酸素原子の数は6であるため，分子式は $C_{36}H_{68}O_6$ である。したがって，

$$a=\frac{36-6}{3}=10 \qquad b=\frac{68-5}{3}=21$$

**【98】** A 4 B 4

① 0°C，$1.013\times10^5$ Paにおいて，エタノールは液体だが，フェノールは固体である。
② エタノールは水と任意の割合で混じりあうが，フェノールは水に溶けにくい。
③ 酸化するとカルボン酸が生じるのは第一級アルコールであり，エタノールは該当するが，フェノールは該当しない。
④ エタノールもフェノールも，ともにナトリウムと反応して水素を発生する。
⑤ フェノールは水酸化ナトリウムと反応して塩を生じるが，エタノールは反応しない。
⑥ フェノールは塩化鉄(Ⅲ)水溶液で紫色に呈色するが，エタノールは呈色しない。
⑦ フェノールは過剰量の臭素水と反応し，2,4,6-トリブロモフェノールを生成するが，エタノールは反応しない。

以上より，エタノールは①，②，③，④の4個，フェノールは④，⑤，⑥，⑦の4個があてはまる。

**【99】** 問1 [1] (7) [2] (8) [3] (6) [4] (7)
[5] (1) [6] (8) [7] (5) [8] (9)
[9] (1) [10] (3) [11] (4) [12] (0)
[13] (0) （[7]と[8]は順不同）
問2 (3) 問3 (4)

問2 ベンゼンの分子量は78，アセトアニリドの分子量は135であるため，

$$\frac{50.0\,g}{78\,g/mol}\times\frac{80}{100}\times\frac{70}{100}\times\frac{78}{100}\times135\,g/mol=37.8\,g$$

問3 フェノールに水素をすべて付加したアルコールAは，シクロヘキサノールである。これに濃硫酸を作用させて脱水すると，シクロヘキセン(化合物B)が得られ，臭素水と反応すると付加反応が起こり赤褐色の臭素水が無色になる。

A
$CH_2$ / $H_2C$ $CH_2$ / $H_2C$ $CH$ / $CH_2$ $OH$ （シクロヘキサノール環構造）

B
$CH_2$ / $H_2C$ $CH$ / $H_2C$ $CH$ （C=C二重結合）/ $CH_2$ （シクロヘキセン環構造）

**【100】** 問1 A ⟨ベンゼン環⟩$-NO_2$ B ⟨ベンゼン環⟩$-NH_2$
C ⟨ベンゼン環⟩$-N(H)-C(=O)-CH_3$ D $O_2N-$⟨ベンゼン環⟩$(-NO_2)(-OH)(-NO_2)$

E $O_2N$–⟨⟩–OH　F ⟨⟩–OH, $NO_2$

G $H_3C$–C(=O)–N(H)–⟨⟩–OH　H ⟨⟩(OH)–C(=O)–OH

I ⟨⟩(O–C(=O)–$CH_3$)–C(=O)–OH　J ⟨⟩(OH)–C(=O)–O–$CH_3$

問 2 (ア) ニトロ　(イ) アミノ　(ウ) ヒドロキシ
(エ) ピクリン　(オ) 二酸化炭素
(カ) カルボキシ

問 3 (1) 180
(2) 二酸化炭素：40 mg　水：7.2 mg

問 1，2

ベンゼンに濃硫酸と濃硝酸(混酸)を作用させると，ニトロベンゼン(化合物A)が得られる。ニトロベンゼンを還元し中和すると，アニリン(化合物B)が得られる。アニリンのアミノ基がアセチル化されると，アセトアニリド(化合物C)が得られる。

フェノールがもつヒドロキシ基はオルト・パラ配向性で，3つのニトロ基が導入されるとピクリン酸(化合物D)が得られる。ニトロ化を途中で止めた場合は，1つのニトロ基が導入された *o*-ニトロフェノールと *p*-ニトロフェノールが得られる。

$O_2N$–⟨⟩–OH (a b / a b)　⟨⟩–OH, $NO_2$ (e f / d / c)

*p*-ニトロフェノールはaとbの位置に2種類の等価な水素をもち，*o*-ニトロフェノールはc～fの位置に4種類の水素をもつ。したがって，化合物Eが *p*-ニトロフェノール，化合物Fが *o*-ニトロフェノールである。

*p*-ニトロフェノールを還元すると *p*-アミノフェノールが得られ，そのアミノ基をアセチル化するとアセトアミノフェン(化合物G)が得られる。

フェノールに高温・高圧下で二酸化炭素と水酸化ナトリウムを作用させて中和すると，サリチル酸(化合物H)が得られる。サリチル酸のヒドロキシ基をアセチル化すると，アセチルサリチル酸(化合物I)が得られる。また，サリチル酸のカルボキシ基をメタノールでエステル化すると，サリチル酸メチル(化合物J)が得られる。

問 3 (1) 化合物Iの分子式は $C_9H_8O_4$ なので，

$$12\times9+1.0\times8+16\times4=180$$

(2) 芳香族化合物Iの完全燃焼の反応式は，

$$C_9H_8O_4 + 9O_2 \longrightarrow 9CO_2 + 4H_2O$$

生成した二酸化炭素の質量は，

$$\frac{18\,\text{mg}}{180\,\text{g/mol}}\times9\times44\,\text{g/mol}=39.6\,\text{mg}$$
$$\fallingdotseq 40\,\text{mg}$$

生成した水の質量は，

$$\frac{18\,\text{mg}}{180\,\text{g/mol}}\times4\times18\,\text{g/mol}=7.2\,\text{mg}$$

【101】問 1 A $CH_3$–$CH_2$–⟨⟩–C(=O)–N(H)–⟨⟩–N(H)–C(=O)–$CH_3$

B ⟨⟩–O–C(=O)–⟨⟩–C(=O)–O–$CH_2$–$CH_3$

C ⟨⟩–N=N–⟨⟩–OH　D ⟨⟩–C*H(O–⟨⟩)–$CH_3$

E $H_2N$–⟨⟩–N(H)–C(=O)–$CH_3$

F $CH_3$–$CH_2$–⟨⟩–C(=O)–OH

G $O_2N$–⟨⟩–N(H)–C(=O)–$CH_3$　H ⟨⟩–OH

I ⟨⟩–C*H(Br)–$CH_3$

問 2 (a) $O_2N$–⟨⟩(–$NO_2$)(–OH)(–$NO_2$)　(b) ⟨⟩–N=N–(HO–ナフタレン環)

問 3 ア 99　イ 67

問 1，2

化合物Gはアニリンのパラ位にニトロ基を有する化合物のアミノ基がアセチル化された構造であり，化合物Eは化合物Gのニトロ基が水素ガスによってアミノ基へと還元されたものである。

化合物Eのアミノ基と化合物Fのカルボキシ基が脱水縮合によってアミド結合を形成すると化合物Aが得られる。

$O_2N$–⟨⟩–$NH_2$
↓ 無水酢酸
$O_2N$–⟨⟩–N(H)–C(=O)–$CH_3$　G
↓ 水素ガス
$H_2N$–⟨⟩–N(H)–C(=O)–$CH_3$　E
↓ $CH_3$–$CH_2$–⟨⟩–C(=O)–OH　F
$CH_3$–$CH_2$–⟨⟩–C(=O)–N(H)–⟨⟩–N(H)–C(=O)–$CH_3$　A

化合物Hを混酸によってニトロ化するとピクリン酸が得られるので，化合物Hはフェノールである。

(フェノール) $\xrightarrow[\text{ニトロ化}]{\text{濃硝酸，濃硫酸}}$ (ピクリン酸 $O_2N$-, -OH, $NO_2$, $NO_2$)

化合物Bはエタノールとイソフタル酸とフェノールを脱水縮合させて得られる構造である。

(フェノール)-OH ＋ HO-C(=O)-(C₆H₄)-C(=O)-OH ＋ HO−$CH_2$−$CH_3$

⟶ (フェニル)-O-C(=O)-(C₆H₄)-C(=O)-O-$CH_2$-$CH_3$　B

化合物Cはフェノールと塩化ベンゼンジアゾニウムを反応させ，ジアゾ化することによって得られるので，*p*-フェニルアゾフェノールである。
また，フェノールのわりに2-ナフトールの1位が反応してジアゾ化すると，スダンⅠが得られる。

(フェニル)-N=N-(C₆H₄)-OH　*p*-フェニルアゾフェノール

(フェニル)-N=N-(2-ヒドロキシナフチル, HO)　スダンⅠ

スチレンに臭化水素を付加させると次の二つの化合物の生成が考えられるが，不斉炭素原子を有するものが化合物Ⅰである。

(フェニル)-CH=$CH_2$ ＋ $Br_2$ → (フェニル)-$CH_2$−$CH_2$−Br
　　　　　　　　　　→ (フェニル)-C*H(Br)−$CH_3$　Ⅰ

化合物Dは化合物Ⅰとフェノールの間にエーテル結合を形成させたものである。化合物Dの分子式が $C_{14}H_{14}O$ であるため，HBrが脱離してエーテル結合が形成されたと考えられる。

(フェニル)-C*H(Br)−$CH_3$ ＋ HO-(フェニル)

$\xrightarrow{-\text{HBr}}$ (フェニル)-C*H(O-フェニル)−$CH_3$

問3 ア スチレンの分子量は104，化合物Dの分子量は198なので，理論上得られる化合物Dの質量は，

$$\frac{52.0\,\text{g}}{104\,\text{g/mol}}\times 198\,\text{g/mol}=99\,\text{g}$$

イ 1段階目の反応の収率を $x$〔%〕とすると，

$$99\times\frac{x}{100}\times\frac{72}{100}=47.52 \qquad x\fallingdotseq 67\,(\%)$$

**【102】 a ④　b ②　c ①**

a 図2と同じエネルギーでイオン化しているため，図2と同様にクロロメタンの分子イオン $^{12}CH_3Cl^+$ が最も多く生成すると考えられる。$^{35}Cl$ と $^{37}Cl$ の存在比は3：1で，電子の質量は無視できるので，相対質量が50と52のイオンにおいて，相対強度の比が3：1となっている④が最も適当である。

b $CO^+$，$C_2H_4^+$，$N_2^+$ それぞれの相対質量は，
$CO^+$：12＋15.995＝27.995　…ア
$C_2H_4^+$：12×2＋1.008×4＝28.032　…ウ
$N_2^+$：14.003×2＝28.006　…イ
したがって，最も適当なものは②。

c メチルビニルケトンから生成すると考えられる分子イオンや断片イオンの相対質量は，
$CH_3$−CO−CH=$CH_2^+$：70
$CH_3^+$：15
CO−CH=$CH_2^+$：55
$CH_3$−$CO^+$：43
CH=$CH_2^+$：27
したがって，該当する質量スペクトルは①。

**【103】 問1 $C_nH_{2n}$**
問2 $H_3C$(H)C=C(H)$CH_3$（シス-2-ブテン）　H($H_3C$)C=C($CH_3$)(H)（トランス-2-ブテン）
問3 $CH_3$−CH(Cl)−$CH_2$−$CH_3$
問4 (5)，(7)
問5 イ H　ウ Br　エ H　オ Br
（または イ Br　ウ H　エ Br　オ H）
問6 メソ体（または メソ化合物）　問7 $C_4H_4O_4$
問8 (H)(H)C=C(COOH)(COOH)

問3 化合物B，Cは2-メチルプロペン，1-ブテンのいずれかである。これらに塩化水素HClを付加させると，それぞれ次の反応生成物が予想される。
2-メチルプロペンにHClを付加
$CH_3$−C(Cl)($CH_3$)−$CH_3$　$CH_3$−CH($CH_3$)−$CH_2$−Cl
1-ブテンにHClを付加
$CH_3$−C*H(Cl)−$CH_2$−$CH_3$（2-クロロブタン）　$CH_2$(Cl)−$CH_2$−$CH_2$−$CH_3$（1-クロロブタン）
このうち，不斉炭素原子をもつのは，2-クロ

ロブタンのみであるため，化合物Dは2-クロロブタンである。したがって，化合物Bは1-ブテン，化合物Cは2-メチルプロペン，化合物Eは1-クロロブタンである。

問4 (1) 誤り。マルコフニコフ則に従う。
(2) 誤り。パイ結合が切断される。
(3) 誤り。炭素陽イオンが生じる。
(4) 誤り。炭素骨格が異なるため，化合物Cから化合物Eは得られない。
(5) 正しい。二重結合が単結合に変化するため，結合距離は長くなる。
(6) 誤り。塩素が付加している位置が異なるため，物理的・化学的性質は異なる。
(7) 正しい。特殊な触媒などを用いない場合，鏡像異性体の生成比率はほぼ1：1。

問5 アルケンに対して臭素が付加するとき，2つの臭素原子が二重結合に対して反対側に1つずつ付加し，1組の鏡像異性体(化合物F)が得られる。

F

問6 鏡像異性体の関係にない立体異性体をジアステレオ異性体という。化合物Gは以下の構造式で表される。

G

化合物Gは分子内に対称面をもち，鏡像体はもとの分子と同一である。分子内で旋光性が打ち消されるので光学不活性であり，このような化合物をメソ体またはメソ化合物という。

問7 塩化カルシウム管は水を吸収し，ソーダ石灰管は二酸化炭素を吸収するため，化合物Hに含まれる各元素の質量は，

$$C：26.4\,mg\times\frac{12}{44}=7.2\,mg$$

$$H：5.4\,mg\times\frac{2.0}{18}=0.60\,mg$$

$$O：17.4\,mg-(7.2\,mg+0.60\,mg)=9.6\,mg$$

したがって各元素の物質量の比は，

$$C:H:O=\frac{7.2}{12}:\frac{0.60}{1.0}:\frac{9.6}{16}=1:1:1$$

組成式はCHOで表されるため，分子式は$(CHO)_n$と書ける。分子量が116なので，

$29n=116$　　$n=4$

したがって，分子式は$C_4H_4O_4$

問8 化合物Hは炭酸水素ナトリウム水溶液を加えると二酸化炭素が発生するので，カルボキシ基をもつと考えられる。同じ官能基が2つ結合した二重結合があり，幾何異性体が存在しないため，解答に示した構造であると考えられる。

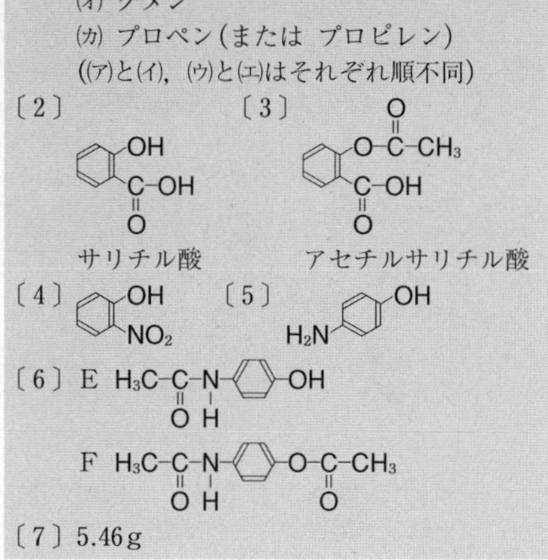


〔2〕ナトリウムフェノキシドと二酸化炭素が反応してサリチル酸ナトリウムが得られ，希硫酸を作用させるとサリチル酸が遊離する。

〔3〕ヒドロキシ基がアセチル化される。

〔4〕フェノールがもつヒドロキシ基はオルト・パラ配向性のため，*o*-ニトロフェノールが得られる。

〔5〕希塩酸にはよく溶けたことから，ニトロ基がアミノ基に還元されたと考えられる。

〔6〕アセチル化される部位として，ヒドロキシ基とアミノ基が考えられる。化合物Eは塩化鉄(Ⅲ)水溶液により呈色し，さらし粉では呈色しなかったため，アミノ基のみアセチル化されたと考えられる。また，化合物Fは両者とも呈色反応を示さなかったため，ヒドロキシ基もアミノ基もアセチル化されたと考えられる。本文中の組成式とも一致することが確認できる。

〔7〕40錠製造するのに必要な化合物Bの質量は，

$$525\times10^{-3}\,g\times\frac{60.0}{100}\times40=12.6\,g$$

化合物Bの分子量は180であり，ベンゼン1molから化合物Bは1mol生成するので，

$$12.6\,g\times\frac{1}{180\,g/mol}\times78.0\,g/mol=5.46\,g$$

【105】問1 A $C_6H_5$-$NH_2$　B $C_6H_5$-C(=O)-OH

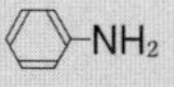

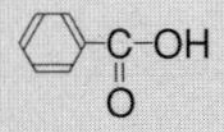

C $C_6H_5$-OH

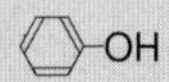

問2 上層 【理由】ジエチルエーテルは水よりも密度が小さいため。(22字)

問3 $CO_2$ 問4 $C_6H_5$-N=N-$C_6H_4$-OH

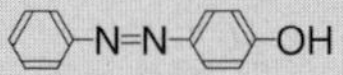

問5 B メタ配向性 C オルト・パラ配向性

問6 ($CH_3$, $NO_2$ を含む3つの共鳴構造式)

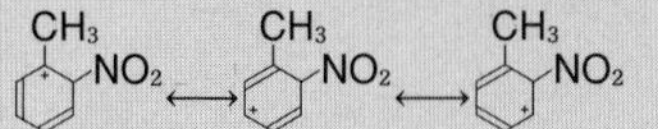

問7

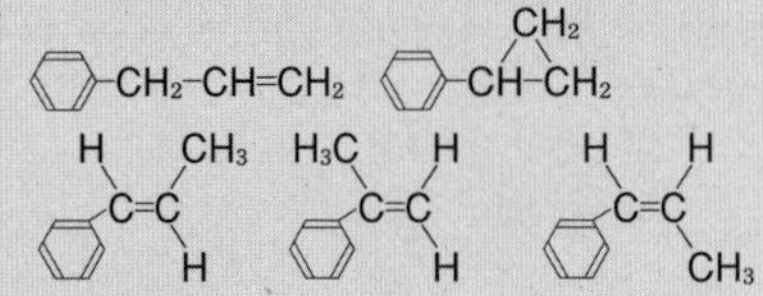

$C_6H_5$-$CH_2$-CH=$CH_2$　$C_6H_5$-CH-$CH_2$ (環状, $CH_2$)

(H, $CH_3$, H / $H_3C$, H, H / H, H, $CH_3$ のC=C異性体)

問8 E $C_6H_5$-Cl

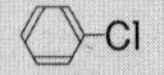

質量数146：質量数148：質量数150
=9：6：1

問1 A 化合物Aの組成式を $C_xH_yN_z$ とすると,

$$x : y : z=\frac{77.4}{12} : \frac{7.50}{1.0} : \frac{15.1}{14} \fallingdotseq 6 : 7 : 1$$

よって，組成式は $C_6H_7N$ である。ベンゼンの一置換体であり，塩酸を加えると下層(水層)に抽出され，水酸化ナトリウム水溶液を加えると遊離することから，弱塩基性のアニリン(分子式 $C_6H_7N$)であるとわかる。

B 化合物Bに含まれる各元素の質量は,

$$C : 308\,mg\times\frac{12}{44}=84\,mg$$

$$H : 54\,mg\times\frac{2.0}{18}=6.0\,mg$$

$$O : 122\,mg-(84\,mg+6.0\,mg)=32\,mg$$

化合物Bの組成式を $C_xH_yO_z$ とすると,

$$x : y : z=\frac{84}{12} : \frac{6.0}{1.0} : \frac{32}{16}=7 : 6 : 2$$

よって，組成式は $C_7H_6O_2$ である。ベンゼンの一置換体であり，炭酸水素ナトリウム水溶液を加えると下層(水層)に抽出され，塩酸を加えると遊離することから，カルボキシ基をもつ安息香酸(分子式 $C_7H_6O_2$)であるとわかる。

C 水酸化ナトリウム水溶液を加えると下層に抽出され，塩酸を加えると遊離するベンゼン一置換体であり，かつ塩化鉄(Ⅲ)水溶液で呈色するため，フェノールであるとわかる。

問3 水酸化ナトリウム水溶液を加えると，安息香酸ナトリウムとナトリウムフェノキシドが下層に抽出される。ガスFを吹き込むと上層にフェノールのみが遊離されるため，ガスFはフェノールより酸性が強く，カルボン酸より酸性が弱い二酸化炭素である。

問4 アニリンに希塩酸と亜硝酸ナトリウム水溶液を加えてジアゾ化し，フェノールとジアゾカップリングしたものが化合物Gである。

問6 パラ位のニトロ化と同様に考えると，ニトロ基が導入される炭素の隣の炭素が正電荷を帯びる。二重結合が移動すると，解答のような共鳴構造式となる。メチル基が結合した炭素が正電荷を帯びる構造をとるので，パラ位と同様に，オルト位でもニトロ化が促進されることがわかる。

問7 化合物Dの分子量118からベンゼン環部分の分子量77を除くと置換基の分子量は41と考えられる。炭化水素基であるため，$C_nH_m$ とすると,

$$12n+m=41$$

これを満たす $n$, $m$ の組合せは $n=3$, $m=5$ である。置換基の不飽和度が1であるため，置換基に二重結合がある構造と環がある構造が考えられる。

問8 青緑色の炎色反応を示したため，塩素を含むクロロベンゼン $C_6H_5Cl$ であることが予想できる。塩素を除く部分の分子量が77であるため，塩素原子の存在比は

$^{35}Cl : ^{37}Cl=3 : 1$ であることがわかる。二置換体の存在比はそれぞれ以下のように計算できる。

$$C_6H_4{}^{35}Cl^{35}Cl\ (質量数146) : \frac{3}{4}\times\frac{3}{4}=\frac{9}{16}$$

$$C_6H_4{}^{35}Cl^{37}Cl\ (質量数148) : \frac{3}{4}\times\frac{1}{4}\times2=\frac{6}{16}$$

$$C_6H_4{}^{37}Cl^{37}Cl\ (質量数150) : \frac{1}{4}\times\frac{1}{4}=\frac{1}{16}$$

# 11 有機化合物の構造と性質

【106】問1 (ア) (b)　(イ) (d)
問2 $a=5$, $b=12$, $c=1$
問3 B

```
              OH
              |
CH3-CH2-CH-CH2-CH3
```

D

```
CH3-CH2-C*H-O-CH3
         |
         CH3
```

問4 D　　問5 (a), (b)　　問6 37 g

問2 化合物Aに含まれるC, H, Oの質量は,

$$C: 440\times\frac{12}{44}=120\,(\text{mg})$$

$$H: 216\times\frac{2.0}{18}=24\,(\text{mg})$$

$$O: 176-(120+24)=32\,(\text{mg})$$

Aの組成式を $C_xH_yO_z$ とすると,

$$x:y:z=\frac{120}{12}:\frac{24}{1.0}:\frac{32}{16}=5:12:1$$

組成式は $C_5H_{12}O$(=88)。化合物Aの分子量は88であることから, 分子式は $C_5H_{12}O$

問3 $C_5H_{12}O$ の構造異性体は, 次の14種類(炭化水素鎖のHは省略。＊は不斉炭素原子)。

```
①          OH   ②        OH      ③      OH
            |              |              |
C-C-C-C-C       C-C-C-C*-C       C-C-C-C-C

       OH            OH            OH
        |             |             |
④ C-C-C-C     ⑤ C-C-C*-C     ⑥ C-C-C-C
     |             |             |
     C             C             C

 OH            C
 |             |
⑦ C-C*-C-C  ⑧ C-C-C-OH  ⑨ C-C-C-C-O-C
    |          |
    C          C
                              C
                              |
⑩ C-C-C*-O-C  ⑪ C-C-C-O-C  ⑫ C-C-O-C
       |            |            |
       C            C            C

⑬ C-C-C-O-C-C  ⑭ C-C-O-C-C
                   |
                   C
```

実験Ⅱ～Ⅳより, Bは不斉炭素原子をもたない第2級アルコールで, その構造は③。
また, 実験Ⅱ, Ⅲより, Dは不斉炭素原子をもつエーテルで, その構造は⑩。
なお, 実験Ⅱ～Ⅳより, Aは不斉炭素原子をもつ第1級アルコールなので⑦, Cは不斉炭素原子をもたない第3級アルコールなので⑥。

問4 エーテルは, 分子量が同程度のアルコールよりも沸点は低くなる。

問5 Eの構造式は

```
CH3-CH2-C*H-CHO
         |
         CH3
```

問6 I

```
        Br  Br
        |   |
CH3-CH2-CH-CH-CH3
```

14.0 gのB(=88)から得られるI(=230)は,

$$\frac{14.0}{88}\times 230 \fallingdotseq 37\,(\text{g})$$

【107】問1 $C_3H_8O_3$
問2 $C_3H_5(OH)_3 + 3(CH_3CO)_2O$
　$\longrightarrow C_3H_5(OCOCH_3)_3 + 3CH_3COOH$
問3 $C_{17}H_{35}COOH$　　問4 $C_{18}H_{30}O_2$
問5

```
CH2-OCOC17H35
|
CH-OH
|
CH2-OCOC17H35
```

問1, 2 アルコールBの分子量を $M$ とすると, 実験2において, 反応するBの物質量と生成するEの物質量は等しいので,

$$\frac{2.30}{M}=\frac{5.45}{218}\qquad M=92.0$$

アセチル化により $-OH \rightarrow -OCO-CH_3$ と変化すると分子量は42.0増加する。
B→Eの変化で分子量の増加分は,

$$218-92.0=126=42.0\times 3$$

したがって, Bは分子中に3個の $-OH$ を含み, Bの炭素原子の数は3個とわかる(炭素原子の数が4個以上では, Bの分子量が92.0をこえてしまう)。よって, Bはグリセリン(分子式 $C_3H_8O_3$)。

問3 カルボン酸C, Dは鎖式モノカルボン酸(脂肪酸)であり, 実験4でDを水素と反応させるとCになることから, Cは飽和脂肪酸, Dは不飽和脂肪酸であるとわかる。
また, 実験3の反応は, Cを $R-COOH$(Rは炭化水素基)と表すと次のようになる。

$$2R-COOH \xrightarrow{\text{脱水}} (R-CO)_2O + H_2O$$

Cの分子量を $M'$ とすると, 反応するCと生成する $H_2O$ の物質量の比より,

$$\frac{5.68}{M'}:\frac{5.68-5.50}{18.0}=2:1\qquad M'=284$$

Cは飽和脂肪酸で一般式 $C_nH_{2n+1}COOH$ で表され, 分子量284より,

$$12.0n+2n+1+45.0=284\qquad n=17$$

よって, 示性式は $C_{17}H_{35}COOH$ となる。

問4 D1分子に付加する $H_2$ 分子の数を $x$ 個とすると, Dの分子量は $284-2.0x$ と表せる。さらに, D1分子には $x$ 個の $Br_2$ が付加するので, 実験5の反応において, Dと $Br_2$ の物質量の比より,

$$\frac{1.39}{284-2.0x}:\frac{3.79-1.39}{80.0\times 2}=1:x\qquad x=3$$

Dは $H_2$ 分子3個の付加によりCになるとわかるので, DはCよりH原子が6個少ない $C_{17}H_{29}COOH$(分子式 $C_{18}H_{30}O_2$)である。

問5 化合物Aは2つのエステル結合をもち, Aに十分量の $H_2$ を付加させることで生じたエステルHは不斉炭素原子をもたないので, その構造は解答のようになる。

**【108】** (1) (ア)　(2) (イ)　(3) $C_9H_{12}$　(4) (カ)
(5) $CH_3-CH-CH_3$（CH にベンゼン環が結合）　(6)（無水フタル酸：ベンゼン環に C(=O)–O–C(=O) の環が縮合した構造）

(4) $C_9H_{12}$ の構造異性体は，次の 8 種類（H を省略）。

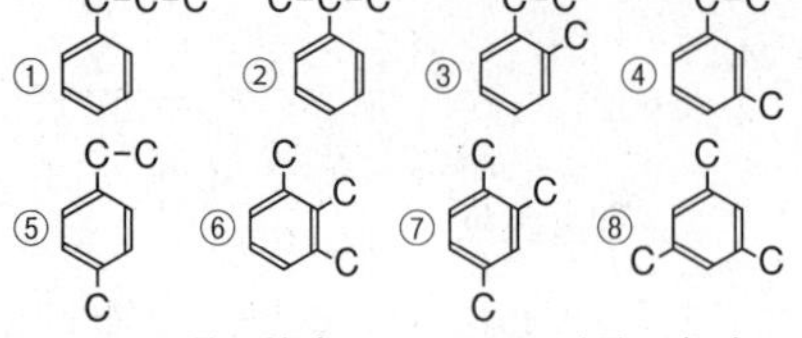


(5) ベンゼン環に結合している H 原子 1 個を Cl 原子 1 個で置き換えたときに得られる異性体は，① 3 種類，② 3 種類，③ 4 種類，④ 4 種類，⑤ 2 種類，⑥ 2 種類，⑦ 3 種類，⑧ 1 種類。A からは 3 種類の異性体が得られるので，①，②，⑦が該当する。これらについて，置換基の H 原子 1 個を Cl 原子 1 個で置き換えたときに得られる異性体は，① 3 種類，② 2 種類，⑦ 3 種類であり，A の構造は②と決まる。

(6) A の構造異性体のうち，酸化すると二価のカルボン酸を生じるのは③，④，⑤である。このうち，生じた二価のカルボン酸が分子内脱水するのは，2 つのカルボキシ基が $o$-位に存在する③から生じたものである。

**【109】** 問 1　$CH_3$，$CH_2$= C–CH＜ $CH_2-CH$ = C–$CH_3$，$CH_2-CH_2$（環）
問 2　8　　問 3　$(CH_3)_2CH-$（ベンゼン環，HO）$-CH_3$

問 1　C=C を含む有機化合物を $O_3$ で酸化し亜鉛で処理すると，次の反応が起こる。

$$R^1R^2C=CHR^3 \xrightarrow{O_3,\ Zn} R^1R^2C=O + O=CHR^3$$

引き続き，生成物を $KMnO_4$ で酸化すると，アルデヒドはカルボン酸に変化する。

$$O=CHR^3 \xrightarrow{\text{酸化}} O=C(OH)R^3$$

化合物 A をこのように反応させて生じたのが化合物 C であるので，C の C=O の部分が，A では C=C 結合でつながっていた部分であると考えられる。

A　$CH_3$，$CH_2$= C–CH＜ $CH_2-CH$ = C–$CH_3$，$CH_2-CH_2$（環）$\xrightarrow{O_3,\ Zn}$

B　$CH_3-C(=O)-CH(CH_2-CHO)-CH_2-CH_2-C(=O)-CH_3$ + H–C(=O)–H

問 2　芳香族化合物 D の還元反応は水素の付加反応と考えられる。E の炭素骨格は，化合物 A を同じように還元（水素付加）して得られる化合物 F の構造と同じであり，さらに，E は第 2 級アルコールで，–OH の位置は炭素数の多い炭化水素基に近い方になっていることから，その構造は次のようになる（＊は不斉炭素原子）。

E　$(CH_3)_2CH-C^*H$＜ $CH_2-CH_2$ ＞ $C^*H-CH_3$，$C^*H(OH)-CH_2$（環）

E には不斉炭素原子 C* が 3 つあり，C* 1 つにつき 2 種類の鏡像異性体があるので，
$2^3=8$（種類）。

問 3　D は E よりも水素原子の数が 6 個少ない。また，分液漏斗での抽出操作の際に NaOH 水溶液と反応して水層に存在することから，酸であるフェノール類であると考えられる。

**【110】** 問 1　2　　問 2　$C_4H_3O_2$
問 3　$C_9H_{12}O$　　問 4　2

問 2　化合物 A に含まれる C，H，O の質量は，

$$C：10.6\times\frac{12.0}{44.0}\fallingdotseq 2.89\,(\text{mg})$$

$$H：1.62\times\frac{2.00}{18.0}=0.180\,(\text{mg})$$

$$O：5.00-(2.89+0.180)=1.93\,(\text{mg})$$

A の組成式を $C_xH_yO_z$ とすると，

$$x:y:z=\frac{2.89}{12.0}:\frac{0.180}{1.00}:\frac{1.93}{16.0}\fallingdotseq 4:3:2$$

問 3　化合物 X（$C_{23}H_{20}O_4$）を完全に加水分解して生じた A，B，C はいずれもベンゼン環を有することから，炭素原子数は 6〜11 であると考えられる。よって，A の分子式は組成式を 2 倍した $C_8H_6O_4$ となる。さらに，実験 c より A の分子中の異なる環境にある水素原子は 2 種類であることから，A はテレフタル酸 HOOC–（ベンゼン環）–COOH であると考えられる。

次に，B に含まれる炭素原子の数を $n$ とすると，C の炭素原子の数は $n-3$ となり，A，B，C と X の炭素原子の数の関係より，

$$8+n+(n-3)=23\qquad n=9$$

B は $C_9$，C は $C_6$ の化合物とわかる。X の分子式中の酸素原子の数からエステル結合は 2 個であり，A は 2 価のカルボン酸であるので，B，C はいずれも 1 個の –OH をもつ。ここで，C の炭素原子 6 個はベンゼン環を形成するので側鎖に炭素原子は含まれず，1 個の –OH をもつので，C はフェノール

（ベンゼン環）-OH（分子式 $C_6H_6O$）であるとわかる。

よって，Bの分子式は，

$C_{23}H_{20}O_4 + 2H_2O - C_8H_6O_4 - C_6H_6O$
$= C_9H_{12}O$

なお，Bは酸化するとAが得られること，ヨードホルム反応を示すことから，その構造は，

B　$CH_3$-（ベンゼン環）-CH(OH)-$CH_3$

問4　Aは芳香族カルボン酸，Bはアルコール，Cはフェノールなので，XをNaOH水溶液で加水分解した混合物1は，右のように分離される。

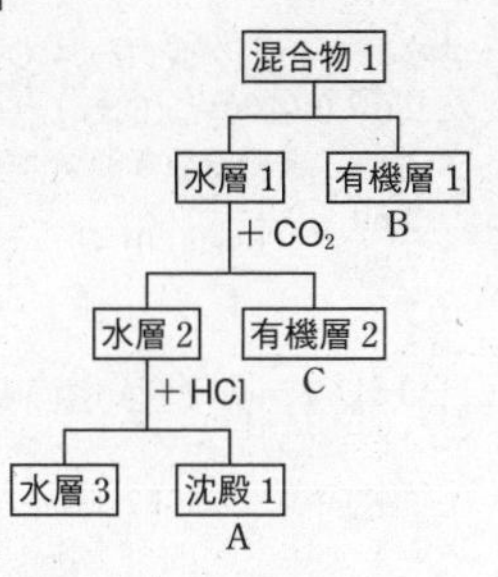


**【111】** 3

まず，化合物B，C，Dについて考える。

B　ウより，C-COOHを3個もつとわかるので，Bの炭素原子の数は6個以上である。

D　ベンゼン環をもち，ヨードホルム反応を示すので -CH(OH)-$CH_3$ の構造ももつとわかる。

よって，Dの炭素原子の数は8個以上である。

C　エより，Cの炭素原子の数も8個以上である。

一方，イより，B1分子，C2分子，D1分子からエステルA（炭素原子の数は30個）が構成されるので，B，C，Dの炭素原子の数はそれぞれ6個，8個，8個と決まる。よって，B，Dは，

B　$CH_2$-COOH（-CH-COOH-$CH_2$-COOH）　　D　（ベンゼン環）-CH(OH)-$CH_3$

また，カで得られるEはサリチル酸。Cを酸化するとEが得られ，Cの分子式はDと同じなので，

C　（ベンゼン環，$CH_2$-$CH_3$，OH）（$\xrightarrow{酸化}$ E　（ベンゼン環，COOH，OH））

B，C，Dから生じるエステルAは，アより，2つの不斉炭素原子 C* をもつとあるので，

A　$CH_2$-C(=O)-O-（ベンゼン環，$CH_2$-$CH_3$）
　　C*H-C(=O)-O-（ベンゼン環，$CH_2$-$CH_3$）
　　$CH_2$-C(=O)-O-C*H($CH_3$)-（ベンゼン環）

3．誤り。（ベンゼン環，$CH_3$，$CH_2$-OH）のほか，*m*-位，*p*-位に置換基が結合したものが計3種類，（ベンゼン環，$CH_3$，O-$CH_3$）のほか，*m*-位，*p*-位に置換基が結合したものが計3種類，あわせて6種類の構造異性体が存在する。

**【112】** (ア) $C_{10}H_{11}NO_2$　　(イ) $CHI_3$
(ウ)　　(エ) アセトアルデヒド
(オ)

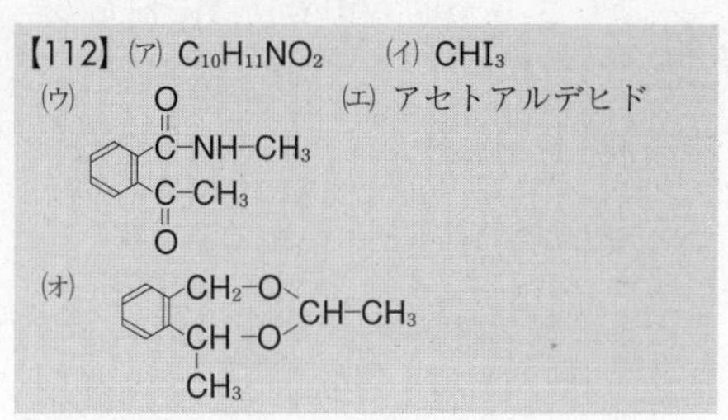


(ア) 化合物Aに含まれるC，Hの質量は，

C：$220 \times \dfrac{12.0}{44.0} = 60.0$ (mg)

H：$49.5 \times \dfrac{2.0}{18.0} = 5.5$ (mg)

Aの組成式を $C_xH_yN_zO_w$ とおくと，

$x : y = \dfrac{60.0}{12.0} : \dfrac{5.5}{1.0} = 10 : 11$ より，Aの組成式は $C_{10}H_{11}N_zO_w$ と表せる。AはN原子を含むことから $z \geqq 1$，カルボニル基を2個含むことから $w \geqq 2$ 。さらに，Aの分子量は177で，$C_{10}H_{11}$ 部分は131.0なので，$N_zO_w$ 部分は $177 - 131.0 = 46$ となる。これを満たすAの分子式は $C_{10}H_{11}NO_2$

(オ) A→C→Dの反応とその構造は，

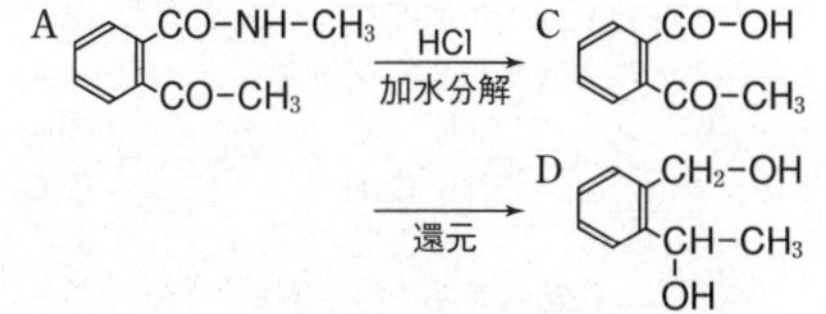


DとE（アセトアルデヒド）が反応（アセタール化）すると，七員環構造をもつFが生成する。

**【113】** 問1　$C_5H_{10}O$

問2　(あ) $CH_3$-CH($CH_3$)-$CH_2$-C(=O)-H

(い) $CH_3$-C(=O)-CH($CH_3$)-$CH_3$　　(う) $CH_2$=C($CH_3$)-CH(OH)-$CH_3$

(え) （環状：O，$H_2C$，$CH_2$，$H_2C$，$CH_2$，$CH_2$）　　(お) （環状：$CH_2$，$H_2C$，CH-OH，$H_2C$-$CH_2$）

問1 (あ)に含まれるC，H，Oの質量は，

$$C：66.0\times\frac{12.0}{44.0}=18.0(mg)$$

$$H：27.0\times\frac{2.00}{18.0}=3.00(mg)$$

$$O：25.8-(18.0+3.00)=4.8(mg)$$

(あ)の組成式を$C_xH_yO_z$とおくと，

$$x:y:z=\frac{18.0}{12.0}:\frac{3.00}{1.00}:\frac{4.8}{16.0}=5:10:1$$

よって，(あ)の組成式は$C_5H_{10}O$(＝86.0)。

(あ)の分子量は86.0であることから，(あ)の分子式は$C_5H_{10}O$と決まる。

問2 (あ)～(お)は構造異性体であるので，分子式はいずれも$C_5H_{10}O$である。分子式中の水素原子の数は鎖式飽和の値（C原子数$n$のとき$2n+2$）より2小さいので，分子中には二重結合，環構造のいずれか1つが含まれる。

(あ)と(い)を還元し，脱水させたのちに$H_2$を付加させたところ同一の飽和炭化水素が得られたことより，(あ)と(い)は同一の炭素骨格をもつ。さらに，(う)に$H_2$を付加させた生成物を酸化すると(い)が得られたことから，(い)と(う)も同一の炭素骨格をもつ。

(う)はC=C結合をもち，それにはO原子が結合していないこと，(う)に$H_2$を付加させると非等価なC原子の種類が1つ減少したことから，(う)の構造式として，次の2つが考えられる。

① $CH_2=C(CH_3)-CH(OH)-CH_3$　② $CH_2=C(CH_3)-CH_2-CH_2(OH)$

(う)に$H_2$を付加させたのち，酸化すると，ヨードホルム反応を示す(い)を生成することから，(う)は①の構造式をもつと決まる。(あ)，(い)は次の構造で，不斉炭素原子をもたない。

(あ) $CH_3-CH(CH_3)-CH_2-C(=O)-H$　(い) $CH_3-CH(CH_3)-C(=O)-CH_3$

(え)は二重結合をもたず，Naと反応しないことから環構造をもつエーテルである。メチル基をもたず，3種類の非等価なC原子をもつことから，解答の構造式となる。

(お)はNaと反応して$H_2$を発生することからアルコールである。さらに，(お)から生じる(か)は，(お)と同一の炭素骨格をもつ。(か)のすべてのC原子は等価であったことから，(か)はシクロペンタンであるので，(お)の構造式は解答のようになる。(お)には3種類の非等価なC原子が存在する。

# 12 天然有機化合物

**【114】** (4)

グルコースは還元性を示すが，スクロースは示さない。生じた$Cu_2O$(＝144)は，

$\frac{2.88}{144}=0.0200(mol)$ なので，反応した還元性のある糖（グルコース）も0.0200mol。

したがって，グルコースとスクロースの混合物に含まれていたグルコース$C_6H_{12}O_6$(＝180)は，

$$180\times0.0200=3.60(g)$$

よって，求める質量百分率は，

$$\frac{3.60}{7.20}\times100=50.0(\%)$$

**【115】** (1) A 深青　B 銅アンモニア　C ビスコース

(2) (ア) $CuSO_4+2NaOH\longrightarrow Cu(OH)_2+Na_2SO_4$

(イ) $Cu(OH)_2+4NH_3\longrightarrow[Cu(NH_3)_4]^{2+}+2OH^-$

(3) ヨウ素デンプン反応は，デンプン分子のらせん構造に$I_2$や$I_3^-$などが取りこまれることによって起こる。セルロース分子はらせん構造ではなく直鎖状構造であるためヨウ素デンプン反応を示さない。

(4) $[C_6H_7O_2(OH)_3]_n+3n(CH_3CO)_2O\longrightarrow[C_6H_7O_2(OCOCH_3)_3]_n+3nCH_3COOH$

(5) 17%

(1) A $[Cu(NH_3)_4]^{2+}$を含む水溶液は深青色。

B 銅アンモニアレーヨンはキュプラともいう。

C ビスコースレーヨンは，レーヨンともいう。

(2) (ア) 青白色の沈殿は$Cu(OH)_2$である。

(イ) $Cu(OH)_2$の沈殿に過剰のアンモニア水を加えると，$[Cu(NH_3)_4]^{2+}$となって溶解する。

(5) セルロース(＝$162n$)を完全にアセチル化すると，トリアセチルセルロース(＝$288n$)となる。セルロース162gがすべてトリアセチルセルロースになると，質量は，

$\frac{162}{162n}\times288n=288(g)$ となり，

$288-162=126(g)$ 増加する。

一方，得られたアセテート繊維はもとのセルロースよりも $267-162=105(g)$ 質量が増加している。

したがって，このアセテート繊維がアセチル化されている割合を$x$%とすると，

$$x=\frac{105}{126}\times100=83.3\cdots\fallingdotseq83(\%)$$

残りのエステル結合は加水分解されているので求める値は，$100-83.3\fallingdotseq17(\%)$

【116】(1) アラニン，グルタミン酸

(2) $CH_3-CH(NH_2)-C(=O)-N(H)-CH(COOH)-(CH_2)_2-COOH$

$HOOC-(CH_2)_2-CH(NH_2)-C(=O)-N(H)-CH(COOH)-CH_3$

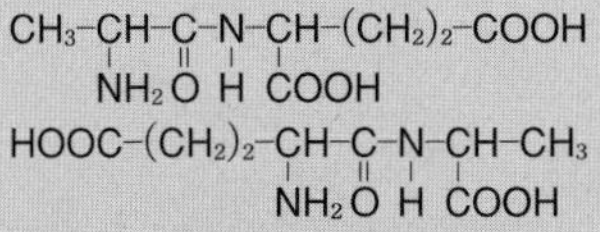

(3) 3つ　【理由】酵素Yは塩基性アミノ酸のカルボキシ基側のペプチド結合を切断する酵素で，ペプチドPは1か所だけが切断されたので，Pには塩基性アミノ酸のアルギニンが1分子だけ含まれており，そのカルボキシ基側がジペプチドと結合していたことがわかる。また，(1)より，ジペプチド1分子中には，アラニンとグルタミン酸がそれぞれ1分子ずつ含まれる。アルギニン，アラニン，グルタミン酸各1分子ずつからなるトリペプチドの分子量は，

$174+89+147-2\times18=374$ である。

Pの分子量は645なので，このトリペプチド(=374)に，アラニンとグルタミン酸がいくつか結合しており，その部分の原子量の合計が $645-374=271$ である。

アラニン1分子が結合すると $89-18=71$，グルタミン酸1分子が結合すると，$147-18=129$ だけ分子量が大きくなる。

$271=71+71+129$ より，2分子のアラニンと1分子のグルタミン酸が結合していると考えられる。よって，ペプチドPには，アラニンが3分子含まれる。

(1) 表1の等電点の値から，pH 6.0では，おもにアラニンは双性イオン，グルタミン酸は陰イオン，アルギニンは陽イオンの形で存在する。よって，図1で電気泳動が起こらないAで検出されたのはアラニン，陽極側に移動したBで検出されたのはグルタミン酸である。

(2) (1)より，このジペプチドはアラニン1分子とグルタミン酸1分子からなる。アラニンのカルボキシ基とグルタミン酸のアミノ基がペプチド結合しているジペプチドと，アラニンのアミノ基とグルタミン酸の(α炭素に結合した)カルボキシ基がペプチド結合しているジペプチドは異なる分子である。

【117】4，6

1．正しい。タンパク質を加水分解したときに，α-アミノ酸のほかに糖・リン酸などの物質が得られるものを複合タンパク質という。一方，加水分解したときに，α-アミノ酸のみが得られるタンパク質を単純タンパク質という。

2．正しい。この反応をビウレット反応という。

3．正しい。タンパク質は加熱以外にも酸・塩基・重金属イオン・有機溶媒などの作用で変性する。

4．誤り。毛髪をパーマするときは，まず還元剤を作用させてジスルフィド結合を切断する。切断されたジスルフィド結合は，酸化剤を作用させると再生する。

5．正しい。最適pHがpH 5～8の中性付近である酵素が多いが，胃液中のペプシンのように最適pHが2付近の酵素もある。

6．誤り。過酸化水素にカタラーゼを加えると，$2H_2O_2 \longrightarrow 2H_2O + O_2$ という反応が起こり，酸素は発生するが，水素は発生しない。

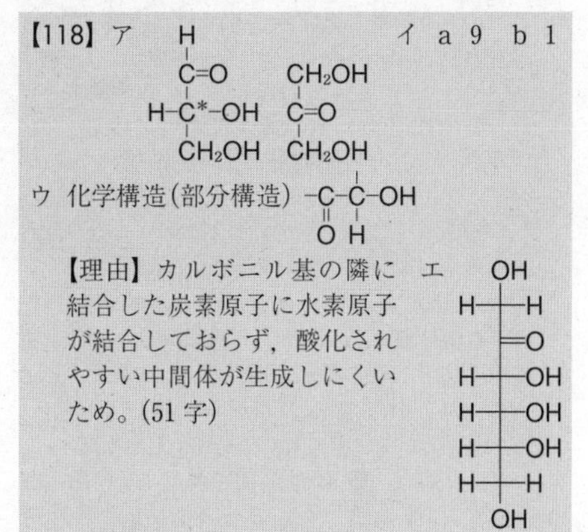

【118】ア　$H-C(=O)-C^*H(OH)-CH_2OH$　$CH_2OH-C(=O)-CH_2OH$　　イ a 9　b 1

ウ 化学構造(部分構造) $-C(=O)-C(H)(-)-OH$

【理由】カルボニル基の隣に結合した炭素原子に水素原子が結合しておらず，酸化されやすい中間体が生成しにくいため。(51字)

エ



ア 単糖の分子式 $C_nH_{2n}O_n (n \geqq 3)$ より，直鎖状の単糖には1つの不飽和結合が含まれる。最少のC原子数3ですべてのC原子に $-OH$ が1つずつ結合した直鎖状炭化水素について，分子中の1つの $-C-OH$ が酸化して $C=O$ となった構造を考えればよい。

イ a シクロヘキサン環に結合する6つの $-OH$ について，それぞれ立体構造を考える。次の図のようにシクロヘキサン環よりも $-OH$ が上側にある場合を◯，下側にある場合を▲で表すとすると，

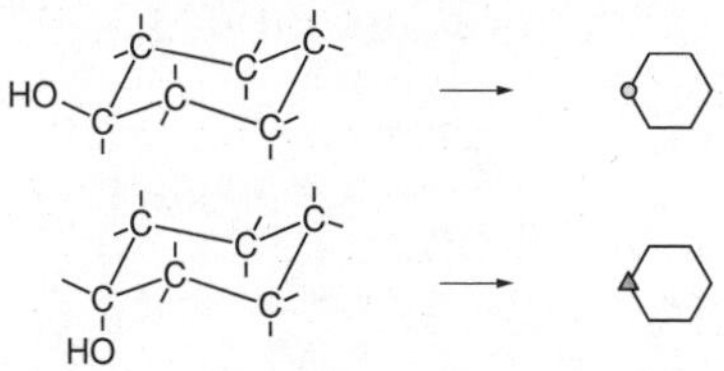

次のような9種類の立体異性体が存在する。

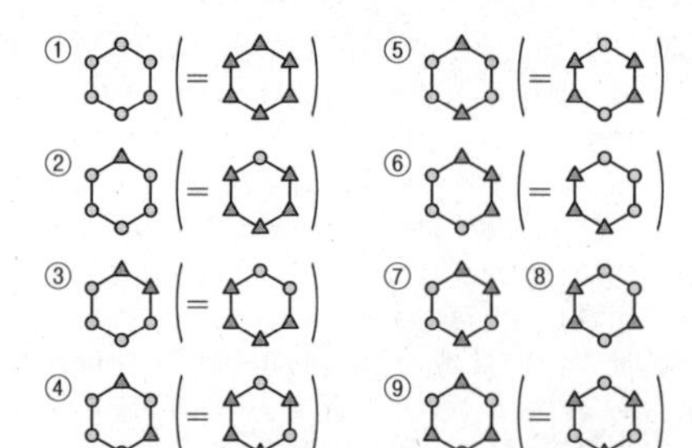


なお，図中で = としてあるものは，回転させると重ね合わせることができるので，同一の物質である。

b　a に示した①〜⑨のうち⑦と⑧は鏡像異性体の関係にある。

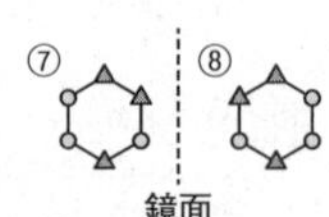


ウ　もしもフルクトースの還元性が図 2 の
フルクトース→[中間体A]→グルコース，マンノース(いずれもアルドース)…Ⓐ
という反応により生成するアルドースが原因であるとすると，フルクトースがフェーリング液を還元する速さはグルコース(アルドース)よりも遅くなるはずである。しかし実験結果 1 より，速さはほぼ変わらないので，上記Ⓐの反応で生成するアルドースはフルクトースの還元性の原因ではないと考えられる。ここで，中間体 A，B は酸化されやすい(還元性を示す)ことから，グルコースやフルクトースから生じるこれらの中間体が単糖の還元性の原因と考えられる。さらに実験結果 2 より，化合物 C，D と直鎖状分子のグルコースやフルクトースに共通の化学構造がフェーリング液の還元に重要であると考えられる。

エ　フルクトースの構造を図 3 (iii)の投影図で表すと，右図のようになる。
図 1 でグルコースが中間体 A を経てマンノースに変化するとき，2 位の C 原子に結合している –OH の立体配置が反転している。 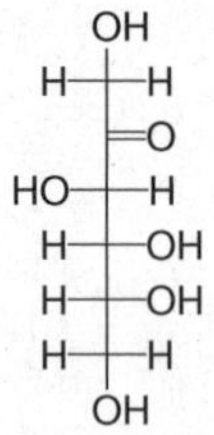
この –OH はウの –C(=O)–C(H)–OH の –OH の位置に相当する。
同様に，フルクトースが中間体 B を経てプシコース(ケトース)になるときも，この –OH の反転が起こると考えられる。したがって，プシコース(ケトース)の構造式はフルクトースとカルボニル基の C 原子の位置番号が同じになる。

**【119】** 問1　ア グリセリン　イ 疎水　ウ 親水　エ ヌクレオチド　オ グアニン　カ ウラシル　キ チミン　ク カゼイン
問2　3　　問3　3
問4　A（β型）　B（β型）
問5　(2) 5　(3) 3　(4) 1　　問6　3
問7　水素結合の数が多いため。(12 字)

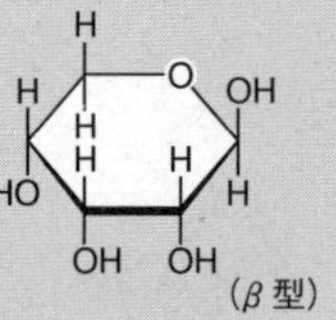

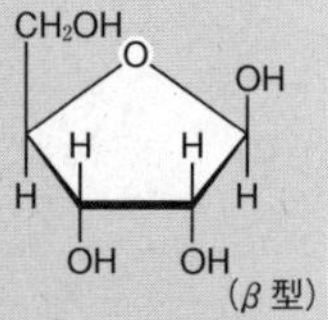

問1　ア，イ，ウ　図 1 のように，リン脂質では，グリセリンに脂肪酸やリン酸がエステル結合している。また，脂肪酸の炭化水素鎖由来の部分は疎水性，リン酸やコリン由来の電荷をもつ部分は親水性である。
エ　五炭糖と塩基のみがつながった分子はヌクレオシドとよばれる。

問2　五炭糖の –OH とリン酸の –OH が脱水縮合して結合している。

問3　図 1 のリン脂質を加水分解して得られる脂肪酸は $C_{17}H_{33}COOH$(オレイン酸)と $C_{17}H_{35}COOH$(ステアリン酸)であるが，このうち飽和脂肪酸はステアリン酸である。

問4　リボースはフルクトースの 1 位の C 原子を含む $-CH_2OH$ が –H に変化し，3 位の C 原子に結合した –OH が環の上下逆にある構造をしている。したがって，フルクトースとリボースの構造は，次のとおり。

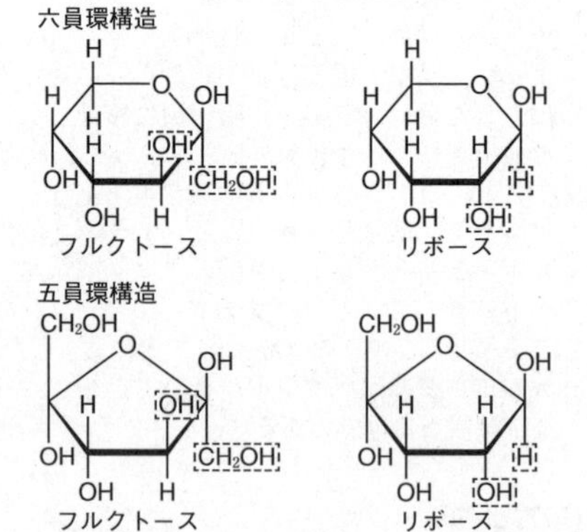

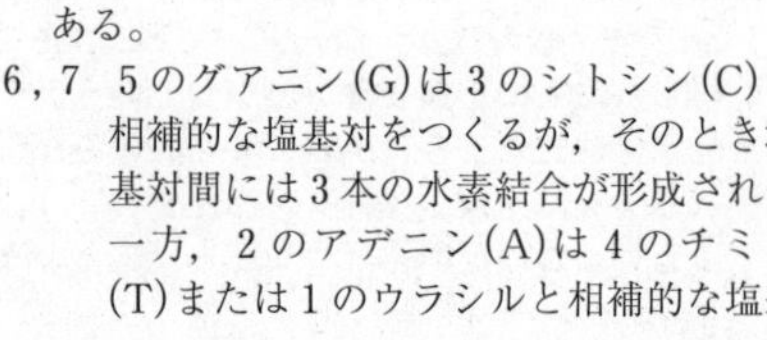

問5　2 はアデニン(A)，4 はチミン(T)の構造である。

問6，7　5 のグアニン(G)は 3 のシトシン(C)と相補的な塩基対をつくるが，そのとき塩基対間には 3 本の水素結合が形成される。一方，2 のアデニン(A)は 4 のチミン(T)または 1 のウラシルと相補的な塩基対をつくるが，そのとき塩基対間には2本の水素結合が形成される。

【120】(1) 基質特異性

(2) A　　B

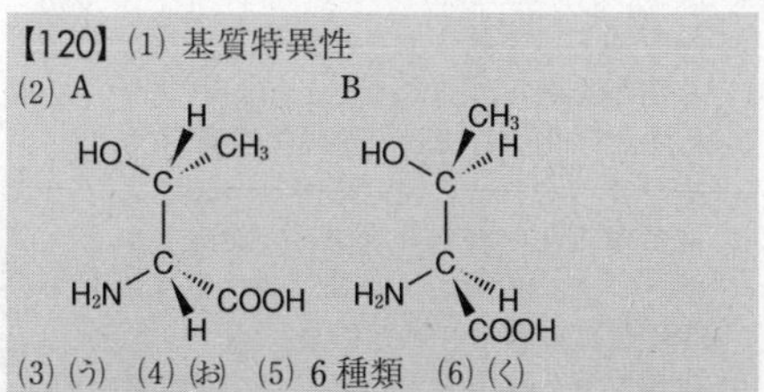


(3) (う)　(4) (お)　(5) 6種類　(6) (く)

(7) アラニンにはアミノ基が存在するが，環状ペプチドにはアミノ基が存在しないため。(38字)

(2) L体のトレオニンの鏡像異性体であるD体のトレオニンの構造は次のように表せる。

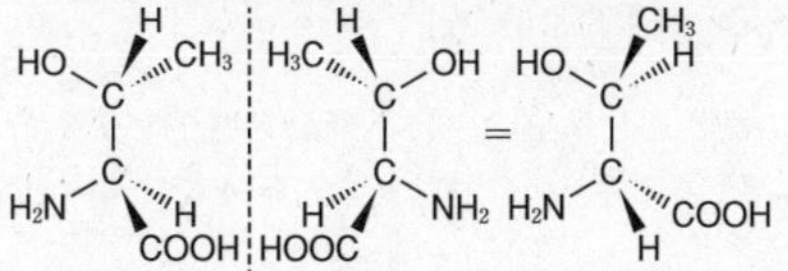

L体　　D体　=　D体

鏡面

L体のトレオニン，D体のトレオニンに酵素を作用させると，ともにアミノ基とカルボキシ基が結合しているC原子のみで変換反応が起こり，それぞれA，Bが生じる。

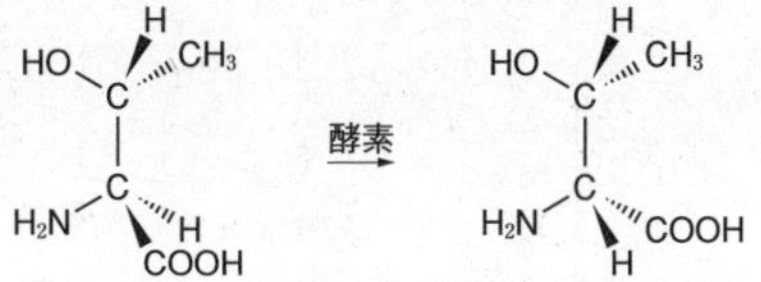

L体のトレオニン　—酵素→　A

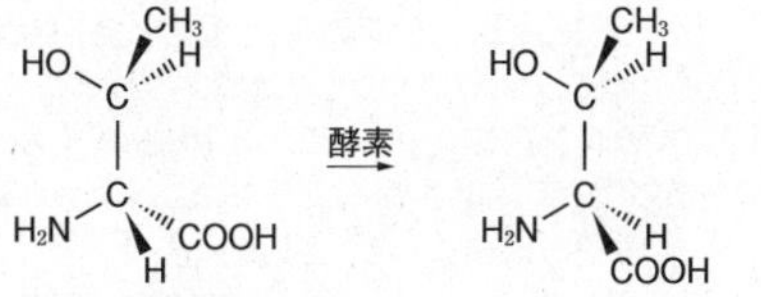

D体のトレオニン　—酵素→　B

(3) AとBは次の図のような関係にあるため，互いに鏡像異性体の関係である。

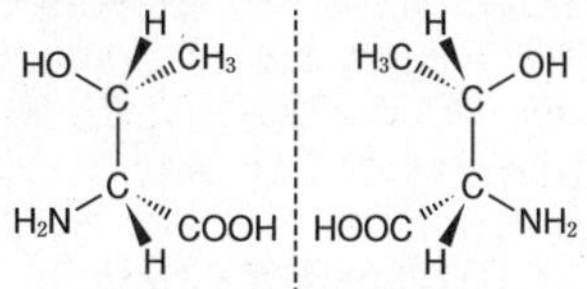

A　　B

鏡面

(4) (お) LL体とLD体(=DL体)，DD体とLD体(=DL体)はジアステレオ異性体の関係にあるが，LL体とDD体はジアステレオ異性体の関係にない。

(か) LL体とDD体は鏡像異性体の関係である。ふつう鏡像異性体どうしは物理的・化学的性質はほとんど同じである。

(き) LD体の鏡像はDL体である。また，問題文にもある通り，LD体を回転させるとDL体と重なりあうので，この2つは同一の分子である。よって，LD体はその鏡像(=DL体)と同一の構造をしている。

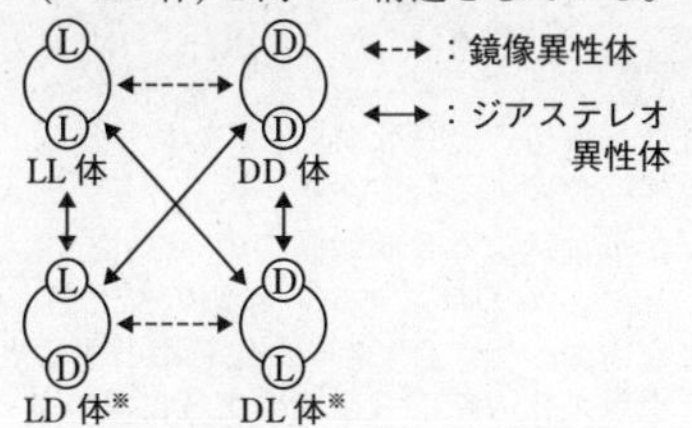


※この場合，LD体とDL体は同一の分子

(5) (4)の(き)と同様に考えると，次の6つの異性体が存在することがわかる。

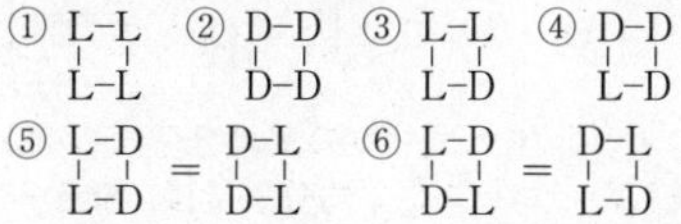

① L–L / L–L　② D–D / D–D　③ L–L / L–D　④ D–D / L–D

⑤ L–D / L–D = D–L / D–L　⑥ L–D / D–L = D–L / L–D

①と②，③と④はそれぞれ鏡像異性体の関係にある。

(6)(7) (く) ニンヒドリン反応の呈色はニンヒドリン分子がアミノ基 $-NH_2$ と反応することによって起こる。$-NH_2$ をもつアラニンではニンヒドリン反応が起こるが，(4)のアラニン2分子からなる環状ペプチド(側鎖に $-NH_2$ がない)では $-NH_2$ がペプチド結合に使われているため，ニンヒドリン反応を示さない。

(け) いずれも分子中にベンゼン環をもたないためキサントプロテイン反応を示さない。

(こ) いずれも還元性を示さないため銀鏡反応を示さない。

(さ) 3分子以上のアミノ酸からなるペプチドはビウレット反応を示す。したがって，アラニン1分子ではビウレット反応を示さず呈色しない。

# 13 合成高分子化合物

**【121】** ④

④ ポリイソプレンは2,3位に炭素間二重結合をもつ。

**【122】** (1)　酢酸ビニル　　ポリ酢酸ビニル

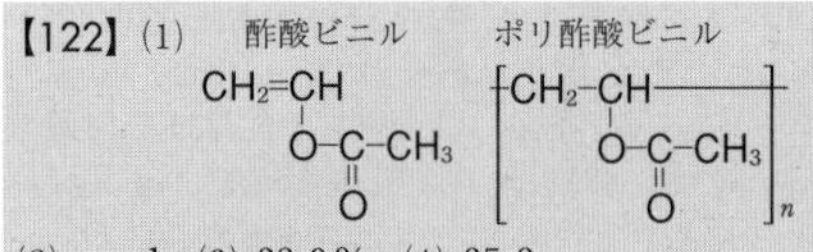

(2) a，d　(3) 38.9％　(4) 35.8g

(2) 付加重合による合成樹脂：a，d
付加縮合による合成樹脂：b，c
縮合重合による合成樹脂：e，f，g

(3) ポリビニルアルコールの$n$個の繰り返し単位のうち，$x$個がアセタール化したとすると，アセタール化の反応式は次のように表せる。

$$\left[CH_2-CH(OH)-CH_2-CH(OH)\right]_n + xHCHO$$
$$\longrightarrow \left[CH_2-CH-CH_2-CH \ (O-CH_2-O)\right]_x \left[CH_2-CH(OH)-CH_2-CH(OH)\right]_{n-x} + xH_2O$$

ポリビニルアルコールの平均分子量は$88n$，生成したビニロンの平均分子量は，$88n+12x$。もとのポリビニルアルコールは100gで，アセタール化で質量が5.30g増加したので，

$$88n:12x=100:5.30 \qquad x=\frac{466.4}{1200}n$$

よって，アセタール化されたヒドロキシ基の割合は，

$$\frac{x}{n}\times100=\frac{466.4}{1200}\times100\fallingdotseq38.9(\%)$$

(4) (3)の反応で要した37％ホルムアルデヒドの質量を$w$〔g〕とすると，

$$\frac{100}{88n}\times\frac{466.4}{1200}n=w\times\frac{37}{100}\times\frac{1}{30} \qquad w\fallingdotseq35.8\,\mathrm{g}$$

**【123】** (1) アモルファス(または 非晶質)
(2) 二酸化ケイ素，炭酸ナトリウム，炭酸カルシウム　(3) 熱可塑性樹脂
(4) ポリカーボネート：縮合重合
ポリメタクリル酸メチル：付加重合
(5) ・無機ガラスに比べて，軽くて丈夫で割れにくい。(22字)
・低温で軟化するため，成形が容易でいろいろな形にできる。(27字)
(6)
$$\left[-CH_2-C(CH_3)(C(=O)-O-CH_2-CH_2-OH)-\right]_n$$
(7) 70個

(2) 窓ガラスなどに使われるガラスは，ソーダ石灰ガラスと呼ばれる。

(3) 熱を加えると軟化し，冷却すると再び硬化する樹脂を熱可塑性樹脂という。一方，熱を加えると硬化する樹脂を熱硬化性樹脂という。

(4) ポリカーボネートは，ふつうビスフェノールAとホスゲンから縮合重合で合成される。ポリメタクリル酸メチルは，メタクリル酸メチルの付加重合で合成される。

(5) 有機ガラスは無機ガラスに比べて密度が小さく，強度が強く，軽くて割れにくい。軟化点の温度が低く，比較的低温で成形が可能である。

(7) ポリメタクリル酸2-ヒドロキシエチルの組成式の式量は130であり，分子量が$9.1\times10^3$のときの重合度$n$は，

$$n=\frac{9.1\times10^3}{130}=70$$

繰り返し単位の中に不斉炭素原子が1個含まれるので1分子中の不斉炭素原子の数は70個。

**【124】** 問1 (A)，(D)，(E)　問2 60％

問1 (A) 正しい。スチレンはベンゼンより分子量が大きく，分子間力も強い。
(B) 誤り。これらは，ポリ塩化ビニルの特徴である。ポリスチレンは，食品トレーや緩衝材に使われている。
(D) 正しい。発泡スチロールは断熱材として使用される。
(E) 正しい。スチレンに$p$-ジビニルベンゼンを共重合させた合成高分子化合物は，イオン交換樹脂に利用される。
(F) 誤り。スチレン-ブタジエンゴムは，スチレンとブタジエンの重合比が1：1ではない。

問2 スチレン由来のベンゼン環10個のうち$x$個がスルホン化されたとすると，陽イオン交換樹脂の構造式は次のように表せる。

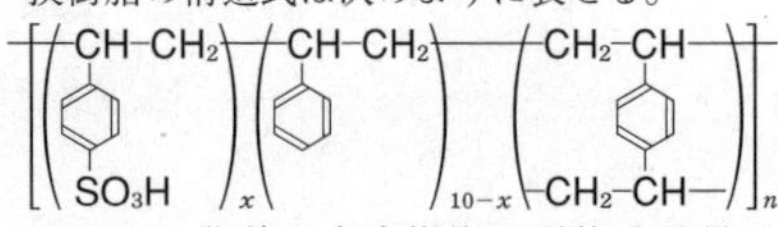

スルホン化前の合成樹脂の平均分子量は$1170n$，スルホン化後の平均分子量は$(1170+80x)n$である。スルホン化により質量が 1.41倍になることから，

$$1.41\times1170n=(1170+80x)n$$
$$x\fallingdotseq6$$

よって，スルホン化された割合は，

$$\frac{6}{10}\times100=60(\%)$$

【125】問1 (ア) 結晶
(イ) 非結晶(または 無定形)
(ウ) 熱硬化 (エ) イオン交換樹脂

問2 LDPE【理由】LDPEは結晶部分が少なく分子鎖間にすき間が多い。そのため光を透過させやすく透明性が高い。(45字)

問3 (1) ポリイソプレン，$\left[ CH_2-\underset{CH_3}{\underset{|}{C}}=CH-CH_2 \right]_n$

(2) $\left[ \left( \underset{C_6H_5}{CH}-CH_2 \right)_x \left( CH_2-CH=CH-CH_2 \right)_{1-x} \right]_n$，0.2

問4 酸を用いた場合：ノボラック
塩基を用いた場合：レゾール
硬化剤が必要なもの：ノボラック

問5 $Na^+$ の電離により分子鎖間の反発が強くなり，すき間の多い構造になるとともに，浸透圧も増加するため。(49字)

問6 $H^+$，$Cl^-$

問3 (2) SBRの構造式において，炭素：水素の質量比が0.9：0.1になるので，

$12(4x+4):(2x+6)=0.9:0.1$

$x=0.2$

問4 フェノール樹脂の合成過程において，酸触媒を用いてできる中間生成物をノボラック，塩基触媒で生じる中間生成物をレゾールという。ノボラックは分子量が500～1000程度で，$-CH_2OH$ 基が少ないので反応性が低い。そのため，さらに重合を進めるためには硬化剤が必要である。

問5 ポリアクリル酸ナトリウムから $Na^+$ が電離すると，高分子に残る $-COO^-$ 基どうしが反発しあい分子鎖間に大きなすき間ができるため，水分子を閉じ込めやすくなる。さらに $Na^+$ を含むので樹脂の内外の濃度差による浸透圧が生じ，樹脂内に水が浸透しやすくなる。

問6 陽イオン交換樹脂において，次のイオン交換が行われる。

$$R-SO_3H + NaCl \longrightarrow R-SO_3Na + HCl$$

したがって，流出液中に含まれるイオンは，$H^+$ と $Cl^-$。

## 14 実験装置と操作

【126】①，③

① 誤り。ナトリウムは石油(灯油)中に保存する。ナトリウムはエタノールとも次のように反応し，この反応はアルコールの検出反応として利用される。

$$2C_2H_5OH + 2Na \longrightarrow 2C_2H_5ONa + H_2$$

③ 誤り。濃硫酸を水に溶かすと多量の熱が発生する。濃硫酸に少しずつ水を加えると，発生した熱によって水が沸騰してはねるので危険である。したがって，濃硫酸を希釈するときは，多量の水に濃硫酸を少しずつ加えるのが正しい。

【127】③

(ウ) もとの食酢10mLに含まれる酢酸 $CH_3COOH$ (=60.0)の質量を $x$〔g〕とすると，メスフラスコで100mLに希釈してからそのうちの10mLを中和滴定に用いたので，

$$1\times\frac{x}{60.0}\times\frac{10}{100}=1\times0.100\times\frac{5.0}{1000}$$

$x=0.30\,g$

【128】(i) $CaCO_3 + 2HCl \longrightarrow CaCl_2 + H_2O + CO_2$

(ii) ⑤

固体と液体の反応ではふたまた試験管を用いることも多いが，キップの装置はコックの開閉で反応の開始・停止が制御できるところが優れている。

【129】問1 (ア) 熱運動 (イ) $-273.15$ (ウ) 融解
(エ) 融点 (オ) 蒸発 (カ) 沸騰 (キ) 沸点
(ク) 物理 (ケ) 分留 (コ) 化学

問2 (i) ⑦ (ii) ② (iii) ③

問3 (i) (a)，(c)，(e) (ii) (c)，(d)，(e)

問4 装置内部の気密を保って減圧するため，器具Fは器具Eとの接続部分を密栓するのが器具Dと異なる。(46字)

問2 器具A～Dは，図のように接続する。

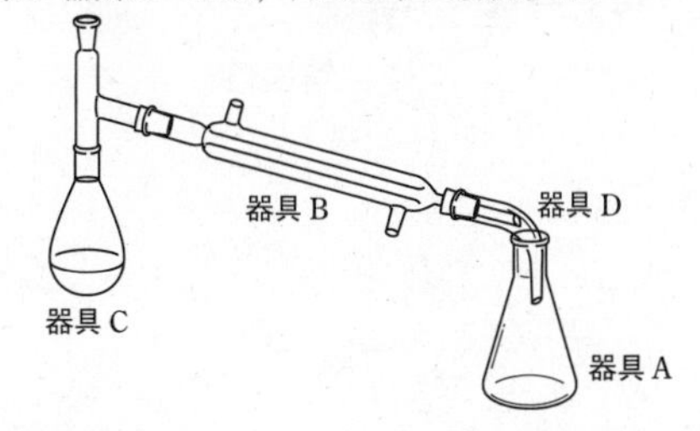

器具Dと器具Aの接続部分を密栓しないことが，常圧で行う蒸留装置の重要なポイントである。この部分を密栓すると装置全体が密閉され，容器内部の圧力が高くなって危険である。

問3 (i) (a)のアンモニアおよび(e)のメタンは，沸点が10℃よりも低いので，器具Bで冷却しても液体にならない。また(c)の酢酸は融点が10℃よりも高いので，器具Bで冷却すると凝固して固体になってしまう。したがって，10℃の冷却水による蒸留で液体が得られないのは，(a)，(c)，(e)である。

(ii) −50℃で液体として存在することができるのは，融点が−50℃より低く，沸点が−50℃より高い物質である。(c)の酢酸と(d)のベンゼンは融点が−50℃よりも高いので，−50℃に冷却したとき，凝固して固体となってしまう。(e)のメタンは沸点が−50℃よりも低いので，−50℃に冷却しても凝縮せずに気体として存在する。したがって，−50℃で液体の冷媒として用いることができないのは，(c)，(d)，(e)である。

新課程 2024

化学入試問題集

化学基礎・化学

解答編

▶編集協力者 新井利典 石垣俊治 梶谷武史 河端康広 小笹哲夫 髙木俊輔 長沢博貴 斜木宏海

※解答・解説は数研出版株式会社が作成したものです。

編　者　数研出版編集部

発行者　星野 泰也

発行所　数研出版株式会社

〒101-0052 東京都千代田区神田小川町2丁目3番地3
〔振替〕 00140-4-118431

〒604-0861 京都市中京区烏丸通竹屋町上る大倉町205番地
〔電話〕代表 (075)231-0161

ホームページ　https://www.chart.co.jp

印刷　寿印刷株式会社



240601